# Exposition universelle et internationale
## GAND 1913

# LISTE des RÉCOMPENSES

### décernées

## AUX COLLABORATEURS ET AUX COOPÉRATEURS

### DES EXPOSANTS

### DE LA SECTION FRANÇAISE

**10 décembre 1913**

## COMITÉ FRANÇAIS DES EXPOSITIONS A L'ÉTRANGER

Reconnu comme Établissement d'utilité publique

**42, rue du Louvre, Paris**

Exposition universelle et internationale
GAND 1913

# LISTE DES RÉCOMPENSES

décernées

## AUX COLLABORATEURS ET AUX COOPÉRATEURS

### DES EXPOSANTS

### DE LA SECTION FRANÇAISE

10 décembre 1913

COMITÉ FRANÇAIS DES EXPOSITIONS A L'ÉTRANGER

Reconnu comme Établissement d'utilité publique

42, rue du Louvre, Paris

# Exposition universelle et internationale
## GAND 1913

# LISTE des RÉCOMPENSES

### décernées

## AUX COLLABORATEURS ET AUX COOPÉRATEURS

### DES EXPOSANTS

## DE LA SECTION FRANÇAISE

## GROUPE PREMIER

### Éducation et Enseignement.

**CLASSE 3.** — *Enseignement supérieur.*
*Institutions scientifiques.*

#### COLLABORATEURS

#### Diplômes d'honneur.

**Barroux.** Archives de la Ville de Paris et du département de la Seine, à Paris.

**Poete** (M.). Service de la Bibliothèque et des travaux historiques de la Ville de Paris, à Paris.

#### Diplômes de Médaille d'or.

**Henriot.** Service de la Bibliothèque et des travaux historiques de la Ville de Paris, à Paris.

**Lazare.** Archives de la Ville de Paris et du département de la Seine, à Paris.

**CLASSE 6.** — *Enseignement spécial industriel et commercial.*

#### COLLABORATEURS

#### Diplômes d'honneur.

**Barbizet** (Paul). École professionnelle du service des enfants assistés du département de la Seine, à Paris.

**Beauvais.** Collectivité des écoles nationales d'arts et métiers de France (école de Lille).

**Delalande.** Collectivité des écoles pratiques d'industrie de garçons (école de Boulogne-sur-Mer).

**Duvillier.** Collectivité des écoles nationales professionnelles de France (école d'Armentières).

**Eloy.** Conservatoire national des arts et métiers, Paris.

**Jannetaz.** Association française pour le développement de l'enseignement technique, à Paris.

**Loubignac.** Collectivité des écoles nationales professionnelles de France (école d'Armentières).

**Mardelet** (Charles). Association polytechnique pour le développement de l'instruction populaire, à Paris.

**Morin** (E.-L.). École professionnelle du papier et des industries qui le transforment, à Paris.

**Petit** (Louis). Syndicat des mécaniciens, chaudronniers et fondeurs de France, à Paris.

**Riche.** Collectivité des écoles nationales professionnelles de France (école d'Armentières).

**Rouvière.** Collectivité des écoles pratiques de commerce et d'industrie de garçons, à Paris.

**Tournier.** École d'horlogerie et de mécanique de précision, à Paris.

#### Diplômes de Médaille d'or.

**Artiser** (Mathias). Association philotechnique de Paris, à Paris.

**Astruc.** École Boulle, à Paris.

**Aulagnier** (Cl.). Collectivité des écoles nationales d'arts et métiers de France (école de Cluny).

**Baheux.** Collectivité des écoles pratiques de commerce et d'industrie de garçons (école de Boulogne-sur-Mer).

**Baranger** (Gustave). Collectivité des écoles nationales professionnelles (école de Vierzon) (Cher).

Bertrand (Paul). Association polytechnique pour le développement de l'instruction populaire, à Paris.

Bignon (Georges). Société d'enseignement moderne, à Paris.

Bonguiral (M<sup>lle</sup>). École Normale de l'Enseignement technique, à Paris.

Bonte. Collectivité des écoles pratiques de commerce et d'industrie de garçons (école de Roubaix).

Bouis (Alfred) Collectivité des écoles nationales d'arts et métiers de France (école de Châlons-sur-Marne).

Boutillier (Armand). Association sténographique unitaire, à Paris.

Chaleyé. Collectivité des écoles pratiques de commerce et d'industrie de garçons (école du Puy).

Dard. École d'électricité Breguet, à Paris.

Delahaye (Victor). École professionnelle du papier et des industries qui le transforment, à Paris.

Dufrêne (Maurice). École Boulle, à Paris.

Forgeron. École d'électricité Breguet, à Paris.

Frechet. École Boulle, à Paris.

Guzet. Collectivité des écoles pratiques de commerce et d'industrie de garçons (école de Denain).

Férard (G.). École Boulle, à Paris.

Girard (René). Ministère du Commerce, de l'Industrie, des Postes et Télégraphes (direction de l'enseignement technique), à Paris.

Giraud. Collectivité des écoles pratiques de commerce et d'industrie de garçons (école de Tourcoing).

Govin. Conservatoire des Arts et Métiers, à Paris.

Hayet (P.). École d'Alembert, à Paris.

Heim. École Boulle, à Paris.

Martin (M<sup>lle</sup>). École Henri-Mathé, à Paris.

Muller (Alfred). Union des associations des anciens élèves des écoles supérieures de commerce, à Paris.

Paulmier (Abel). Collectivité des écoles pratiques de commerce et d'industrie de garçons de France (école de Boulogne-sur-Mer).

Poucholle. École Normale de l'Enseignement technique, à Paris.

Rocher. École Estienne, à Paris.

Rotival (Émile). Association philotechnique de Paris, à Paris.

Sauvage. École Diderot, à Paris.

Sulzer (Eugène). École nationale d'horlogerie de Cluses (Haute-Savoie).

Tannier (Eugène). École pratique d'électricité industrielle, à Paris.

Thiebaud (Fritz). École d'horlogerie et de mécanique de précision, à Paris.

Vaslin (Henri). Société d'enseignement moderne, à Paris.

Verdier (M<sup>lle</sup>). Collectivité des écoles pratiques de commerce et d'industrie de jeunes filles (école du Havre).

Vinay (Louis). Collectivité des écoles pratiques d'industrie de garçons (école de Morez).

## Diplômes de Médaille d'argent.

Allain (M<sup>lle</sup> Marie). Collectivité des écoles pratiques de commerce et d'industrie de jeunes filles (école de Boulogne-sur-Mer).

Astruc. École Boulle, à Paris.

Avit. Collectivité des écoles pratiques de commerce et d'industrie (école du Puy).

Barré (Paul). Association polytechnique pour le développement de l'instruction populaire, à Paris.

Baticle (M<sup>lle</sup>). Institut professionnel féminin, à Paris.

Baudouin. Collectivité des écoles pratiques d'industrie de garçons (école d'Elbeuf).

Bellez (Charles). Société de l'Art à l'école, à Paris.

Bernard (C.). École Bernard-Palissy, à Paris.

Bernard. Collectivité des écoles nationales professionnelles de France (école de Nantes).

Bertet. École Boulle, à Paris.

Biet (M<sup>lle</sup> Berthe). Institut professionnel féminin, à Paris.

Blanchi (Raoul). Collectivité des écoles pratiques d'industrie de garçons (école de Boulogne-sur-Mer).

Bodson (M<sup>me</sup>). École Jacquard, à Paris.

Boisard. École Boulle, à Paris.

Boisselier. École Boulle, à Paris.

Bonnaud (Fernand). Société d'enseignement moderne, à Paris.

Boscher. Collectivité des écoles nationales professionnelles de France (école de Nantes).

Boulanger (Charles). Collectivité des écoles nationales d'arts et métiers (école d'Angers).

Bouvier (Pierre). Collectivité des écoles pratiques de commerce et d'industrie de garçons (école de Grenoble).

Bredillet (Pierre). Collectivité des écoles pratiques d'industrie de garçons (école du Havre).

Briand. École Normale de l'Enseignement technique, à Paris.

Brisebois. Collectivité des écoles pratiques de commerce et d'industrie de garçons (école de Roubaix).

**Burms**. Collectivité des écoles professionnelles de la ville de Tourcoing.

**Cahen** (Fernand). Société d'échange international des enfants et de jeunes gens pour l'étude des langues étrangères, à Paris.

**Caplan**. École Dorian, à Paris.

**Chabrol** (Jules). Collectivité des écoles pratiques de commerce et d'industrie de garçons (école de Grenoble).

**Chamard**. École Boulle, à Paris.

**Chanvisé** (Jules), Société de l'Art à l'école, à Paris.

**Chevalier** (M^me Juliette). Institut professionnel féminin, à Paris.

**Clerbout** (Emmanuel). École pratique d'électricité industrielle, à Paris.

**Colombau** (Henry). Collectivité des Écoles pratiques d'industrie de garçons (école de Saint-Étienne).

**Colombet** (Joannès). Collectivité des écoles pratiques d'industrie de garçons (école de Saint-Étienne).

**Coquelaere**. Collectivité des écoles nationales professionnelles de France (école d'Armentières).

**Couderc** (Léon). Collectivité des écoles pratiques d'industrie de garçons (école de Lille).

**Daniet** (Henri). Association polytechnique pour le développement de l'instruction populaire, à Paris.

**Delagnes** (Victor). Union des associations des anciens élèves des écoles supérieures de commerce, à Paris.

**Delattre**. Collectivité des écoles nationales professionnelles de France (école de Nantes).

**Demur** (Ernest). Collectivité des écoles pratiques de commerce et d'industrie de garçons (école de Grenoble).

**Duez**. Collectivité des écoles nationales des arts et métiers de France (école de Lille).

**Dumont** (M^me). Collectivité des écoles professionnelles de la Ville de Paris (école rue Fondary).

**Durand** (Pierre). Collectivité des écoles pratiques d'industrie de garçons (école de Rouen).

**Dutron** (Ed.).

**Fagnard**. Collectivité des écoles nationales professionnelles de France (école d'Armentières).

**Fargeau**. École Diderot, à Paris.

**Favereau**. Collectivité des écoles nationales professionnelles de France (école de Nantes).

**Forest**, École Boulle, à Paris.

**Fourquier** (M^lle). Institut professionnel féminin, à Paris.

**Froment** (Maurice). Ministère du Commerce, de l'Industrie, des Postes et Télégraphes. Direction de l'Enseignement technique, à Paris.

**Gadras**. Collectivité des écoles pratiques de commerce et d'industrie de garçons (école d'Angoulème).

**Gagnant** (Léon). Collectivité des écoles pratiques d'industrie de garçons (école de Morez).

**Gardet** (Jean). Collectivité des écoles nationales professionnelles (école de Vierzon).

**Garaud**. Collectivité des écoles pratiques de commerce et d'industrie de garçons (école de Tourcoing).

**Gautier** (M^me Léontine). Collectivité des écoles pratiques de commerce et d'industrie de jeunes filles (école de Rouen).

**Germain** (M^me). Collectivité des écoles professionnelles de la ville de Paris (école rue d'Abbeville).

**Gueugnon**. École Normale de l'Enseignement technique, à Paris.

**Goblet** (Y.-M.). Union des associations des anciens élèves des écoles supérieures de commerce, à Paris.

**Gontier**. École Bernard-Palissy, à Paris.

**Gossart** (A.). Association polytechnique pour le développement de l'instruction populaire, à Paris.

**Gradwohl**. Société d'enseignement moderne, à Paris.

**Griffon** (Adelson). Association sténographique unitaire, à Paris.

**Grodecœur** (Edmond). Collectivité des écoles nationales professionnelles (école de Vierzon).

**Guichard** (J.). École pratique d'architecture, à Paris.

**Hainaut**. Collectivité des écoles pratiques de commerce et d'industrie de garçons (école de Roubaix).

**Hannecart**. Collectivité des écoles nationales professionnelles de France (école d'Armentières).

**Hérouart** (Fernand). Syndicat des mécaniciens, chaudronniers et fondeurs de France, à Paris.

**Hollande** (Maurice). Société industrielle de Reims.

**Hopilliart** (Félix). Société d'enseignement moderne, à Paris.

**Jacquemin** (M^me). Collectivité des écoles pratiques de commerce et d'industrie de jeunes filles (école de Tourcoing).

**Joly**. École d'électricité Bréguet, à Paris.

**Jouant**. École Germain-Pilon, à Paris.

**Jouveaux**. Collectivité des écoles pratiques de commerce et d'industrie de garçons (école de Vienne).

**Jovard** (Marius). École nationale d'horlogerie de Cluses (Haute-Savoie).

**Landy** (M^me Georgette). Institut professionnel féminin, à Paris.

**Larcher**. Association française pour le développement de l'enseignement technique, à Paris.

**Larochette.** Collectivité des écoles professionnelles de la ville de Paris (école Boulle).

**Lebarque.** École Bernard-Palissy, à Paris.

**Lefèvre** (Charles). Section valenciennoise de la Société académique de comptabilité, à Paris.

**Leguay** (Ernest). Association polytechnique pour le développement de l'instruction populaire, à Paris.

**Lelièvre.** École de la réunion des fabricants de bronze et industries qui s'y rattachent, à Paris.

**Lemaire** (Gaston). Société pour la propagation des langues étrangères en France, à Paris.

**Le Marec** (Auguste). Collectivité des écoles pratiques de garçons (école du Havre).

**Lemery.** (Louis). Société de l'Art à l'école, à Paris.

**Lemoine** (Ernest). École professionnelle du papier et des industries qui le transforment, à Paris.

**Léonard** (Paul). Collectivité des écoles pratiques d'industrie de garçons (école de Brest).

**Lepoivre.** Collectivité des écoles pratiques de commerce et d'industrie de garçons (école de Tourcoing).

**Leroy** (Charles). Société anonyme des établissements Pigier, à Paris.

**Leterne** (Raymond). École professionnelle du papier et des industries qui le transforment, à Paris.

**Liegeart** (Albert). Collectivité des écoles pratiques de commerce et d'industrie de garçons (école de Reims).

**Limouzin** (Mme). Collectivité des écoles professionnelles de la Ville de Paris (école rue Ganneron).

**Lorieux.** Ministère du Commerce, de l'Industrie, des Postes et Télégraphes (direction de l'enseignement technique), à Paris.

**Louis** (Georges). École d'horlogerie et de mécanique de précision, à Paris.

**Marquis** (Eugène). Association nationale pour favoriser l'étude des langues étrangères et l'établissement des jeunes français à l'étranger, à Paris.

**Mathieu.** École d'électricité Breguet, à Paris.

**Michalon** (Marius). Collectivité des écoles pratiques d'industrie de garçons (école de Saint-Étienne).

**Michaud** (Armand). Collectivité des écoles pratiques d'industrie de garçons (école de Rouen).

**Monnier** (Mme). Collectivité des écoles pratiques de commerce et d'industrie de jeunes filles (école de Tourcoing).

**Mouton.** École Boulle, à Paris.

**Muller** (Alfred). Association nationale pour favoriser l'étude des langues étrangères et l'établissement des jeunes Français à l'étranger, à Paris.

**Néré** (Georges). Collectivité des écoles pratiques de commerce et d'industrie de garçons (école de Grenoble).

**Oudot** (Édouard). Collectivité des Écoles pratiques d'industrie de garçons (école de Boulogne-sur-Mer).

**Patot** (Mme). École professionnelle Elisa-Lemonnier (filles), rue des Boulets, à Paris.

**Pech** (Émile). Association polytechnique pour le développement de l'instruction populaire, à Paris.

**Perrenot** (Joseph). Collectivité des écoles pratiques du commerce et d'industrie de garçons (école de Nîmes).

**Péverier** (Mme). École Jacquard, à Paris.

**Poncharrau** (Antoine). Collectivité des écoles nationales d'arts et métiers (école d'Aix).

**Poncin.** Collectivité des écoles nationales d'arts et métiers de France (école de Lille).

**Pons** (Mme Claudine). Société d'enseignement professionnel du Rhône, à Lyon.

**Pothier.** Société d'enseignement moderne, à Paris.

**Pras** (Henri). Association polytechnique pour le développement de l'instruction populaire, à Paris.

**Pressat** (Mme Léonie). Société de l'Art à l'école, à Paris.

**Quinard** (Auguste). Collectivité des écoles pratiques de commerce et d'industrie de garçons (école de Reims).

**Rey** (Albert). Association philotechnique de Paris, à Paris.

**Richir.** Collectivité des écoles professionnelles de France (école d'Armentières).

**Rigaud** (Mme). École Jacquard, à Paris.

**Rimé** (Edmond). Société de l'Art à l'école, à Paris.

**Roberjot** (Pierre). Collectivité des écoles pratiques de commerce et d'industrie de garçons (école de Reims).

**Rollet** (Émile). Collectivité des écoles nationales d'arts et métiers de France (école de Cluny).

**Rousset** (Mlle). Collectivité des écoles pratiques de commerce et d'industrie (école du Puy).

**Roy** (Ernest). Association philotechnique de Paris, à Paris.

**Saint-Romas** (Albert). Association polytechnique pour le développement de l'instruction populaire, à Paris.

**Salvat.** Collectivité des écoles pratiques d'industrie de garçons (école de Saint-Chamond).

**Samama** (Nissim). Société d'enseignement moderne, à Paris.

**Samson** (Édouard). Société de l'Art à l'école. à Paris.

**Samson** (Georges). Société de l'Art à l'école, à Paris.

**Schott.** École Estienne, à Paris.

**Serre.** Collectivité des écoles pratiques de commerce et d'industrie de garçons (école de Roanne).

**Soyer** (Joseph). Association polytechnique de Levallois-Perret, à Levallois-Perret.

**Souriau** (M$^{lle}$ Élise). Institut professionnel féminin, à Paris.

**Starck.** École Boulle, à Paris.

**Stienne.** Collectivité des écoles nationales d'arts et métiers de France (école de Lille).

**Thevenin** (Zéphyrin). Collectivité des écoles pratiques d'industrie de garçons (école de Morez).

**Thierry** (Louis). Association polytechnique pour le développement de l'instruction populaire, à Paris.

**Thivellier** (M$^{me}$ Léa). Collectivité des écoles pratiques de commerce et d'industrie de jeunes filles (école de Saint-Étienne).

**Thomas** (Henri). Syndicat des mécaniciens. chaudronniers et fondeurs de France, à Paris.

**Tissier** (Ernest). Collectivité des écoles nationales d'arts et métiers de France (école de Châlons-sur-Marne).

**Touchais** (M$^{lle}$ Clarisse). Collectivité des écoles pratiques de commerce et d'industrie de jeunes filles (école de Nantes).

**Toupry** (Fernand). Association polytechnique pour le développement de l'instruction populaire, à Paris.

**Tranchat** (M$^{me}$ Marthe). Institut professionnel féminin, à Paris.

**Trompeter** (M$^{me}$). Collectivité des écoles professionnelles de la ville de Paris (école rue de la Tombe-Issoire).

**Viard** (Émile). École nationale d'horticulture et de vannerie de Fayl-Billot (Haute-Marne).

**Vier.** École Boulle, à Paris.

**Vignaux** (Gustave). Association polytechnique pour le développement de l'instruction populaire. à Paris.

**Vilain** (M.). Collectivité des écoles professionnelles de la ville de Paris (école Boulle).

**Vilavu** (Jules). Collectivité des écoles professionnelles de la ville de Paris (école Boulle).

**Weinachter** (M$^{me}$ Marie). Collectivité des écoles pratiques de commerce et d'industrie de jeunes filles (école de Rouen).

**Yver** (Charles). Société d'enseignement moderne, à Paris.

## Diplômes de Médaille de bronze.

**Averseng** (Charles). Société d'enseignement moderne, à Paris.

**Association philotechnique.** Cours professionnels de Nogent-sur-Marne.

**Anquetil** (M$^{me}$ R.). Collectivité des écoles pratiques de commerce et d'industrie de jeunes filles (école de Rouen).

**Barallon** (Théophile). Collectivité des écoles pratiques d'industrie de garçons (école de Saint-Étienne).

**Barès.** Société d'enseignement moderne. à Paris.

**Baumont.** École Boulle, à Paris.

**Becquart.** École Dorian. à Paris.

**Bérenger-Créteau** (M$^{me}$). Syndicat des femmes caissières. comptables. employées aux écritures et employées de commerce. à Paris.

**Berthet** (Adrien). Collectivité des écoles nationales d'arts et métiers de France (école d'Aix).

**Bloch** (Maurice). Société d'enseignement moderne, à Paris.

**Borho** (M$^{me}$). Collectivité des écoles professionnelles de la ville de Paris (école rue Fondary).

**Bouchacourt** (M$^{me}$ L.). Collectivité des écoles pratiques de commerce et d'industrie de jeunes filles (école de Dijon).

**Boulay** (Louis). Société des compagnons charrons du devoir de Paris, à Paris.

**Bourlier** (Eugène). Société d'enseignement populaire. à Paris.

**Brachet.** École Dorian, à Paris.

**Brenval** (Albert). Cours professionnels de Nouzon (Ardennes).

**Cacheteux** (Ernest). Collectivité des écoles pratiques d'industrie de garçons (école de Saint-Étienne.

**Cailleret.** École Diderot, à Paris.

**Cassan** (Philippe). École nationale d'horlogerie de Cluses (Haute-Savoie).

**Cerisier** (Jules). Collectivité des écoles pratiques de commerce et d'industrie de garçons (école de Denain).

**Charlot** (Eugène). Section Valenciennoise de la Société académique de comptabilité, à Paris.

**Charollais** (M$^{me}$). Collectivité des écoles professionnelles de la ville de Paris (école rue d'Abbeville).

**Ciret** (Félix). Société d'enseignement moderne, à Paris.

**Cognard.** École d'horlogerie et de mécanique de précision, à Paris.

**Colliard** (Eugène). Collectivité des écoles nationales d'arts et métiers de France (école d'Angers).

**Consegnati** (R.). Société d'enseign' moderne, à Paris.

**Cordioux** (Charles). Société d'enseignement professionnel du Rhône, à Lyon.

**Decoster.** Collectivité des écoles professionnelles de la ville de Tourcoing.

**Dejouy** (Mme). Collectivité des écoles professionnelles de la ville de Paris (école rue d'Abbeville).

**Denichère** (Adelson). Collectivité des écoles pratiques de commerce et d'industrie de garçons (école de Reims).

**Derrien** (Mlle). Collectivité des écoles pratiques de commerce et d'industrie de jeunes filles (école de Brest).

**Distribué.** École Estienne, à Paris.

**Durand.** École d'électricité Breguet, à Paris.

**École des garçons.** Cours professionnels de Nogent-sur-Marne.

**École des filles.** Cours professionnels de Nogent-sur-Marne (Seine).

**Enon** (Mlle Yvonne). Collectivité des écoles pratiques de commerce et d'industrie de jeunes filles (école de Brest).

**Fabre** (Eugène). Section valenciennoise de la Société académique de comptabilité, à Paris.

**Fauget** (Jean). Collectivité des écoles pratiques d'industrie de garçons (école de Saint-Étienne).

**Flamand** (Marius). Société d'enseignement professionnel du Rhône, à Lyon.

**Frécou** (Pierre). Collectivité des écoles pratiques d'industrie de garçons (école de Saint-Étienne).

**Freignac.** Collectivité des écoles professionnelles de la ville de Tourcoing.

**Freyssac.** Collectivité des écoles pratiques de commerce et d'industrie de garçons (école de Roanne).

**Gaudinière** (Arsène). Association sténographique unitaire, à Paris.

**Golliat** (Charles). École professionnelle du papier et des industries qui le transforment, à Paris.

**Gource** (Denis). Société des compagnons charrons du devoir de Paris, à Paris.

**Gourdon.** Collectivité des écoles nationales professionnelles de France (école d'Armentières).

**Guénardeau.** Collectivité des écoles professionnelles de la ville de Paris.

**Guyot** (René). Collectivité des écoles nationales d'arts et métiers de France (école de Cluny).

**Haurotel** (Arsène). Collectivité des écoles nationales d'arts et métiers de France (école de Cluny).

**Lacombe** (Auguste). École nationale d'horlogerie de Cluses (Haute-Savoie).

**Laeau** (Léon). École professionnelle du papier et des industries qui le transforment, à Paris.

**Langénieux.** Collectivité des écoles pratiques de commerce et d'industrie de garçons (école de Roanne).

**Langevin.** École d'électricité Breguet, à Paris.

**Laurent** (Georges). Collectivité des écoles pratiques d'industrie de garçons (école de Boulogne-sur-Mer).

**Laveau** (Léon). École professionnelle du papier et des industries qui le transforment, à Paris.

**Lecomte-Guerre** (Mme). Guerre-Lavigne (Mme), à Paris.

**Le Doaré** (Jean). Collectivité des écoles nationales d'arts et métiers de France (école d'Angers).

**Lévy** (Lucien). Société d'échange international des enfants et de jeunes gens pour l'étude des langues étrangères, à Paris.

**L'Héritier** (Lucien). École nationale d'horticulture et de vannerie de Fayl-Billot (Haute-Marne).

**Lœsch** (Louis). Collectivité des écoles pratiques de commerce et d'industrie de garçons (école de Reims).

**Malterre** (Théophile). Collectivité des écoles nationales d'arts et métiers de France (école d'Angers).

**Mangin.** École Diderot, à Paris.

**Marc** (Bernard). Collectivité des écoles nationales d'arts et métiers de France (école d'Aix).

**Marteil** (Victor). Collectivité des écoles nationales d'arts et métiers de France (école d'Angers).

**Massou** (Jules). Société industrielle de Reims, à Reims.

**Montagne** (Mlle). Collectivité des écoles professionnelles de la ville de Tourcoing.

**Motte.** École Estienne, à Paris.

**Muller** (Charles). Société d'enseignement moderne, à Paris.

**Oudin** (Mme). Collectivité des écoles professionnelles de la ville de Paris (école rue d'Abbeville).

**Pæs de Carvalho.** Société d'enseignement moderne, à Paris.

**Page** (Adrien). École nationale d'horticulture et de vannerie de Fayl-Billot (Haute-Marne).

**Pageot.** Association philotechnique de Paris, à Paris.

**Parisot** (Auguste). École nationale d'horlogerie de Cluses (Haute-Savoie).

**Paullac.** Collectivité des écoles pratiques d'industrie de garçons (école de Saint-Étienne).

**Philibert.** École de la réunion des fabricants de bronze et industries qui s'y rattachent, à Paris.

Picard. École de la réunion des fabricants de bronze
et industries qui s'y rattachent, à Paris.

Porte (Barthélemy), Collectivité des écoles pratiques
d'industrie de garçons (école de Saint-Étienne).

Potier (Auguste). Collectivité des écoles nationales
d'arts et métiers de France (école de Châlons-
sur-Marne).

Potier (Gustave). Association polytechnique pour le
développement de l'instruction populaire, à
Paris.

Potier (Olivier). Collectivité des écoles pratiques de
commerce et d'industrie de garçons (école de
Reims).

Reboulet (Arthur). École nationale d'horlogerie de
Cluses (Haute-Savoie).

Rochon (Eugéne). Collectivité des écoles pratiques
de commerce et d'industrie de jeunes filles
(école de Rouen).

Rollat (Alphonse). Collectivité des écoles pratiques
de commerce et d'industrie de garçons (école de
Vienne).

Salmon (Edmond). Collectivité des écoles nationales
d'arts et métiers de France (école de Châlons-
sur-Marne).

Sauzedde. Collectivité des écoles pratiques de commerce et d'industrie de garçons (école de
Thiers).

Schaffart (Mme E.).

Souriau. École Diderot, à Paris.

Spetebroot. Collectivité des écoles pratiques d'industrie de garçons (école d'Elbeuf).

Tête. Collectivité des écoles pratiques de commerce
et d'industrie de garçons (école de Romans).

Thiébaut (Camille). Syndicat des mécaniciens, chaudronniers et fondeurs de France, à Paris.

Thiébaut (Mme). Collectivité des écoles professionnelles de la ville de Paris (école rue de Poitou).

Thuillier. Collectivité des écoles professionnelles de
la ville de Tourcoing.

Vallier (Louis). Collectivité des écoles pratiques de
commerce et d'industrie de garçons (école de
Grenoble).

Van Echetelt. École d'électricité Bréguet, à Paris.

Vannieuwenhuysen. Collectivité des écoles professionnelles de la ville de Tourcoing.

Viart (Armand). Collectivité des écoles nationales
d'arts et métiers de France (école d'Angers).

Villette (Léon). Collectivité des écoles pratiques
d'industrie de garçons (école de Lille).

Vincent (Alexandre). Collectivité des écoles nationales
d'arts et métiers de France (école d'Aix).



### Diplômes de mention.

Balagny (Robert). Société d'enseignement populaire,
à Paris.

Contamine de Latour. Association polyglotte, à Paris.

Crétin, L. (Mme). Association sténographique unitaire,
à Paris.

Dauphin (Léon). Section Valenciennoise de la Société
académique de comptabilité, à Paris.

Duclos (Mlle). Société d'enseignement moderne, Paris.

Dupuy (Charles). Société d'enseignement moderne,
à Paris.

Gimbert. Collectivité des écoles pratiques de commerce et d'industrie de garçons (école du Puy).

Godard (Eugène). Collectivité des écoles pratiques de
commerce et d'industrie de garçons (école de
Lille).

Leroy (Paul). Société d'enseignement moderne, Paris.

Pierron (René). Syndicat des femmes caissières,
comptables, employées aux écritures et employées de commerce, à Paris.

Ruffenach (Lucien). Collectivité des écoles pratiques
de commerce et d'industrie de garçons (école
de Reims).

Sarran (Mlle). Syndicat des femmes caissières,
comptables, employées aux écritures et employées de commerce, à Paris.

Tuffier. Collectivité des écoles pratiques de commerce et d'industrie de garçons (école de
Romans).

Vernaz (Paul). Société d'enseignement moderne, à
Paris.


# GROUPE III

## Instruments
## et procédés généraux des lettres,
## des sciences et des arts.

CLASSE 11. — *Typographie, Affiches,
Impressions diverses.*

### COLLABORATEURS

### Diplôme d'honneur.

Bellier (Albert). Maison G. de Malherbe, et Cie, à
Paris.

Cadet. Journal *l'Information*, à Paris.

Cras (Charles). Maison L. Danel, à Lille (Nord).
Fourault (Armand). Établissements J. Minot, à Paris.
Grand (Henry). Maison Prieur et Dubois et Cⁱᵉ, à Puteaux.
Letevé. Imprimerie Crété, à Corbeil (Seine-et-Oise).
Lhuillier (Gustave). Imprimerie Chaix, à Paris.
Saraute. Maison Pichot, à Paris.
Tournier. Maison Charles-Lavauzelle, à Paris.

### Diplômes de Médaille d'or.

Allard (Edmond). Imprimerie Chaix, à Paris.
Artiges (Maurice). Maison Ch. Lorilleux et Cⁱᵉ, à Paris.
Aubé (Alexandre). Imprimerie Hérissey, à Évreux.
Bezard. Maison Charles-Lavauzelle, à Paris.
Bouvard (Mᵐᵉ Baronne de Clessy). Société anonyme du *Petit Écho de la Mode*, à Paris.
Chivert (André). Maison Thénard, Simon et Cⁱᵉ, à Paris.
Daurignac (Lucien). Maison Thénard, Simon et Cⁱᵉ, à Paris.
Ducos (Fernand). Imprimerie G. Delmas, à Bordeaux.
Dulphy (Constant). Société anonyme du *Petit Écho de la Mode*, à Paris.
Garnier. La Photogravure rotative, à Paris.
Guss (Georges). Imprimerie Chaponet (Cussac Jean, propriétaire), à Paris.
Hanin (Émile). Maison Ch. Lorilleux et Cⁱᵉ, à Paris
Henry (Émile). Maison Berger-Levrault, à Paris.
Joly (Prosper). Imprimerie Chaix, à Paris.
Kaikinger (Dominique). Société anonyme du *Petit Écho de la Mode*, à Paris.
Lacoste (L.-P.). Maison F. Pech et Cⁱᵉ, à Bordeaux.
Lagouarde (Fernand). Imprimerie G. Delmas, à Bordeaux.
Lannes (Marius). Maison Thénard, Simon et Cⁱᵉ, à Paris.
Laroche (Louis). Maison Maulde, Doumenc et Cⁱᵉ, à Paris.
Lecler (Léon). Maison Marotte Léon, à Paris.
Lelong (Paul). Maison Ch. Lorilleux et Cⁱᵉ, à Paris.
Mauri (Aristide). Maison Marotte Léon, à Paris.
Monnot (Pierre). Maison Arnaud, à Lyon-Villeurbanne.
Muret (Henri). Maison Schmautz (veuve Charles), à Paris.
Pelt. La Photogravure rotative, à Paris.
Puiségur (Joseph). Maison Maulde, Doumenc et Cⁱᵉ, à Paris.

Simonin (Jules). Maison G. de Malherbe et Cⁱᵉ, à Paris.
Tardif (Gustave). Imprimerie Chaix, à Paris.
Trombert (Victor). Imprimerie Chaix, à Paris.
Urwiller. La Photogravure rotative, à Paris.

### Diplômes de Médaille d'argent.

Benoist (Delphin). Imprimerie Hérissey, à Évreux.
Bordat (Émile). Imprimerie Chaponet (Cussac Jean, propriétaire), à Paris.
Claverie (Henri). Société anonyme des journaux et imprimeries de la Gironde, à Bordeaux.
Colin (Maurice). Imprimerie G. Delmas, à Paris.
Duval. Imprimerie Crété, à Corbeil (Seine-et-Oise).
François (Raymond). Société anonyme des journaux et imprimeries de la Gironde, à Bordeaux.
Grenet (Jean). Société anonyme des journaux et imprimeries de la Gironde, à Bordeaux.
Haberkorn (Léon). Imprimerie Chaix, à Paris.
Hallé (Marcel). Maison Charles Joseph, à Paris.
Haverlet (Charles). Maison J. Mincel, à Paris.
Lairaudat (Ernest). Maison A. Tuberlin, à Lille.
Lejeune (Guillien). Imprimerie Chaix, à Paris.
Menneret (Joseph). Maison B. Arnaud, à Lyon-Villeurbanne.
Molinier (Achille). Maison M. Detourbe, à Paris.
Monestier (Eugène). Imprimerie Chaix, à Paris.
Neipp (Lucien). Maison G. de Malherbe, et Cⁱᵉ, à Paris.
Oudin (Paul). Maison Charles Joseph, à Paris.
Paquet (René). Maison Berger et Javal, G. et J. Nettre (successeurs), à Paris.
Prades (Mᵐᵉ). Maison J. Mincel, à Paris.
Sérès (Gaston). Imprimerie G. Delmas, à Bordeaux.
Smeers (Georges). Maison L. Danel, à Lille (Nord).

### Diplômes de Médaille de bronze.

Ammann (Henri). Maison B. Arnaud, à Lyon-Villeurbanne.
Bontard (Alexis). Maison Ch. Lorilleux et Cⁱᵉ, à Paris.
Bordeaux. Imprimerie Crété, à Corbeil (Seine-et-Oise).
Cambron. Maison L. Danel, à Lille (Nord).
Courtot (Albert). Imprimerie Chaix, à Paris.
Dumoutier (Armand). Imprimerie Chaix, à Paris.
Gosset (Charles). Imprimerie Chaix, à Paris.

Jequier (Alfred). Maison Berger-Levrault, à Paris.
Lagarde (François). Imprimerie Chaix, à Paris.
Laurent (Émile). Imprimerie Chaix, à Paris.
Moulin (Alphonse). Établissements J. Minot, à Paris.
Naudeau (Jules). Établissements J. Minot, à Paris.
Plouzeau (Louis). Imprimerie Chaix, à Paris.
Poirrier (Pierre). Maison Ch. Lorilleux et C^{ie}, à Paris.
Richard (Edmond). Imprimerie Chaix, à Paris.
Weyland (Auguste). Maison Ch. Lorilleux et C^{ie}, à Paris.

CLASSE 12. — *Librairie, Éditions musicales.*
*Reliure (matériel et produits).*
*Journaux, affiches.*

COLLABORATEURS

### Diplômes d'honneur.

Alliou (Auguste). Maison Hetzel (J.), à Paris.
Aubry. Librairie Larousse (Moreau, Augé, Gillon et C^{ie}), à Paris.
Brubach (Jules). Maison Hachette et C^{ie}, à Paris.
Joliet (Charles). Maison Hachette et C^{ie}, à Paris.
Keneut. Maison Leclerc, Max, à Paris.
Lechartier (Jules). Librairie générale de droit et de jurisprudence, à Paris.
Lobel. Maison Michaud (L.), à Reims.

### Diplômes de Médaille d'or.

Alberge (Eugène). Maison J. Hetzel, à Paris.
Arents (Romain), Maison Ch. Delagrave, à Paris.
Betout. Maison Heugel et C^{ie}, à Paris.
Bonnardet. Maison Max Leclerc, à Paris.
Daubin (Louis). Maison Ch. Delagrave, à Paris.
Delignon (Auguste). Maison M. Engel, à Paris.
Germain. Maison A. Gauthier-Villars, à Paris.
Gombert. Librairie Larousse (Moreau, Augé, Gillon et C^{ie}), à Paris.
Hano (Albert). Maison Max Leclerc, à Paris.
Kok. Maison Max Leclerc, à Paris.
Le Bret (Élysée), Maison J. Hetzel, à Paris.
Ligarde. Librairie Félix Alcan (Alcan et Lisbonne), à Paris.
Lobel. Cercle de la librairie, à Paris.
Minhard. Maison F. Nathan, à Paris.
Morin. Maison A. Gauthier-Villars, à Paris.
Morisot (Théophile). Maison J. Hetzel, à Paris.
Péan (René), Maison Heugel et C^{ie}, à Paris.

### Diplômes de Médaille d'argent.

Adler. Cercle de la librairie, à Paris.
Auger (Pierre). Maison Masson et C^{ie}, à Paris.
Barré (Paul). Maison Dunod et Pinat, à Paris.
Charlot (Jacques). Maison Durand et C^{ie}, à Paris.
Clech. Librairie Félix Alcan (Alcan et Lisbonne), à Paris.
Gourmont (de) (Olivier). Société anonyme du Recueil Sirey, à Paris.
Derbès (Léon). Journal *la Mode illustrée*, à Paris.
Duivon (François). Maison Plon-Nourrit et C^{ie}, à Paris.
Fernet (Émile). Maison Masson et C^{ie}, à Paris.
Greibill (Louis). Journal *la Mode illustrée* (société anonyme), à Paris.
Martin. Librairie Larousse (Moreau, Augé, Gillon et C^{ie}), à Paris.
Maubert (Camille). Librairie Berger-Levrault, à Paris.
Moreau (Léon). Maison Henri Charles-Lavauzelle, à Paris.
Parisé. Maison Max Leclerc, à Paris.
Prévost. Maison Max Leclerc, à Paris.
Rameau. Librairie Larousse (Moreau, Augé, Gillon et C^{ie}), à Paris.
Richard (Marcelin). Maison Henri Charles-Lavauzelle, à Paris.
Roth (Paul). Librairie de droit et de jurisprudence, à Paris.

### Diplômes de Médaille de bronze.

Brenner (Charles). Librairie Berger-Levrault, à Paris.
Combet. Librairie Félix Alcan (Alcan et Lisbonne), à Paris.
Fontaine (de) (Marie-Robert). Maison H. Laurens, à Paris.
Desperais (M^{lle}). Maison Plon-Nourrit et C^{ie}, à Paris.
Douhet (François). Maison Ch. Delagrave, à Paris.
Fillioux (Émile). Maison M. Engel, à Paris.
Goutière-Vernolle. Maison Corbin et C^{ie}, à Paris.
Guillon (Marcel). Maison Garnier frères, à Paris.
Haniot. Maison Max Leclerc, à Paris.
Holsnyder (Léon). Maison Boyveau et Chevillet, à Paris.
Ibels. Maison Heugel et C^{ie}, à Paris.
Maquaire (A.). Maison Durand et C^{ie}, à Paris.
Pain (Marcel). Librairie de droit et de jurisprudence, à Paris.
Pessard (Gustave). Maison Bourgarel, à Paris.

— 12 —

Porée (Octave). Maison Masson et Cie, à Paris.
Walle (Van de) (Edmond). Maison M. Engel, à Paris.
Weiss. Maison F. Nathan, à Paris.

## COOPÉRATEURS

### Diplômes de Médaille de bronze.

Guidez. Maison Durand et Cie, à Paris.
Mauchard. Librairie Berger-Levrault, à Paris.
Pierson. Librairie Berger-Levrault, à Paris.
Richard (Léonce). Maison Henri Charles-Lavauzelle,
à Paris.


## CLASSE 13. — *Photographie.*

### COLLABORATEURS

### Diplômes d'honneur.

Catu (Achille). Maison Nadar, à Paris.
Decaux (Léopold-René). Société des établissements
Gaumont, à Paris.
Delié (René). Maison Charles Mendel, à Paris.
Mendel (Maurice). Maison Charles Mendel, à Paris.

### Diplômes de Médaille d'or.

Bourgeois (Dominique). Maison Nadar, à Paris.
Dubreuil (Léon). Maison Jules Richard, à Paris.
Frély (Pierre). Société des établissements Gaumont,
à Paris.
Laudet (Georges). Société des Établissements Gau-
mont, à Paris.
Rossignol (Louis). Maison Grieshaber frères et Cie, à
Paris.
Sentou (Camille). Société des Établissements Gau-
mont, à Paris.

### Diplômes de Médaille d'argent.

Augier (Valentin). Union photographique industrielle
(Établissements Lumière et Jougla réunis), à
Paris.
Bass (Cécile). Maison Nadar, à Paris.
Bories (Jean). Union photographique industrielle
(Établissements Lumière et Jougla réunis), à
Paris.
Boussin (Jules). Maison Léon Desbois, à Paris.
Collet (Marius). Union photographique industrielle
(Établissements Lumière et Jougla réunis), Paris.

Curot (Ferdinand). Société des Établissements Gau-
mont, à Paris.
Douvin. Maison Maumelat et Cie, « Société Agra »,
à Paris.
Dumas (Paul). Maison E. Crumière et Cie, à Paris.
Gensbittel (Eugène). Frédéric Bertrand (Maison Émile
Bertrand), à Annonay.
Fos (Albert). Société anonyme des celluloses Plan-
chon, à Lyon.
Framezelle (Auguste). Société anonyme des celluloses
Planchon, à Lyon.
Hansen. Maison Nadar, à Paris.
Heilmann (Lucien). Société anonyme des celluloses
Planchon, à Lyon.
Klatt (Henri). Maison Charles Gerschel, à Paris.
Leureau (Louis). Union photographique industrielle
(Établissements Lumière et Jougla réunis), à
Paris.
Magne (Charles). Maison Jules Richard, à Paris.
Mattigot (Julien). Maison Grieshaber frères et Cie, à
Paris.
Maxence (Charles). Maison Gabriel Félix, à Paris.
Paris (Marius). Union photographique industrielle
(Établissements Lumière et Jougla réunis), à
Paris.
Salomon (Oscar). Maison Jules Demaria, à Paris.
Toussaint (Léon). Maison Jules Richard, à Paris.
Veillat (Charles). Maison Charles Mendel, à Paris.
Veltin (Mlle Louise). Maison Charles Mendel, à Paris.
Zernecke (Frédéric). Maison Nadar, à Paris.

### Diplômes de Médaille de bronze.

Cogniat (Georges). Société des établissements Gau-
mont, à Paris.
Coudre (Hippolyte). Maison Jules Richard, à Paris.
Lemoine (Charles). Société des établissements Gau-
mont, à Paris.
Martin (Gabriel). Société des établissements Gau-
mont, à Paris.
Mouls (Georges). Maison Jules Richard, à Paris.

## COOPÉRATEURS

### Diplômes de Médaille de bronze.

Blachier (Auguste). Frédéric Bertrand (Maison Émile
Bertrand), à Annonay.
Charbonnier (Jean). Maison Charles Mendel, à Paris.
Calmeille (Mme Pélagie). Maison Grieshaber frères et
Cie, à Paris.

Gabillat (Henri). Union photographique industrielle
(Établissements Lumière et Jougla réunis). à
Paris.
Gouse (Trévis). Maison Maumelat et Cie, « Société
Agra », à Paris.
Khan-Ky. Maison Charles Gerschel. à Paris.
Liversin (Jean). Frédéric Bertrand (Maison Émile
Bertrand), à Annonay.
Mallet (Charles). Maison Grieshaber frères et Cie, à
Paris.
Miller (Joannès). Société anonyme de celluloses
Planchon, à Lyon.
Mulois (Mlle). Maison Maumelat et Cie, « Société
Agra », à Lyon.
Noël (Hector). Maison Charles Mendel. à Paris.
Pons (Aristide). Union photographique industrielle
(Établissements Lumière et Jougla réunis). à
Paris.
Schmit. Maison Charles Gerschel, à Paris.
Smeesters (François). Maison Nadar, à Paris.
Zag (Mme Adolphe). Maison J. Benjamin, à Paris.

## CLASSE 14.
### *Cartes et appareils de géographie et de cosmographie. Topographie.*

### COLLABORATEUR

#### Diplôme de Médaille d'argent.

Bineteau (P.). Maison A. Taride, à Paris.

### COOPÉRATEUR

#### Diplôme de Médaille de bronze.

Gueneau (P.). Maison A. Taride. à Paris.

## CLASSE 15. — *Instruments de précision. Monnaies et Médailles.*

### COLLABORATEURS

#### Diplômes d'honneur.

Carpentier (Jean). Maison J. Carpentier, à Paris.
Delaruelle (Lucien). Maison Alphonse Darras. à
Paris.
Jarre (Philippe). Maison Louis Sanguet, à Paris.
Jarret (A.). Maison Francisque Jarret, à Paris.

Joly (Louis). Maison J. Carpentier. à Paris.
Paillon (Louis). Maison Ph. et F. Pellin, à Paris.
Penel (Alexandre). Maison Eugène Hue, à Paris.

#### Diplômes de Médaille d'or.

Lequeux (Raoul). Maison Paul Lequeux, à Paris.
Patel (Paul). Maison Nachet, à Paris.
Rossillon (Jean). Maison Ph. et F. Pellin. à Paris.
Sers (François). Ministère du Commerce, de l'Industrie. des Postes et des Télégraphes à Paris.
Yvon (Gustave). Maison A. Jobin, à Paris.

#### Diplômes de Médaille d'argent.

Cresson (Louis). Ministère du Commerce, de l'Industrie. des Postes et des Télégraphes. à Paris.
Masson (Marcel). Société anonyme des télégraphes
Édouard Belin, à Paris.

#### Diplôme de Médaille de bronze.

Schlincker (Joseph). Maison Louis Graillot, à Montreuil-sous-Bois.

### COOPÉRATEURS

#### Diplômes de Médaille de bronze.

Alix (Georges). Maison G. Prin, à Paris.
Belloc (Léon). Maison Paul Lequeux. à Paris.
Bidallier (Maurice). Maison Ph. et F. Pellin, à Paris.
Boiteau (Julien). Maison G. Prin, à Paris.
Bréhier (Alexandre). Maison Jules Thurneyssen, à
Paris.
Bréhier père. Maison Jules Thurneyssen, à Paris.
Cauvel (Auguste). Maison Léon Maxant. à Paris.
Clerbois (Léon). Établissements H. Morin (Boyelle-
Morin. Beau et Cie), à Paris.
Cotton (Louis). Maison A. Jobin, à Paris.
Deboffe. Maison A. Jobin. à Paris.
Delcros (Gaston). Maison Baille-Lemaire et fils. Paris.
Derouzy (Émile). Maison Ph. et F. Pellin, à Paris.
Dominique (Eugène). Maison Ph. et F. Pellin. à Paris.
Dupont (Edmond). Société anonyme des télégraphes
Édouard Belin, à Paris.
Egly (Auguste). Maison Ph. et F. Pellin, à Paris.
Fillion (Jules). Maison Collot (A.). Longue (C.) et
Cie. à Paris.
Gaillard (Léon). Maison Louis Graillot, à Montreuil-
sous-Bois.
Gérard (Henri). Maison Paul Lequeux. à Paris.

Guillaume (Edouard), Maison Collot (A.), Longue (G.) et Cⁱᵉ, à Paris.

Guimet (Alexis), Maison Léon Maxant, à Paris.

Gruet (Armand), Maison Baille-Lemaire et fils, à Paris.

Heydorf (Jean), Maison Baille-Lemaire et fils, à Paris.

Hugo (Georges), Maison Baille-Lemaire et fils, à Paris.

Labbé, Maison Jules Thureyssen, à Paris.

Lelièvre (Victor), Maison G. Prin, à Paris.

Lequatre (Ernest), Maison Baille-Lemaire et fils, à Paris.

Masson (Jules), Société anonyme des télégraphes Edouard Belin, à Paris.

Mathot, Maison Alphonse Darras, à Paris.

Messager (Alphonse), Société anonyme des télégraphes Edouard Belin, à Paris.

Montmayeur (Hippolyte), Maison Baille-Lemaire et fils, à Paris.

Moreau (Eugène), Maison Baille-Lemaire et fils, à Paris.

Nacquard (Louis), Maison A. Jobin, à Paris.

Nectou, Maison A. Jobin, à Paris.

O'Gil (Louis), Établissements H. Morin (Boyelle, Morin, Beau et Cⁱᵉ), à Paris.

Patry (Léon), Maison Baille-Lemaire et fils, à Paris.

Pichon (Auguste), Maison Baille-Lemaire et fils, à Paris.

Rabut (Claude), Maison Naudet et Cⁱᵉ (Bourde et Cⁱᵉ, successeurs), à Paris.

Rappard (Louis), Maison G. Prin, à Paris.

Riehl, Maison A. Jobin, à Paris.

Rozier (Auguste), Société générale des compteurs de voitures, à Paris.

Ruh (Julien), Maison Paul Borde, à Paris.

Saussier (Auguste), Maison Louis Graillot, à Montreuil-sous-Bois.

Schosseler (Jacques), Maison Baille-Lemaire et fils, à Paris.

Soubrelle (Alexis), Maison Naudet et Cⁱᵉ (Bourde et Cⁱᵉ, successeurs), à Paris.

Stieber (Georges), Maison Ph. et F. Pellin, à Paris.

Zell (Charles), Maison Eugène Hue, à Paris.

## CLASSE. 16. — *Médecine et chirurgie.*

### COLLABORATEURS

### Diplômes d'honneur.

Brull (S.), Enseignement professionnel de la Chambre syndicale, à Paris.

Dubarry (Georges), Maison Alfred Bardy, à Paris.

Esclavy (Clément), Maison Bruneau et Cⁱᵉ, à Paris.

Ledroux (Eugène), Maison G. et F. Wulfing-Luer, à Paris.

Razy (Armand), Maison A. Plisson, à Paris.

Sainton (Dʳ R.), Enseignement professionnel de la Chambre syndicale, à Paris.

Zante, M. le Dʳ Lucien Graux, à Paris.

### Diplômes de Médaille d'or.

Argent (Jules d'), M. le Dʳ Ch.-Ed. Godon, à Paris.

Bérat (Antoine), Société française des tissus Tétra, à Paris.

Bardy (Émile), Maison Alfred Bardy, à Paris.

Berguguat (Dʳ), M. le Dʳ Calot, à Berck-Plage.

Cailleux (Dʳ), Enseignement professionnel de la Chambre syndicale, à Paris.

Cose, M. le Dʳ Lucien Graux, à Paris.

Desmaroux (Dʳ), Enseignement professionnel de la Chambre syndicale, à Paris.

Dufour (Ernest), Maison Ad. Zünd-Burguet, à Paris.

Fallou (René), Enseignement professionnel de la Chambre syndicale, à Paris.

Fouchet (Dʳ), M. le Dʳ Calot, à Berck-Plage.

Genou (Henri), Maison A. Plisson, à Paris.

Georgi (Paul), Maison G. et H. Wickham, à Paris.

Giollet (Mᵐᵉ Marthe), Maison Bruneau et Cⁱᵉ, à Paris.

Huchedé, M. le Dʳ J. Mougin, à Paris.

Lebailly (Alfred), Maison E. Lecuyer, à Carentan.

Lebreton (Félix), Maison G. et F. Wulfing-Luer, à Paris.

Legrand (Marcel fils), Maison Henri Legrand, à Paris.

Lemerle (Lucien), M. le Dʳ Ch.-Ed. Godon, à Paris.

Machet (Mˡˡᵉ Gabrielle), Maison Breton et Van Steenbrugghe, à Paris.

Marais (Gaston), Maison Baimal frères (Léon et Jules), à Paris.

Petillon (Marcel), Maison Breton et Van Steenbrugghe, à Paris.

Petit (Paul), Maison J. Grouvelle, H. Arquembourg et Cⁱᵉ, à Paris.

Renack (Marcel), Maison G. et F. Wulfing-Luer, à Paris.

Teronte, M. le Dʳ L. Mencière, à Reims.

### Diplômes de Médaille d'argent.

Amion (Maurice), Maison Alfred Bardy, à Paris.

Baillet (Jules), Maison R.-E. Denis-Le Sève, à Paris.

Bernard (Jules), Maison A. Pannetier, à Paris.

**Billottée** (M<sup>me</sup> Eugénie). Maison Bruneau et C<sup>ie</sup>, à
Paris.
**Bioux.** M. le D<sup>r</sup> Ch.-Ed. Godon, à Paris.
**Bonnaud** (Pierre). Maison G. et H. Wickham, à Paris.
**Bonnet** (Henri). Maison A. Pannetier, à Paris.
**Buret** (Henry). Maison G. et F. Wulfing-Luer, à
Paris.
**Cahen** (Edmond). M. le D<sup>r</sup> Camille Savoire, à Paris
**Colombel** (Gustave). Maison E. Lecuyer, à Carentan.
**Didier** (Adrien). Maison A. Plisson, à Paris.
**Flavigny.** M. le D<sup>r</sup> Lucien Graux, à Paris.
**Fonchon-Lapeyrade** (D<sup>r</sup>). M. le D<sup>r</sup> Calot, à Berck-Plage.
**Gourbillon.** M. le D<sup>r</sup> J. Mougin, à Paris.
**Kervella** (M<sup>me</sup> L.). Société française des tissus Tétra,
à Paris.
**Pascal** (Lucien). Maison A. Pannetier, à Paris.
**Privat** (D<sup>r</sup>). M. le D<sup>r</sup> Calot, à Berck-Plage.
**Reboul** (M<sup>lle</sup> F.). Laboratoire V. Templier, à Paris.
**Richebracque** (Georges). Maison Rainal frères (Léon
et Jules), à Paris.
**Schwartz.** M. le D<sup>r</sup> L. Mencière, à Reims.
**Trouchon.** Enseignement professionnel de la Chambre syndicale, à Paris.

### Diplômes de Médaille de bronze.

**Borckmans** (Jean). Maison Gabriel Meyrignac, à
Paris.
**Bouisson.** M. le D<sup>r</sup> Lucien Graux, à Paris.
**Briquet.** Usines Ed. Duménil, à Courbevoie (Seine).
**Couturier.** Maison Charles Jacquin, à Paris.
**Gravier** (A.). Pharmacie C.-A. Fort, à Paris.
**Lahire** (Félix). Maison G. et F. Wulfing-Luer, à
Paris.
**Lance** (D<sup>r</sup> M.). M. le D<sup>r</sup> Léon Lortat-Jacob, à Paris.
**Martin** (Marcel). Maison François Barcouda, à Chartres.
**Muttin.** Usines Ed. Duménil, à Courbevoie.
**Sévenet** (René). Société française de produits d'hygiène buccale, à Paris.

## COOPÉRATEURS

### Diplômes de Médaille de bronze.

**Adeline** (Arthur). Maison Jean Montaudon, à Paris.
**Anglade** (M<sup>lle</sup> H.). Maison veuve H. Cadolle et fils, à
Paris.
**Astaix** (Ernest). Maison G. et H. Wickham, à Paris.
**Bentz** (M<sup>lle</sup> H.). Société française des tissus Tétra, à
Paris.

**Biaudé** (Jules). Établissements Claverie et C<sup>ie</sup>, à
Paris.
**Billon** (Désiré). Maison Jean Mauteaudon, à Paris.
**Bouladoux** (Lucien). Société française de produits
d'hygiène buccale, à Paris.
**Bourroux** (Jean). Maison Gabriel Meyrignac, à Paris.
**Caguet** (J.-L.). M. le D<sup>r</sup> V. Nigay, à Paris.
**Calvet** (Pierre). Maison G. et F. Wulfing-Luer, à
Paris.
**Candessu** (J.). Maison G. Bascourret, à Paris.
**Clerget** (Victor). Maison G. et F. Wulfing-Luer, à
Paris.
**Dabou** (M<sup>lle</sup> Ad.). Maison E. Aubry, à Paris.
**Debaste** (Raoul). M. le D<sup>r</sup> Ch. Capdepont, à Paris.
**Decock** (M<sup>lle</sup> H.). Maison veuve H. Cadolle et fils, à
Paris.
**Deperroy.** M. le D<sup>r</sup> J. Calot, à Berck-Plage.
**Dhoms.** Société française des tissus Tétra, à Paris.
**Dubos** (Henri). Maison Jean Montaudon, à Paris.
**Germain** (Henri). Maison Léon et Jules Rainal frères,
à Paris.
**Girardot** (Arthur). M. le D<sup>r</sup> J. Mougin, à Paris.
**Guiot** (Auguste). Maison M. Nicolay, à Billancourt
(Seine).
**Hennuy** (Joseph). Maison Breton et Van Steenbrugghe,
à Paris.
**Lejeune** (Alfred). Maison J. Grouvelle, H. Arquembourg et C<sup>ie</sup>, à Paris.
**Lorillier** (Albert). Établissements Claverie et C<sup>ie</sup>, à
Paris.
**Marmouget** (Dominique). M. le D<sup>r</sup> F. Gendron, à
Bordeaux.
**Noullet** (Léon). Maison Léon et Jules Rainal frères,
à Paris.
**Rainal.** Maison Ch. Jacquin, à Paris.
**Requier** (Jean). Maison F. et J. Porgès, à Paris.
**Requier** (Marcelin). Maison Gaillard, à Paris.
**Richli** (Charles). M. le D<sup>r</sup> R. Coulomb, à Paris.
**Surel** (M<sup>me</sup> G.). Maison Bruneau et C<sup>ie</sup>, à Paris.
**Suret** (M<sup>me</sup> A.). Maison Bruneau et C<sup>ie</sup>, à Paris.
**Thonnard** (M<sup>me</sup> A.). Maison G. et H. Wickham, à
Paris.

### Diplômes de Mention.

**Beaucousin** (Isaï). Maison Jean Montaudon, à Paris.
**Chemin** (Henry). Maison G. et F. Wulfing-Luer, à
Paris.
**Contret** (M<sup>lle</sup> J.). Maison E. Aubry, à Paris.
**Decker** (Edmond). Maison F. et J. Porgès, à Paris.
**Fournier.** Maison Gaillard, à Paris.

Labat (Fernand). M. le Dr F. Gendron, à Bordeaux.
Martin. M. le Dr J. Calot, à Berck-Plage.
Paquet (Édouard). Maison G. et F. Wulfing-Luer, à Paris.
Pêtre (Régis). M. le Dr R. Coulomb, à Paris.
Renard (Albert). M. le Dr V. Nigay, à Paris.

## Classe 17. — *Instruments de musique.*

### Diplôme d'honneur.

Dubruel (P.-W.). Agent général de la classe.

### Diplôme de Médaille d'or.

Evette (Maurice). Maison Evette et Schæffer, à Paris.

### Diplômes de Médaille d'argent.

Gaspard (Paul). Maison Laberte-Humbert frères, à Mirecourt.
Lefeuvre (M.). Établissements Gaveau, à Paris.
Mériaux (Mlle Marie). Maison Charles-Eugène Gras (firme J. Gras), à Lille.
Richard. Établissements Gaveau, à Paris.

### COOPÉRATEURS

### Diplômes de Médaille de bronze.

Apparut (Georges). Maison Laberte-Humbert frères, à Mirecourt.
Barbey (Louis). Maison Evette et Schæffer, à Paris.
Brugère (Michel). Maison Laberte-Humbert frères, à Mirecourt.
Colin (Cyrille). Maison Laberte-Humbert frères, à Mirecourt.
Guy (Eugène). Maison Evette et Schæffer, à Paris.
Jouvenot (Eugène). Maison Charles-Eugène Gras (firme J. Gras), à Lille.
Lambert (Ad.). Maison Evette et Schæffer, à Paris.
Leclerc (Ferdinand). Maison Paquet frères et fils, à Beaumont-sur-Oise.
Legrand (Louis). Maison Paquet frères et fils, à Beaumont-sur-Oise.
Lesperut (B.). Établissements Gaveau, à Paris.
Passager (Paul). Maison Evette et Schæffer, à Paris.
Ragot. Établissements Gaveau, à Paris.
Saujot. Établissements Gaveau, à Paris.
Thomassin (Mme Maria). Maison Laberte-Humbert frères, à Mirecourt.

# GROUPE IV

## Matériel et procédés généraux de la mécanique.

### Classe 19. — *Machines à vapeur.*

### COLLABORATEURS

### Diplômes d'honneur.

Cuchet (Laurent). Maison Lachery (Léandre), à Livry-Gargan.
Mancy (Joseph). Société anonyme des Établissements Delaunay-Belleville, à Saint-Denis (Seine).
Radiguer (Charles). Société anonyme des Établissements Delaunay-Belleville, à Saint-Denis (Seine).
Tacherat (Alfred). Maison Lachery (Léandre), à Livry-Gargan.

### Diplômes de Médaille d'or.

Barbier (René). Société des anciens Établissements Weyher et Richemond, à Pantin.
Besson. Maison Muller, Roger et Cie, à Paris.
Canhac (Georges). Société anonyme des Établissements Delaunay-Belleville, à Saint-Denis (Seine).
Fleurquin (Florimond). Société anonyme des Foyers automatiques, à Roubaix.
Fraison (Georges). Société des anciens Établissements Weyher et Richemond, à Pantin.
Metchalinck (Désiré). Société anonyme des Foyers automatiques, à Roubaix.
Moser (Constant). Société anonyme, Maison Frédéric Fouché, à Paris.
Perrot (Georges). Maison Boulte, Larbodière et Cie, à Paris et à Aubervilliers.
Poteau (Gustave). Maison J. et A. Niclausse, à Paris.
Tisserand (Antoine). Société anonyme des Établissements Delaunay-Belleville, à Saint-Denis (Seine).

### Diplômes de Médaille d'argent.

Boulenguez (Théodore). Société anonyme des Foyers automatiques, à Roubaix.
Cam (Joseph). Société anonyme, Maison Frédéric Fouché, à Paris.
Dejardin (Carlos). Maison Fryer et Cie, à Rouen.

**Delahaye** (Jean). Société des Anciens Établissements Weyher et Richemond, à Pantin.

**Ebor** (Louis). Maison Boulte, Larbodière et C^ie, à Paris et à Aubervilliers.

**Leduck** (Frédéric). Maison J. et A. Niclausse, à Paris.

**Schwertzler** (Désiré). Maison J. et A. Niclausse, à Paris.

**Simon** (Adolphe). Société anonyme des établissements Delaunay-Belleville, à Saint-Denis (Seine).

**Therode.** Maison Muller, Roger et C^ie, à Paris.

### Diplômes de Médaille de bronze.

**Deloizy** (Gaston). Maison Boulte, Larbodière et C^ie, à Paris et à Aubervilliers.

**Planckært** (Henri). Société anonyme des Foyers automatiques, à Roubaix.

### COOPÉRATEURS

### Diplômes de Médaille de bronze.

**Adam** (Eugène). Société anonyme des établissements Delaunay-Belleville, à Saint-Denis (Seine).

**Belhomme** (Joseph-Marie). Société anonyme. Maison Frédéric Fouché, à Paris.

**Bled** (Victor). Maison Boulte, Larbodière et C^ie, à Paris et à Aubervilliers.

**Brochard** (Jean-Baptiste). Maison Boulte, Larbodière et C^ie, à Paris et à Aubervilliers.

**Brosson** (Pierre-Louis). Maison Boulte, Larbodière et C^ie, à Paris et à Aubervilliers.

**Brunot** (François). Société anonyme des foyers automatiques, à Roubaix.

**Clément** (Georges). Société anonyme des foyers automatiques, à Roubaix.

**Dagard** (Antoine). Maison J. et A. Niclausse, à Paris.

**Dumas** (Jean-Marie). Société anonyme. Maison Frédéric Fouché, à Paris.

**Fleury** (Émile). Société des anciens établissements Weyher et Richemond, à Pantin.

**Fourneaux** (Florimond). Société anonyme des foyers automatiques, à Roubaix.

**Gangler** (Pierre). Maison J. et A. Niclausse et C^ie, à Paris.

**Gouley** (Abel). Société anonyme des établissements Delaunay-Belleville, à Saint-Denis (Seine).

**Ladieudie** (Xavier). Maison J. et A. Niclausse, à Paris.

**Landrouin.** Maison Muller, Roger et C^ie, à Paris.

**Ovaere** (Eugène). Société anonyme des foyers automatiques, à Roubaix.

**Peytot** (Alfred). Société anonyme. Maison Frédéric Fouché, à Paris.

**Philippe** (Auguste). Société anonyme des établissements Delaunay-Belleville, à Saint-Denis (Seine).

**Rost** (Alphonse). Société des anciens établissements Weyher et Richemond, à Pantin.

**Rousseau** (Louis). Maison J. et A. Niclausse, à Paris.

**Rubert** (Pierre). Société anonyme des établissements Delaunay-Belleville, à Saint-Denis (Seine).

**Zinck** (Ernest). Maison Boulte, Larbodière et C^ie, à Paris et à Aubervilliers.

## CLASSE 20. — *Machines motrices diverses.*

### COLLABORATEURS

### Diplômes de Médaille d'argent.

**Huard** (Fernand). Société de moteurs à gaz et d'industrie mécanique, à Paris.

**Hubert** (Georges). Société de moteurs à gaz et d'industrie mécanique, à Paris.

**Lang** (Georges). Société anonyme des forges et chantiers de la Méditerranée, à Paris.

### Diplômes de Médaille de bronze.

**Busson** (Paul). Société de moteurs à gaz et d'industrie mécanique, à Paris

**Hughes** (Georges). Société de moteurs à gaz et d'industrie mécanique, à Paris.

### COOPÉRATEURS

**Ancelin.** Maison F. Chêne, à Saint-Quentin.

**Beaumont** (Louis). Société de moteurs à gaz et d'industrie mécanique, à Paris.

**Bourlet** (Édouard). Société de moteurs à gaz et d'industrie mécanique, à Paris.

**Delavier** (Jules). Société de moteurs à gaz et d'industrie mécanique, à Paris.

**Duchemin** (Alfred). Société anonyme des forges et chantiers de la Méditerranée, à Paris.

**Futtrer** (Georges). Société de moteurs à gaz et d'industrie mécanique, à Paris.

**Hæmmerlin** (Adolphe). Société anonyme des forges et chantiers de la Méditerranée, à Paris.

**Jantzen.** Société anonyme des forges et chantiers de la Méditerranée, à Paris.

**Langlois** (Gaston). Société anonyme des forges et
chantiers de la Méditerranée, à Paris.
**Lerat** (Principe). Société de moteurs à gaz et d'industrie mécanique, à Paris.

### Diplômes de mention.

**Altmeyer** (Eugène). Société de moteurs à gaz et
d'industrie mécanique, à Paris.
**Perruchon** (Philibert). Société de moteurs à gaz et
d'industrie mécanique, à Paris.

#### CLASSE 21. — *Appareils divers de la mécanique générale.*

##### COLLABORATEURS

### Diplômes d'honneur.

**Balthasar** (Armand). Maison Wauquier et Cie, à Lille.
**Brillaud de Laujardière.** Maison Durey-Sohy, à Paris.
**Cambien** (Marcel). Société des anciens établissements
Weyher et Richemond, à Pantin.
**Capet** (A.). Maison A. Piat et Cie des fils de, à Paris.
**Delcroix** (Raoul). Maison Wauquier et Cie, à Lille.
**Douay** (Ambroise). Société des anciens établissements
Weyher et Richemond, à Pantin.
**Grossetète** (Émile). Maison Durey-Sohy, à Paris.
**Henry** (Émile). Société anonyme des hauts fourneaux
et fonderies de Pont-à-Mousson, Pont-à-Mousson.
**Jafflin** (Louis). Maison A. Domange et fils, à Paris.
**Leroy** (Eugène). Société de Laval, à Paris.
**Marchal** (Louis). Maison Jules Munier et Cie, à Frouard.
**Morel** (Auguste). Maison A. Domange et fils, à Paris.
**Morel** (Jules). Maison A. Domange et fils, à Paris.
**Perrin** (Paul). Maison Jules Richard, à Paris.
**Teil** (Eugène). Maison Durey-Sohy, à Paris.
**Varlet** (Amédée). Société des automobiles Delahaye
et Cie Ltd, à Paris.
**Verant** (Alfred). Société des anciens établissements
Weyher et Richemond, à Pantin.
**Verneret** (Rieul). Maison Jules Richard, à Paris.
**Wattrelos** (Charles). Maison Wauquier et Cie, à Lille.
**Weick.** Maison G. Getting et A. Jonas, à Saint-Denis.
**Weiffenbach** (Charles). Société des automobiles
Delahaye et Cie, Ltd, à Paris.

### Diplômes de Médaille d'or.

**Dereims** (Hubert). Maison Establie et fils, à Paris.
**Desmedt.** Maison les fils de A. Piat et Cie, à Paris.
**Girot** (Albert). Maison Establie et fils, à Paris.

### Diplômes de Médaille d'argent.

**Bernard** (Étienne). Maison Ginouvès frères, à Nevers.
**Thévenot** (Louis). Maison Ginouvès frères, à Nevers.

##### COOPERATEURS

### Diplômes de Médaille de bronze.

**Ancourt.** Maison les fils de A. Piat et Cie, à
Paris.
**Bonnet** (Jean). Maison Ginouvès frères, à Nevers.
**Devillers** (Charles). Maison L. Boachon, à Paris.
**Dupéroux.** Maison G. Getting et A. Jonas, à Saint-
Denis.
**Forcy** (Eugène). Société des anciens établissements
Weyher et Richemond, à Pantin.
**Goyon** (Jean). Maison Jules Richard, à Paris.
**Haumesser** (Maurice). Maison Durey-Sohy, à Paris.
**Honoré** (Émile). Maison Jules Richard, à Paris.
**Jeambel** (Émile). Société des anciens établissements
Weyher et Richemond, à Pantin.
**Landon** (Émile). Société générale des compteurs de
voitures, à Paris.
**Lecas** (Alphonse). Maison Ginouvès frères, à Ne-
vers.
**Levainne** (Albert). Maison Jules Richard, à Paris.
**Levy.** Société des automobiles Delahaye et Cie Ltd,
à Paris.
**Linossier** (Edmond). Maison Jules Richard, à Paris.
**Rigaudeau** (Pierre). Société générale des compteurs
de voitures, à Paris.
**Véron.** Société des automobiles Delahaye et Cie Ltd, à
Paris.

#### CLASSE 22. — *Machines-outils.*

##### COLLABORATEURS

### Diplômes d'honneur.

**Forestier** (Georges). Société française de constructions
mécaniques (anciens établissements Cail), à
Denain.
**Francelle** (Fénélon). Société française de construc-
tions mécaniques (anciens établissements Cail),
à Denain.
**Jousselme** (Paul). Maison Henri Ernault, à Paris.
**Sollier** (Émile). Maison J. Guilliet, Egré et Cie, à
Fourchambault.

### Diplômes de Médaille d'or.

**Aubry** (Albert). Maison Henri Ernault, à Paris.
**Bonnavaud** (Henri). Société française de constructions mécaniques (anciens établissements Cail). à Denain.
**Dechelette** (Jean). Maison Henri Ernault. à Paris.
**Heraut** (Victor). Société française de constructions mécaniques (anciens établissements Cail). à Denain).
**Lamblin** (Émile). Société française de constructions mécaniques (anciens établissements Cail). à Denain.

### Diplômes de Médaille d'argent.

**Dague** (Louis). Société française de constructions mécaniques (anciens établissements Cail). à Denain.
**Descourtis** (Paul). Maison Henri Ernault. à Paris.
**Gontier** (René). Société française de constructions mécaniques (anciens établissements Cail). à Denain.
**Jacquot** (Louis). Maison Louis Besse. à Paris.
**Joncquiert** (Henri). Société française de constructions mécaniques (anciens établissements Cail). à Denain.
**Martel** (Eugène). Société française de constructions mécaniques (anciens établissements Cail). à Denain.
**Villemant** (Maurice). Société française de constructions mécaniques (anciens établissements Cail). à Denain.

### Diplômes de Médaille de bronze.

**Prieur** (Paul). Maison Eugène Giraud. à Doulaincourt.
**Wehrlé** (A.). Maison Henri Ernault. à Paris.

### COOPÉRATEURS

### Diplômes de Médaille de bronze.

**Barthélemy** (Louis). Maison Eug. Giraud. à Doulaincourt.
**Baudin** (Eugène). Maison J. Guilliet. Egré et Cⁱᵉ, à Fourchambault.
**Blotteau** (Louis). Société française de constructions mécaniques (anciens établissements Cail). à Denain.

**Delbassée** (François). Société française de constructions mécaniques (anciens établⁱˢCail), à Denain.
**Driel** (François). Société française de constructions mécaniques (anciens établissⁱˢ Cail). à Denain.
**Dubois** (Émile). Société française de constructions mécaniques (anciens établissⁱˢ Cail), à Denain.
**Lazon** (Eloi). Société française de constructions mécaniques (anciens établissⁱˢ Cail), à Denain.
**Rohr** (Jean-Pierre). Maison Henri Ernault. à Paris.
**Vincentin** (Louis). Maison Henri Ernault. à Paris.
**Zanin** (Angel). Société française de constructions mécaniques (anciens établissⁱˢ Cail), à Denain.

### Diplômes de Mention.

**Damoisy** (Gaston). Société française de constructions mécaniques (anciens établissⁱˢ Cail), à Denain.
**Delsart** (Clovis). Société française de constructions mécaniques (anciens établissⁱˢ Cail), à Denain.
**Duvivier** (Léon). Société française de constructions mécaniques (anciens établissements Cail). à Denain.
**Largiller** (Henri). Société française de constructions mécaniques (anciens établissⁱˢ Cail), à Denain.
**Lequimme** (Désiré). Société française de constructions mécaniques (anciens établⁱˢCail). à Denain.
**Noisiez** (Clovis). Société française de constructions mécaniques (anciens établissⁱˢ Cail), à Denain.
**Tinelli** (Émile). Maison Louis Besse. à Paris.

## GROUPE V

## Électricité.

CLASSE 23. — *Production et utilisation mécaniques de l'électricité.*

### COLLABORATEURS

### Diplômes d'honneur.

**Allain-Launay** (Edm.). Compagnie générale du gaz pour la France et l'étranger, à Paris.
**Dubief** (André). Maison Vedovelli. Priestley et Cⁱᵉ, à Paris.
**Ocagne** (Paul d'). Compagnie générale d'électricité. à Paris.
**Vernier** (Auguste). Maison Vedovelli. Priestley et Cⁱᵉ. à Paris.

### Diplômes de Médaille d'or.

Clémenceau (Louis). Maison Vedovelli, Priestley et Cie,
 à Paris.
David (Eugène). Maison Vedovelli, Priestley et Cie,
 à Paris.
Dupuy (Jean). Compagnie générale du gaz pour la
 France et l'étranger, à Paris.
Esbran (Lucien). Société anonyme Westinghouse, à
 Paris.
Gast (Alexandre). Maison Vedovelli, Priestley et Cie,
 à Paris.
Picard (Jean). Société alsacienne de constructions
 mécaniques, à Belfort.
Sivellex (Léopold). Maison Vedovelli, Priestley et Cie,
 à Paris.

### Diplômes de Médaille d'argent.

Benard (Émile). Société Gramme, à Paris.
Berlan (Louis). Société française pour la fabrication
 des tubes, à Louvroil (Nord).
Boy (Alfred). Compagnie générale d'électricité, à Paris.
Dispot (Arthur). Maison L. Hamm et Cie, à Paris.
Esbran (Lucien). Société anonyme Westinghouse, à
 Paris.
Helsinger (Georges). Société alsacienne de construc-
 tions mécaniques, à Belfort.
Nousbaum (Léon). Société alsacienne de constructions
 mécaniques, à Belfort.
Panthier (Camille). Société Gramme, à Paris.
Pudal (Lucien). Compagnie générale du gaz pour la
 France et l'étranger, à Paris.
Wodey (Paul). Société alsacienne de constructions
 mécaniques, à Belfort.

### Diplômes de Médaille de bronze.

Quintin (Alexandre). Maison L. Hamm et Cie, à Paris.
Rouet (Gustave). Société alsacienne de constructions
 mécaniques, à Belfort.

#### COOPÉRATEURS

### Diplômes de Médailles de bronze.

Berger (Louis). Maison Debauge et Cie, à Paris.
Bertrand (André). Maison L. Hamm et Cie, à Paris.
Daumont (Marius). Société alsacienne de construc-
 tions mécaniques, à Belfort.
Dupas (Julien). Société Gramme, à Paris.

Guillot (Henri). Maison Debauge et Cie, à Paris.
Job (Gaston). Société Gramme, à Paris.
Lecointe (Maurice). Maison Vedovelli, Priestley et
 Cie, à Paris.
Leprêtre (Henri). Société Gramme, à Paris.
Mesere (Louis). Maison Vedovelli, Priestley et Cie, à
 Paris.
Popot (Auguste). Maison Vedovelli, Priestley et Cie,
 à Paris.
Rolland (Hervé). Maison Vedovelli, Priestley et Cie,
 à Paris.
Sembat (Joseph). Maison Debauge et Cie, à Paris.
Valentin (Émile). Maison Vedovelli, Priestley et Cie,
 à Paris.
Walter (Émile). Société alsacienne de constructions
 mécaniques, à Belfort.

## CLASSE 24. — *Électro-chimie.*

#### COLLABORATEURS

### Diplômes d'honneur.

Blanchon (Fernand). Maison Leclanché et Cie, à Paris.
Dauphin (Félix). Société des établissements Keller-
 Leleux et Cie, à Paris.
Denisard (Henri). Société des accumulateurs Heinz, à
 Paris.
Marillier (Georges). Maison Leclanché et Cie, à Paris.

### Diplômes de Médaille d'or.

Bourdon (Pierre). Société des établissements Keller-
 Leleux et Cie, à Paris.
Brunet (Albert). Maison veuve Philippe Delafon, Paris.
Hannequin (Louis). Société des accumulateurs Heinz,
 Paris.
Hœffer (Isidore). Société pour le travail électrique
 des métaux, à Paris.
Jumau (Lucien). Société pour le travail électrique des
 métaux, à Paris.
Noceuzo (Ulysse). Société des accumulateurs Heinz, à
 Paris.

### Diplômes de Médaille d'argent.

Baget (Emmanuel). Maison veuve Philippe Delafon,
 à Paris.
Jung (André). Compagnie française de charbons pour
 l'électricité, à Nanterre.

Krell (Paul). Société pour le travail électrique des métaux, à Paris.

Lucen (Louis). Société des accumulateurs Heinz. à Paris.

Melin (Jules). Société des établissements Keller-Leleux et Cie, à Paris.

Sibeux (Louis). Société pour le travail électrique des métaux. à Paris.

Theveniau (Jules). Société des établissements Keller-Leleux et Cie. à Paris.

### Diplômes de Médaille de bronze.

Lateur (Alfred). Compagnie française de charbons pour l'électricité. à Nanterre.

Lejay (Henri). Société pour le travail électrique des métaux. à Paris.

### COOPÉRATEURS

### Diplômes de Médaille de bronze.

Baudouin (Désiré). Société pour le travail électrique des métaux. à Paris.

Berthoud (François). Compagnie générale d'électricité. à Paris.

Bianco (Auguste). Société des accumulateurs Heinz. à Paris.

Clément (Jacques). Compagnie des charbons Fabius Henrion, à Paris.

Collinot (Mme). Maison Leclanché et Cie, à Paris.

Delye (Eugène). Société pour le travail électrique des métaux, à Paris.

Fourier (Charles). Compagnie des charbons Fabius Henrion. à Paris.

Haffner (Émile). Société pour le travail électrique des métaux, à Paris.

Ittel (Henri). Compagnie française de charbons pour l'électricité, à Nanterre.

Kernin. Société des établissements Keller-Leleux et Cie, à Paris.

Lapierre (Henri). Compagnie française de charbons pour l'électricité, à Nanterre.

Leroy (Edmond). Maison Leclanché et Cie. à Paris.

Mousty (Léopold). Société pour le travail électrique des métaux, à Paris.

Regond (Jean). Société pour le travail électrique des métaux, à Paris.

Rivoire (Joannès). Maison veuve Alfred Delafon, à Paris.

Selvo. Société des établissements Keller-Leleux et Cie, à Paris.

Simon (E.). Société pour le travail électrique des métaux. à Paris.

Soueve (Alphonse). Compagnie générale d'électricité. à Paris.

## CLASSE 25. — *Éclairage électrique.*

### COLLABORATEURS

### Diplômes d'honneur.

Badon (Pascal). Maison Gaston Roux, à Paris.

Bargoin (Gabriel). Appareillage électrique Grivolas. à Paris.

Beaudier (Albert). Appareillage électrique Grivolas. à Paris.

Bertera (Pierre). Maison Cance fils et Cie. à Paris.

Chobert (Alphonse). Compagnie générale d'électricité. à Paris.

Devaux (Émile). Maison Gaston Roux. à Paris.

Dobkevitch (Gaëtan). Société française d'incandescence par le gaz. système Auer. à Paris.

Domez (Léon). Compagnie générale de travaux d'éclairage et de force, à Paris.

Gosset (Mlle Nelly). Maison Gaston Roux. à Paris.

Iliovici (Albert). Compagnie française des perles électriques Weissmann. à Paris.

Mathieu (Louis). Maison L. Bardon. à Clichy (Seine).

Morel (François). Compagnie générale de travaux d'éclairage et de force. à Paris.

Petit (Auguste). Compagnie générale d'électricité. à Paris.

Prété (Henry). Compagnie française des perles électriques Weissmann. à Paris.

Vernet (François). Compagnie générale de travaux d'éclairage et de force. à Paris.

Vilmont (Paul). Maison Gaston Roux. à Paris.

### Diplômes de Médaille d'or.

Audic (L.). Appareillage électrique Grivolas, à Paris.

Barbier (Ernest). Compagnie française des perles électriques Weissmann, à Paris.

Chalicarne (Édouard). Appareillage électrique Grivolas, à Paris.

Colin (Léopold). Maison Cance et fils et Cie. à Paris.

Jaccod (Louis). Compagnie générale de travaux d'éclairage et de force. à Paris.

Meyer (Georges). Compagnie générale de travaux
d'éclairage et de force, à Paris.
Paulin (Charles). Maison L. Bardon, à Clichy (Seine).
Berger (Édouard). Appareillage électrique Grivolas,
à Paris.
Serre (Henri). Appareillage électrique Grivolas, à
Paris.
Turin (André). Compagnie française des perles élec-
triques Weissmann, à Paris.

### Diplômes de Médaille d'argent.

Aubrier (Eugène). Maison L. Bardon, à Clichy
(Seine).
Bécard (Émile). Maison Cance et fils et Cie, à Paris.
Wimpo (André). Maison Cance et fils et Cie, à Paris.

### Diplôme de Médaille de bronze.

Comité (Henri). Maison Kemmel, Piel et Cie, à Paris.

### COOPÉRATEURS

### Diplomes de Médaille de bronze.

Barat. Appareillage électrique Grivolas, à Paris.
Bavière (Léon). Maison Cance et fils et Cie, à Paris.
Bluteau (Édouard). Maison Cance et fils et Cie, à Paris.
Boudin (Louis). Maison Vedovelli, Priestley et Cie, à
Paris.
Boulland (Gabriel). Compagnie française des perles
électriques Weissmann, à Paris.
Brehm (Charles). Appareillage électrique Grivolas,
à Paris.
Cotta (Alexandre). Compagnie générale de travaux
d'éclairage et de force, à Paris.
Cousin (Charles). Maison Vedovelli, Priestley et Cie, à
Paris.
Cressent (Charles). Compagnie générale des travaux
d'éclairage et de force, à Paris.
Dedit (Gaston). Maison Vedovelli, Priestley et Cie, à
Paris.
Dubencour (Charles). Compagnie française des perles
électriques Weissmann, à Paris.
Gilbert. Appareillage électrique Grivolas, à Paris.
Malter (Julien). Maison Vedovelli, Priestley et Cie, à
Paris.
Marlier (Louis). Compagnie générale d'électricité, à
Paris.
Masurier (Émile). Maison Kemmel, Piel et Cie, à
Paris.

Mazona (Adolphe). Maison Cance et fils et Cie, à Paris.
Moquet (Paul). Compagnie générale d'électricité,
Paris.
Obrecht (Ernest). Compagnie générale de travaux
d'éclairage et de force, à Paris.
Petit (Louis). Maison Cance et fils et Cie, à Paris.
Regnier (Louis). Appareillage électrique Grivolas,
Paris.
Saoult (François). Maison Vedovelli, Priestley et Cie,
à Paris.

## CLASSE 26. — *Télégraphie et téléphonie.*

### COLLABORATEURS

### Diplômes d'honneur.

Cartier (Victor). Maison J. Carpentier, à Paris.
Depelley (Henri). Compagnie française des câbles
télégraphiques, à Paris.
Godfroy (Fernand). Compagnie française des câbles
télégraphiques, à Paris.
Grelley (Alfred). Société industrielle des téléphones,
à Paris.

### Diplômes de Médaille d'or.

Aufrère (Maxime). Société industrielle des téléphones,
à Paris.
Drouet. Administration française des Postes et des
Télégraphes, à Paris.
Dubreuil (G.). Administration française des Postes et
des Télégraphes, à Paris.
Gaucher. Administration française des Postes et des
Télégraphes, à Paris.
Gissot. Administration française des Postes et des
Télégraphes, à Paris.
Lesaffre. Administration française des Postes et des
Télégraphes, à Paris.
Mayer (Charles). Société industrielle des téléphones,
à Paris.
Neu (Henri). Société industrielle des téléphones, à
Paris.
Winterer. Administration française des Postes et des
Télégraphes, à Paris.

### Diplômes de Médaille d'argent.

Barbançon (Georges). Maison L. Hamm et Cie, à Paris.
Bugnon (Robert). Compagnie générale radiotélégraphique, à Paris.

Camuzet (Maurice). Société d'électricité Mors, à Paris.

Charles. Administration française des Postes et des Télégraphes, à Paris.

Deby (Auguste). Société industrielle des téléphones, à Paris.

Duhayon (Narcisse). Société industrielle des téléphones, à Paris.

Dubreuil (P.). Administration française des Postes et des Télégraphes, à Paris.

Fournier (Bernard). Maison Ph. et F. Pellin, à Paris.

Fournier (Louis). Compagnie générale radiotélégraphique, à Paris.

Magnien (Léon). Maison L. Hamm et Cie, à Paris.

Masson (Jules). Société anonyme des télégraphes Édouard Belin, à Paris.

Masson (Marcel). Société anonyme des télégraphes Édouard Belin, à Paris.

Pauron. Administration française des Postes et des Télégraphes, à Paris.

Rousselot (Émile). Société industrielle des téléphones, à Paris.

### Diplômes de Médaille de bronze.

Bourgeois (Georges). Compagnie générale radiotélégraphique, à Paris.

Doué (Léon). Compagnie générale radiotélégraphique, à Paris.

## COOPÉRATEURS

### Diplômes de Médailles de bronze.

Bimbard (Émile). Maison L. Hamm et Cie, à Paris.

Cagnard (Émile). Société industrielle des téléphones, à Paris.

Caminade. Administration française des Postes et des Télégraphes, à Paris.

Chattelun. Administration française des Postes et des Télégraphes, à Paris.

David. Administration française des Postes et des Télégraphes, à Paris.

Ducouret (Paul). Maison Ph. et F. Pellin, à Paris.

Dupont (Edmond). Société anonyme des télégraphes Édouard Belin, à Paris.

Guyot. Administration française des Postes et des Télégraphes, à Paris.

Joly. Administration française des Postes et des Télégraphes, à Paris.

Lasnier (Émile). Compagnie générale radiotélégraphique, à Paris.

Latouche (Joseph). Maison Ph. et F. Pellin, à Paris.

Lenormand. Administration française des Postes et des Télégraphes, à Paris.

Martyn (Alexandre). Maison Ph. et F. Pellin, à Paris.

Messager (Alphonse). Société anonyme des télégraphes Édouard Belin, à Paris.

Momenteau (H.). Société industrielle des téléphones, à Paris.

Pecquet. Administration française des Postes et des Télégraphes, à Paris.

Picard (Georges). Société d'électricité Mors, à Paris.

Sigogne (Armand). Compagnie générale radiotélégraphique, à Paris.

Son. Administration française des Postes et des Télégraphes, à Paris.

Thomas (Victor). Société industrielle des téléphones, à Paris.

### Diplômes de Mention.

Rousseau (Charles). Compagnie générale radiotélégraphique, à Paris.

Thévenon (Louis). Compagnie générale radiotélégraphique, à Paris.

## CLASSE 27. — *Applications diverses de l'électricité.*

## COLLABORATEURS

### Diplômes d'Honneur.

Bargoin (Gabriel). Appareillage électrique Grivolas, à Paris.

Beaudier (Albert). Appareillage électrique Grivolas, à Paris.

Carpentier (Jean). Maison Jules Carpentier (ateliers Ruhmkorff), à Paris.

Joly (Louis). Maison Jules Carpentier (ateliers Ruhmkorff), à Paris.

Le Merle (Jules). Maison Chauvin et Arnoux, à Paris.

Mercier (Jacques). Maison Chauvin et Arnoux, à Paris.

Morel (François). Compagnie générale de travaux d'éclairage et de force, à Paris.

Perrin (Paul). Maison Jules Richard, à Paris.

Pillier (Lyonel). Maison Chauvin et Arnoux, à Paris.

Tannier (Eugène). École pratique d'électricité industrielle, à Paris.

### Diplômes de Médaille d'or.

**Bayot** (François). Compagnie générale d'électricité, à Paris.

**Caresche**. École pratique d'électricité industrielle, à Paris.

**Clerbout** (Emmanuel). École pratique d'électricité industrielle, à Paris.

**Domez** (Léon). Compagnie générale de travaux d'éclairage et de force, à Paris.

**Pillier** (Émile). Maison Chauvin et Arnoux, à Paris.

**Verneret** (Rieul). Maison Jules Richard, à Paris.

**Vernet** (François). Compagnie générale de travaux d'éclairage et de force, à Paris.

### Diplômes de Médaille d'argent.

**Baltzinger** (M^me F.). Maison Camille Herrgott, au Valdoie (Territoire de Belfort).

**Leroy** (Enola). Société anonyme électro-textile, à Paris.

**Tantet** (Alexis). Maison F. Ducretet et E. Roger, à Paris.

### Diplôme de Médaille de bronze.

**Piat** (Paul). Société anonyme électro-textile, à Paris.

### COOPÉRATEURS

### Diplômes de Médaille de bronze.

**Cotta** (Alexandre). Compagnie générale de travaux d'éclairage et de force, à Paris.

**Cressent** (Charles). Compagnie générale de travaux d'éclairage et de force, à Paris.

**Gaumé** (M^me J.). Maison Camille Herrgott, au Valdoie (Territoire de Belfort).

**Goyon** (Jean). Maison Jules Richard, à Paris.

**Guy** (Théophile). Maison Rousselle et Tournaire, à Paris.

**Honoré** (Émile). Maison Jules Richard, à Paris.

**Jaccod** (Louis). Compagnie générale de travaux d'éclairage et de force, à Paris.

**Lavainne** (Albert). Maison Jules Richard, à Paris.

**Linossier** (Edmond). Maison Jules Richard, à Paris.

**Mahot** (Auguste). Appareillage électrique Grivolas, à Paris.

**Martin** (Ernest). Appareillage électrique Grivolas, à Paris.

**Meyer** (Georges). Compagnie générale de travaux d'éclairage et de force, à Paris.

**Obrecht** (Ernest). Compagnie générale de travaux d'éclairage et de force, à Paris.

**Rousseau** (Paul). Compagnie des eaux de la banlieue de Paris, à Paris.

**Tiercelin** (Joseph). Maison F. Ducretet et E. Roger, à Paris.

**Wassenne** (Georges). Société internationale des électriciens, à Paris.

**Wittendal** (Victor). Société anonyme électro-textile, à Paris.

## GROUPE VI

## Génie civil. — Moyens de transport.

CLASSE 28. — *Matériaux, matériel et procédés du génie civil.*

### COLLABORATEURS

### Diplômes d'honneur.

**Béhu** (Alexandre). Maison Denniel et C^ie, à Paris.

**Douane** (Théophile). Maison Michau et Douane, à Paris.

**Le Mignon** (François). Société anonyme des établissements Baudet et Donon, à Paris.

### Diplômes de Médaille d'or.

**Dewever** (Édouard). Maison A. Berger fils, à Paris.

**Fleury** (Émile). Maison Denniel et C^ie, à Paris.

**Isambert** (Henry). Maison Aubry-Pachot, à Paris.

**Lassailly** (A.). Maison Lassailly et Bichebois, à Issy-les-Moulineaux.

**Lassailly** (F.). Maison Lassailly et Bichebois, à Issy-lés-Moulineaux.

**Lassailly** (Joseph). Maison Lassailly et Bichebois, à Issy-les-Moulineaux.

**Leclerc**. Maison Philogène Langlois, à Paris.

**Louiche** (Georges). Maison Aubry-Pachot, à Paris.

**Massé** (Henry). Maison Denniel et C^ie, à Paris.

**Patricot**. Maison Philogène Langlois, à Paris.

## Diplômes de Médaille d'argent.

**Amadry** (Raoul). Société des ciments et chaux de Vermenton, à Issy.

**Bonhomme** (Sylvain). Maison Jules-Antonin Bonhomme, à Paris.

**Dagan** (L.). Compagnie industrielle (M.-L. Dagan), à Paris.

**Debuschere** (Jean-Baptiste). Maison Alfred Delecourt, à Roubaix.

**Delaunay** (Charles). Maison Fouquet, à Caen.

**Dechezleprêtre** (François). Maison A. Berger fils, à Paris.

**Hannoyer** (Raoul). Société anonyme des établissements Baudet et Donon, à Paris.

**Jubier** (Charles). Société anonyme des établissements Baudet et Donon, à Paris.

**Kuppenheim** (Georges). Maison Aubry-Pachot, à Paris.

**Maurage** (Arthur). Société des ciments et chaux de Vermenton, à Issy.

**Pautot** (Charles). Société anonyme des établissements Baudet et Donon, à Paris.

**Roche.** Maison Aubry-Pachot, à Paris.

**Vergnes.** Maison Aubry-Pachot, à Paris.

## Diplômes de Médaille de bronze.

**Janot.** Société anonyme des établissements Baudet et Donon, à Paris.

**Lalouette** (Paul). Société anonyme des établissements Baudet et Donon, à Paris.

**Trapet** (Léonce). Société anonyme des établissements Baudet et Donon, à Paris.

### COOPÉRATEURS

## Diplômes de Médaille de bronze.

**Bayer.** Compagnie industrielle (M. L. Dagan), à Paris.

**Boisselier.** Maison Lassailly et Bichobois, à Issy.

**Dechezleprêtre** (Gustave). Maison A. Berger fils, à Paris.

**Fourdrinier** (Lucien). Maison Denniel et Cie, à Paris.

**Hunnewald.** Maison Jules-Antonin Bonhomme, à Paris.

**Joux** (Albert). Société des ciments et chaux de Vermenton, à Issy.

**Lair** (J.-B.). Maison Denniel et Cie, à Paris,

**Lavendy** (Victor). Société des usines de Luzancy, à Luzancy, par Sacy.

**Lenoir** (Jules). Société anonyme des établissements Baudet et Donon, à Paris.

**Lesuisse** (Armand). Maison Denniel et Cie, à Paris.

**Lullier** (Corentin). Société anonyme des établissements Baudet et Donon, à Paris.

**Ménard** (Claude). Société anonyme des établissements Baudet et Donon, à Paris.

**Molimar.** Société anonyme des établissements Baudet et Donon, à Paris.

**Panerty** (François). Maison Jules-Antonin Bonhomme, à Paris.

**Peignen** (Edmond). Maison Michau et Douane, à Paris.

**Pourquiet** (Louis). Maison Fouquet, à Caen.

**Trescases** (Joseph). Maison Denniel et Cie, à Paris.

### CLASSE 29. — *Modèles, plans et dessins de travaux publics.*

### COLLABORATEURS

## Diplômes d'honneur.

**Allegret** (René). École spéciale des travaux publics, du bâtiment et de l'industrie, à Paris.

**Bailly** (Alex.). Ville de Paris.

**Benezech.** École spéciale des travaux publics, du bâtiment et de l'industrie, à Paris.

**Benezeth.** Maison Jean et Georges Hersent, à Paris.

**Bezin.** Société des forges et chantiers de la Méditerranée, à Paris.

**Bienvenu.** Ville de Paris.

**Bouras** (M.). Maison Charles Vezin, à Paris.

**Bris.** École spéciale des travaux publics, du bâtiment et de l'industrie, à Paris.

**Brouard.** École spéciale des travaux publics, du bâtiment et de l'industrie, à Paris.

**Cacaud.** Ville de Paris.

**Courtinot** (F.). Maison Ch. Vezin, à Paris.

**Deblon** (Louis). Maison François Hennebique, à Paris.

**Douat.** École spéciale des travaux publics, du bâtiment et de l'industrie, à Paris.

**Ducreux** (G.). Ville de Paris.

**Dufour** (Charles). Maison François Hennebique, à Paris.

**Espitallier** (G.). École spéciale des travaux publics, du bâtiment et de l'industrie, à Paris.

**Forestier.** Ville de Paris.

**Formigé.** Ville de Paris.

**Freynes** (E.). Comité d'organisation de la classe 29. Section française.

**Gallut**. Maison Jean et Georges Hersent, à Paris.

**Hausermann**. Maison Jean et Georges Hersent, à Paris.

**Husquin de Rhéville**. Compagnie générale de travaux publics et particuliers, à Paris.

**Jean**. Maison Jean et Georges Hersent, à Paris.

**Lefebvre**. Ville de Paris.

**Marsollier** (Ch.). École spéciale des travaux publics, du bâtiment et de l'industrie, à Paris.

**Mathieu** (Dés.). École spéciale des travaux publics, du bâtiment et de l'industrie, à Paris.

**Micaud** (Jules). École spéciale des travaux publics, du bâtiment et de l'industrie, à Paris.

**Miton**. École spéciale des travaux publics, du bâtiment et de l'industrie, à Paris.

**Odent**. Maison Jean et Georges Hersent, à Paris.

**Poulain**. École spéciale des travaux publics, du bâtiment et de l'industrie, à Paris.

**Prince**. École spéciale des travaux publics, du bâtiment et de l'industrie, à Paris.

**Quesnel** (Louis). Maison François Hennebique, à Paris.

**Richard** (G.). École spéciale des travaux publics, du bâtiment et de l'industrie, à Paris.

**Serra** (Alexandre). Maison François Hennebique, à Paris.

**Trottier**. Compagnie générale de travaux publics et particuliers, à Paris.

**Vergnes** (P. de). Maison Paul Friesé, à Paris.

**Zipper** (Ch.). Maison Paul Friesé, à Paris.

### Diplômes de Médaille d'or.

**André**. Maison Jean et Georges Hersent, à Paris.

**Baleste**. École spéciale des travaux publics, du bâtiment et de l'industrie, à Paris.

**Bauduin** (B.). Maison Richard Dufour, à Armentières.

**Beyer** (Ad.). Maison Paul Friesé, à Paris.

**Biette** (L.). Ville de Paris.

**Boll**. École spéciale des travaux publics, du bâtiment et de l'industrie, à Paris.

**Brouillet**. Maison Jean et Georges Hersent, à Paris.

**Dariès**. École spéciale des travaux publics, du bâtiment et de l'industrie, à Paris.

**Dautry**. École spéciale des travaux publics, du bâtiment et de l'industrie, à Paris.

**Dayat**. École spéciale des travaux publics, du bâtiment et de l'industrie, à Paris.

**Déchaux**. Maison Jean et Georges Hersent, à Paris.

**D'Hoine** (Aug.). Maison Richard Dufour, à Armentières.

**Dugue**. Maison G. Vinant, à Paris.

**Fourrey**. École spéciale des travaux publics, du bâtiment et de l'industrie, à Paris.

**Gary** (Paul). Société générale de constructions en béton armé et de travaux spéciaux en ciment (anciens établissements Dumesnil), à Paris.

**Guérard**. École spéciale des travaux publics, du bâtiment et de l'industrie, à Paris.

**Guilliet**. Maison Paul Friesé, à Paris.

**Hébert**. Maison Jean et Georges Hersent, à Paris.

**Hervieu** (J.). Ville de Paris.

**Heurtevent** (G.). Société de fondations par compression mécanique du sol, à Paris.

**Jost** (Pierre). Maison Léon Beau, à Puteaux.

**Labordère**. Ville de Paris.

**Lardy**. Maison Jean et Georges Hersent, à Paris.

**Lasmartres**. École spéciale des travaux publics, du bâtiment et de l'industrie, à Paris.

**Lauriol** (Pierre). Ville de Paris.

**Le Godais**. École spéciale des travaux publics, du bâtiment et de l'industrie, à Paris.

**Legros**. École spéciale des travaux publics, du bâtiment et de l'industrie, à Paris.

**Le Jeunne**. Maison Jean et Georges Hersent, à Paris.

**Loiseau**. Ville de Paris.

**Magniant** (A.). Société de fondations par compression mécanique du sol, à Paris.

**Massat**. Ville de Paris.

**Mazerolle** (E.). Ville de Paris.

**Merchez** (Ch.). Maison Armand Sée, à Lille.

**Mergey**. École spéciale des travaux publics, du bâtiment et de l'industrie, à Paris.

**Mouton**. École spéciale des travaux publics, du bâtiment et de l'industrie, à Paris.

**Perrin**. École spéciale des travaux publics, du bâtiment et de l'industrie, à Paris.

**Prost-Toulland**. École spéciale des travaux publics, du bâtiment et de l'industrie, à Paris.

**Prudon** (Eug.). Société des ponts et travaux en fer, à Paris.

**Puech**. École spéciale des travaux publics, du bâtiment et de l'industrie, à Paris.

**Quanon**. École spéciale des travaux publics, du bâtiment et de l'industrie, à Paris.

**Reguis**. École spéciale des travaux publics, du bâtiment et de l'industrie, à Paris.

**Rideau** (Henri). Maison Léon Beau, à Puteaux.

**Robinot**. École spéciale des travaux publics, du bâtiment et de l'industrie, à Paris.

Roussi. Ville de Paris.
Sanz (R.). Maison Charles Vézin, à Paris.
Suquet (L.). Ville de Paris.
Tournaire. Ville de Paris.
Traverse. Maison Paul Friésé, à Paris.
Trenaunay (E.). Société générale de constructions en béton armé et de travaux spéciaux en ciment (anciens établissements Dumesnil), à Paris.
Trendlé (G.). Société des ponts et travaux en fer, à Paris.
Van Leefdael. Maison Armand Sée, à Lille.
Vasnier. École spéciale des travaux publics, du bâtiment et de l'industrie, à Paris.
Verrière. Ville de Paris.
Viclin. École spéciale des travaux publics, du bâtiment et de l'industrie, à Paris.

## Diplômes de Médaille d'argent.

Anstett (Fr.). Ville de Paris.
Balanger (R.). Maison Charles Vézin, à Paris.
Bonneau. Ville de Paris.
Caussarieu (S.). Maison Henri Chassin fils, à Paris.
Decoman (J.-B.). Maison Kessler, Gaillard et Cie (Ancienne Maison Joly), à Argenteuil.
Deschamps (Edmond). Maison Deschamps, à Paris.
Deslandes (Ed.). Ville de Paris.
Dexheimer (A.). Société générale de constructions en béton armé et de travaux spéciaux en ciment (Anciens Établissements Dumesnil), à Paris.
Didier (Léon). Maison Henri Chassin fils, à Paris.
Edel (E.-J.). Maison les fils de Figarol frères, à Paris.
Filliau (Ern.). Maison J.-B. Mazetier, à Paris.
Giraud (H.). Ville de Paris.
Grimaux. Ville de Paris.
Grosboillot (Constant). Maison Henri Chassin fils, à Paris.
Haemmerlin. Société des forges et chantiers de la Méditerranée, à Paris.
Hayes (L.). Ville de Paris.
Hiegel (Alfred). Maison Deschamps, à Paris.
Karr (Alfred). Maison Henri Chassin fils, à Paris.
Lajotte. Ville de Paris.
Littardi. Maison Jean et Georges Hersent, à Paris.
Louvard (H.). Société des ponts et travaux en fer, à Paris.
Meneau (M.). Ville de Paris.
Monnard. Maison Georges Hannier, à Paris.
Poussif (G.). Maison Paul Poussif, à Paris.

Rayet (E.). Maison J.-B. Mazetier, à Paris.
Salmon (L.). Ville de Paris.
Semence (A.). Maison Charles Vézin, à Paris.
Stephant (A.). Maison J.-B. Mazetier, à Paris.
Thomas (P.). Ville de Paris.
Tremblay (Aug.). Société de fondations par compression mécanique du sol, à Paris.

## Diplômes de Médaille de bronze.

Bertrand (Fr.). Maison Paul Poussif, à Paris.
Désolneux. Ville de Paris.
Duchemin. Société des forges et chantiers de la Méditerranée, à Paris.
Jacquillat (H.). Ville de Paris.
Jouvet (A.). Maison J.-B. Mazetier, à Paris.
Lefèvre (A.). Ville de Paris.
Lirman (M.). Ville de Paris.
Martain (E.). Ville de Paris.
Meunier (A.). Maison Richard Dufour, à Armentières.
Meyer (E.). Ville de Paris.
Ravaux (P.). Ville de Paris.
Sieur (J.). Ville de Paris.
Thierry (J.-B.). Ville de Paris.

## Diplôme de Mention.

Biron (L.). Ville de Paris.

## COOPÉRATEURS

### Diplômes de Médaille de bronze

Ambaud. Maison Paul Marozeau, à Paris.
Armand (J.-B.). Maison Léon Beau, à Puteaux.
Bézicot (A.). Maison Henri Chassin fils, à Paris.
Bilger (Ph.). Société des forges et chantiers de la Méditerranée, à Paris.
Canova (G.). Société des fondations par compression mécanique du sol, à Paris.
Caussarien. Maison Henri Chassin fils, à Paris.
Chauvière. Maison Henri Chassin fils, à Paris.
Colomb (V.). Société des ponts et travaux en fer, à Paris.
Consolini (J.). Société de fondations par compression mécanique du sol, à Paris.
Delisle (L.). Société des ponts et travaux en fer, à Paris.
Dossi (J.). Société générale de constructions en béton armé et travaux spéciaux en ciment (anciens établissements Dumesnil), à Paris

Fort (Edm.). Société des ponts et travaux en fer, à Paris.
Geaix (J.). Maison les fils de Figarol frères, à Paris.
Grandury. Maison Paul Marozeau, à Paris.
Grieu. Maison Paul Marozeau, à Paris.
Javeleau (J.). École spéciale des travaux publics, du bâtiment et de l'industrie, à Paris.
Lair. Société de fondations par compression mécanique du sol, à Paris.
Lair (H.). Société des forges et chantiers de la Méditerranée, à Paris.
Laluque. Maison Henri Chassin fils, à Paris.
Lemaire (L.). Maison Richard Dufour, à Armentières.
Mazot (A.). Société des forges et chantiers de la Méditerranée, à Paris.
Moyon (A.). Société des forges et chantiers de la Méditerranée, à Paris.
Robioglio. Maison Jean et Georges Hersent, à Paris.
Rouche (H.). Maison Henri Chassin fils, à Paris.
Tétreau (J.). École spéciale des travaux publics, du bâtiment et de l'industrie, à Paris.
Tixier. Maison Schmid, Bruneton et Morin, à Paris.

## CLASSE 30. — *Carrosserie et Charronnage. — Sellerie et Bourrellerie.*

### COLLABORATEURS

### Diplômes d'honneur.

Baron (Pierre). Maison Passot (Émile), à Paris.
Darte (Louis). Maison Boulogne (Eugène) et fils, à Paris.
Dhabit (Onésime). Maison Hermès fils, à Paris.
Laburthe (Victor). Maison Boulogne (Eugène) et fils, à Paris.
Leconte (Georges). Compagnie des Clous « Au Soleil », à Paris.
Olasz (Joseph). Maison Hermès frères, à Paris.
Thiriet (Eugène). Maison Turquais (Ch.), à Raucourt (Ardennes).

### Diplômes de Médaille d'or.

Banne (Mme Jeanne). Maison Kellner et ses fils, à Paris.
Boiteux (Émile). Maison Boulogne (Eugène) et fils, à Paris.
Charles (François-Joseph). Maison Drossner (Herman), à Paris.

Delepelaire (Maurice). Maison Kellner et ses fils, à Paris.
Dulin (Guérald). Maison Turquais (Ch.), à Raucourt (Ardennes).
Duval (A.). Maison Boyriven fils et Cret, à Paris.
Jean-Laurent (Mme Lucie). Maison Boulogne (Eugène) et fils, à Paris
Jeaudet (Raymond). Maison Hermès frères, à Paris.
Jouannigot (Désiré). Compagnie des Clous « Au Soleil », à Paris.
Jourdain. Maison Coulon et d'Etcheverry, à Paris.
Mériot (Jules). Maison Hermès frères, à Paris.
Moreau (Paul). Maison Adrian et Guétonny, à Paris.
Ottauray (Charles). Maison Hermès frères, à Paris.
Pinard (Charles). Maison Chabrat (veuve Albert) et Cie, à Bordeaux.
Puard (Louis). Maison Boulogne (Eugène) et fils, à Paris.
Rampin (Georges). Maison Poursin (Simon), à Paris.
Sarzacq (Charles). Maison Turquais (Ch.), à Raucourt (Ardennes).
Thomas (Auguste). Maison Chabrat (veuve Albert) et Cie, à Bordeaux.
Thomas (E.). Maison Hermès frères, à Paris.
Tissier (Ernest). Maison Kellner et ses fils, à Paris.
Vassaux. Maison Passot (Émile), à Paris.
Vidon (Pierre). Maison Poursin (Simon), à Paris.

### Diplôme de Médaille d'argent.

Bouret (Alfred). Maison Chabrat (veuve Albert) et Cie, à Bordeaux.
Bray (Gustave). Moniteur de la Sellerie, à Paris.
Chapoul (Antoine). Maison Bouniol (Alexis), à Paris.
Collier (Gabriel). Maison Turquais (Ch.), à Raucourt (Ardennes).
Echard (Joseph). Maison Vanvooren (Achille), à Courbevoie (Seine).
Fauviaux (Henri). Maison Poursin (Simon), à Paris.
Godin (Clément). Maison Turquais (Ch.), à Raucourt (Ardennes).
Grandsire (Gilles). Maison Hermès frères, à Paris.
Kresner (Adrien). Maison Hermès frères, à Paris.
Legendre (Charles). Maison Hermès frères, à Paris.
Martel (Charles). Maison Poursin (Simon), à Paris.
Tharrat (Robert). Maison Vanvooren (Achille), Courbevoie (Seine).
Walch (André). Maison Hermès frères, à Paris.

### Diplômes de Médaille de bronze.

**Marott** (W.). Société anonyme « Le Cuir de Pont-Audemer », à Paris.

**Vallot** (Lucien). Société anonyme « Le Cuir de Pont-Audemer ». à Paris.

### Diplôme de Mention.

**Dumas** (Ferdinand). Compagnie des Clous « Au Soleil, à Paris.

## CLASSE 31. — *Automobiles et Cycles.*

### COLLABORATEURS

### Diplômes d'honneur.

**Bazin** (Raoul). Chambre syndicale de l'automobile et des industries qui s'y rattachent, à Paris.

**Bondoux** (Léon). Maison Rodrigues. Gauthier et Cie. à Paris.

**Bousquet (du).** Commission agricole de l'Automobile-Club de France, à Paris.

**Cordier** (le colonel). Régiment des sapeurs-pompiers de Paris.

**Déjeune** (Henri). Commission de tourisme et de circulation générale de l'Automobile-Club de France, à Paris.

**Delpous** (Louis). Automobiles « Unic » (G. Richard). Société anonyme, à Puteaux (Seine).

**Desjacques** (Georges). Société des établissements Malicet et Blin, à Aubervilliers (Seine).

**Desjacques** (Raymond). Société des établissements Malicet et Blin, à Aubervilliers (Seine).

**Fronty** (François). Société anonyme des établissements Bergougnan, à Clermont-Ferrand.

**Geismar.** Maison Lemoine-Bies, à Paris.

**Guindey** (Joseph). Automobiles « Unic » (G. Richard), Société anonyme, à Puteaux (Seine).

**Jouanet** (Georges). Société anonyme des établissements Bergougnan, à Clermont-Ferrand.

**Labouré.** Commission de tourisme et de circulation générale de l'Automobile-Club de France, à Paris.

**Lussigny.** Société industrielle d'Albert (Somme). cycles Rochet, à Paris.

**Meyer** (Michel). Société parisienne du caoutchouc industriel, à Paris.

**Nazareth.** Commission de tourisme et de circulation générale de l'Automobile Club de France, à Paris.

**Ollivier** (Mme). Maison Lemoine-Biès, à Paris.

**Pierson** (Henry). Société des établissements Malicet et Blin, à Aubervilliers (Seine).

**Retel** (Jean). Société anonyme des anciens établissements Chenard et Walker, à Gennevilliers (Seine).

**Soleil** (Jacques). Société anonyme des établissements Bergougnan, à Clermont-Ferrand.

**Trentelivres** (Henri). Maison Rodrigues. Gauthier et Cie, à Paris.

**Varlet** (Amédée). Maison Delahaye, à Paris.

**Ventou-Duclaux** (Léon). Commission technique de l'Automobile-Club de France, à Paris.

**Verheggen** (Henri). Maison E. Sclaverand (Ed. et Ch. Morin, successeurs). à Paris.

**Weiffenbach.** Maison Delahaye, à Paris.

### Diplômes de Médaille d'or.

**Bernier** (Maurice). Maison L. Delachanal, à Charenton (Seine).

**Gallet.** Société industrielle d'Albert (Somme). cycles Rochet, à Paris.

**Garabiol** (Émile). Société parisienne du caoutchouc industriel, à Paris.

**Guymard** (Mme Gabrielle). Société anonyme des établissements Joudrain, à Paris.

**Lamarque** (Henri). Comptoir général des freins de cycles Ltd, à Neuilly.

**Normand** (le capitaine). Régiment des sapeurs-pompiers de Paris.

**Pellieux** (Louis). Société des établissements Malicet et Blin, à Aubervilliers (Seine).

**Pitot** (le lieutenant-colonel). Régiment des sapeurs-pompiers de Paris.

**Rabut** (Léopold). Société anonyme des établissements Joudrain, à Paris.

**Rondeau** (René). Société parisienne du caoutchouc industriel, à Paris.

**Toutée** (Henri). Société anonyme des anciens établissements Chenard et Walker, à Gennevilliers (Seine).

### Diplômes de Médaille d'argent.

**Bardin** (Louis). Maison Rodrigues. Gauthier et Cie, à Paris.

**Dardenne** (Marcel). Société anonyme des anciens établissements Chenard et Walker, à Gennevilliers (Seine).

**Dutrieux** (Georges). Maison Rodrigues, Gauthier et C°, à Paris.

**Hoffmann** (Maurice). Société des établissements Malicet et Blin, à Aubervilliers (Seine).

**Irr** (Paul). Société anonyme des anciens établissements Chenard et Walker, à Gennevilliers (Seine).

**Kirsch** (Ernest). Maison Rodrigues, Gauthier et C°, à Paris.

**Michallet** (Paul). Société parisienne du caoutchouc industriel, à Paris.

**Perroncel** (Eugène). Société parisienne du caoutchouc industriel, à Paris.

**Porcherot** (Maurice). Société parisienne du caoutchouc industriel, à Paris.

**Priot** (Élie). Société des établissements Malicet et Blin, à Aubervilliers (Seine).

**Rouchou** (Adolphe). Société parisienne du caoutchouc industriel, à Paris.

**Schilt.** Régiment des sapeurs-pompiers de Paris.

**Suptille** (Léon). Société parisienne du caoutchouc industriel, à Paris.

**Vallade** (V.). Société des automobiles Sigma, à Levallois-Perret.

## COOPÉRATEURS

### Diplômes de Médaille de bronze.

**Agati** (Paul). Société anonyme des établissements Jondrain, à Paris.

**Bart** (Léon). Société des établissements Malicet et Blin, à Aubervilliers (Seine).

**Bauduret** (Maurice). Société anonyme des anciens établissements Chenard et Walker, à Gennevilliers (Seine).

**Charrière** (Louis). Société anonyme des établissements Jondrain, à Paris.

**Charvolin** (Jean). Société anonyme des établissements Bergougnan, à Clermont-Ferrand.

**Cornu** (Auguste). Société parisienne du caoutchouc industriel, à Paris.

**Debaune.** Société parisienne du caoutchouc industriel, à Paris.

**Derossy** (André). Société anonyme des établissements Bergougnan, à Clermont-Ferrand.

**Desnos** (Vital). Société anonyme des anciens établissements Chenard et Walker, à Gennevilliers (Seine).

**François** (Stanislas). Maison Rodrigues, Gauthier et C°, à Paris.

**Goruchon** (Gaston). Société anonyme des anciens établissements Chenard et Walker, à Gennevilliers (Seine).

**Granger** (René). Maison L. Delachanal, à Charenton (Seine).

**Guise** (Auguste-Camille). Comptoir général des freins de cycles Ltd, à Neuilly.

**Hug** (Désiré). Société des établissements Malicet et Blin, à Aubervilliers (Seine).

**Idrac** (Paul). Société des établissements Malicet et Blin, à Aubervilliers (Seine).

**Joyet** (Alfred). Maison E. Sclaverand (Ed. et Ch. Morin, successeurs), à Paris.

**Lévy.** Maison Delahaye, à Paris.

**Molliet** (Louis). Automobiles « Unic » (G. Richard), Société anonyme, à Puteaux (Seine).

**Montard.** Société parisienne du caoutchouc industriel, à Paris.

**Nicolas** (Pierre). Société anonyme des établissements Bergougnan, à Clermont-Ferrand.

**Pelletier.** Société industrielle d'Albert (Somme), cycles Rochet, à Paris.

**Perrou** (Louis). Société industrielle d'Albert (Somme), cycles Rochet, à Paris.

**Pottier** (Gaspard). Maison E. Goyard aîné, à Paris.

**Révy** (Ferdinand). Société des établissements Malicet et Blin, à Aubervilliers (Seine).

**Souris** (Édouard). Société des établissements Malicet et Blin, à Aubervilliers (Seine).

**Tourre** (Julien). Société des établissements Malicet et Blin, à Aubervilliers (Seine).

**Veron.** Maison Delahaye, à Paris.

**Veron** (Almire). Société anonyme des anciens établissements Chenard et Walker, à Gennevilliers (Seine).

**Wagner** (Henri). Maison Rodrigues, Gauthier et C°, à Paris.

### Diplômes de Mention.

**Bachelet** (Gaston). Société industrielle d'Albert (Somme), cycles Rochet, à Paris.

**Carment** (Paul). Société industrielle d'Albert (Somme), cycles Rochet, à Paris.

**Gourdain** (Charles). Société industrielle d'Albert (Somme), cycles Rochet, à Paris.

**Heniquet** (Alfred). Société industrielle d'Albert (Somme), cycles Rochet, à Paris.

**Sery** (Albert). Société industrielle d'Albert (Somme), cycles Rochet, à Paris.

CLASSE 32. — *Matériel de chemins de fer et tramways.*

## COLLABORATEURS

### Diplômes d'honneur.

**Anthoine** (Georges). Compagnie des chemins de fer de Paris à Lyon et à la Méditerranée. à Paris.

**Bertrand** (Charles). Compagnie du chemin de fer du Nord. à Paris.

**Biard** (Eugène). Compagnie des chemins de fer de l'Est. à Paris.

**Bonnin.** (Maurice). Compagnie du chemin de fer du Nord. à Paris.

**Broutin** (Albert). Compagnie des chemins de fer de Bône-Guelma et prolongements, à Paris et à Tunis.

**Chavanel** (Paulin). Compagnie française de matériel de chemins de fer, à Ivry-Port.

**Cholet** (Georges). Compagnie du chemin de fer du Nord, à Paris.

**Coquelin** (Paul). Compagnie du chemin de fer du Nord, à Paris.

**Cumenge** (Gaston). Société anonyme des ateliers de construction du nord de la France et Nicaise et Delcuve. à Blanc-Misseron (Nord).

**Cumont.** Compagnie des chemins de fer du Midi, à Paris.

**Desgeans** (Jules). Compagnie des chemins de fer de l'Est, à Paris.

**Despons** (Edmond). Compagnie du chemin de fer du Nord, à Paris.

**Favre** (Paul). Société alsacienne de constructions mécaniques. à Belfort.

**Geuinlé** (Émile). Chemins de fer de l'État. à Paris.

**Granier** (Célestin). Société lorraine des anciens établissements de Dietrich et Cie de Lunéville. à Paris.

**Grate** (Frédéric). Maison Muller (R. et P. Domange. successeurs). à Paris.

**Guichard** (Marcel). Société d'électricité Mors. à Paris.

**Lacour-Gayet** (Jacques). Compagnie des chemins de fer de Bône-Guelma et prolongements, à Paris

**Lancrenon** (Marie-Henri). Chemins de fer de Paris à Lyon et à la Méditerranée. à Paris.

**Le Chat** (André). Chemins de fer de l'État. à Paris.

**Mestre** (Charles). Compagnie des chemins de fer de l'Est, à Paris.

**Pays** (Achille). Société anonyme des ateliers de constructions *l'Aster*. à Paris.

**Poublan** (François). Compagnie des chemins de fer du Midi, à Paris.

**Privat** (François). Chemins de fer de Paris à Lyon et à la Méditerranée, à Paris.

**Sauvaire** (Joseph). Compagnie des chemins de fer du Midi, à Paris.

**Schubert** (Adrien). Compagnie du chemin de fer du Nord, à Paris.

**Szersnovicz** (Georges). Compagnie des chemins de fer du Midi, à Paris.

**Thomas** (Albert). Compagnie des chemins de fer du Midi, à Paris.

**Vallantin** (René). Chemins de fer Paris à Lyon et à la Méditerranée. à Paris.

### Diplômes de Médaille d'or.

**Albaret** (Henri). Société anonyme des ateliers de constructions *l'Aster*. à Paris.

**Arond.** Compagnie du chemin de fer du Nord, à Paris.

**Audebert** (Daniel). Compagnie des chemins de fer du Midi, à Paris.

**Bastard** (Georges). Compagnie des chemins de fer du Cambrésis, à Paris.

**Billiard** (André). Compagnie du chemin de fer du Nord, à Paris.

**Bloch-Sée** (Alfred). Société d'électricité Mors. à Paris.

**Blondel** (Eugène). Compagnie du chemin de fer du Nord, à Paris.

**Boireaux** (Alphonse). Société des appareils Boirault. à Paris.

**Bompard** (Jacques). Compagnie du chemin de fer du Nord, à Paris.

**Brossier** (Raphaël). Compagnie du chemin de fer du Nord. à Paris.

**Catel** (Jules). Compagnie du chemin de fer du Nord. à Paris.

**Chabanne** (Léon). Compagnie des chemins de fer de Bône-Guelma et prolongements, à Paris et à Tunis.

**Corrot** (Paul). Compagnie des chemins de fer du Midi, à Paris.

**Debrie** (Édouard). Maison Édouard Debrie, à Paris.

**Dekoker** (Louis). Ateliers de construction du nord de la France et Nicaise et Delcuve, à Blanc-Misseron (Nord).

**Dhers** (Pierre). Compagnie des chemins de fer du Midi, à Paris.

Dornier (Léon). Compagnie du chemin de fer du Nord, à Paris.

Druon (André). Société lorraine des anciens établissements de Dietrich et C°, à Paris.

Duperroy (Georges). Compagnie du chemin de fer du Nord, à Paris.

Estrade (Camille). Compagnie des chemins de fer du Midi, à Paris.

Favatier (Marie-Emmanuel). Compagnie des chemins de fer du Midi, à Paris.

Fouet (Henry). Chemins de fer de Paris à Lyon et à la Méditerranée, à Paris.

Gœury (Léon). Compagnie des chemins de fer de l'Est, à Paris.

Guillez (Louis). Compagnie du chemin de fer du Nord, à Paris.

Harquin (Louis). Maison Muller (R. et P. Domange successeurs), à Paris.

Héritier (Amédée). Compagnie des chemins de fer du Midi, à Paris.

Holtzhauer (Charles). Société de construction des Batignolles (anciennement Ernest Gouin et C°), à Paris.

Labrosse (Georges). Compagnie du chemin de fer du Nord, à Paris.

Laloy (Jean). Compagnie des chemins de fer du Midi.

Larolphie (Jean-Marie). Compagnie des chemins de fer du Midi, à Paris.

Le Mentec (Louis). Compagnie des chemins de fer du Midi, à Paris.

Level (Georges). Société générale des chemins de fer économiques, à Paris.

Mauclerc (Alexandre). Compagnie des chemins de fer du Midi, à Paris.

Mollart (Robert). Compagnie des chemins de fer de l'Est, à Paris.

Mousis (Charles). Chemins de fer de l'État, à Paris.

Noël (Albert). Compagnie du chemin de fer du Nord, à Paris.

Perdrizet (Georges). Compagnie des chemins de fer du Midi, à Paris.

Perdrizet (Jean). Compagnie des chemins de fer du Midi, à Paris.

Pieplu (Arthur). Maison Muller (R. et P. Domange, successeurs), à Paris.

Pierret (Jean). Compagnie du chemin de fer du Nord, à Paris.

Pouchucq (Jules). Chemins de fer de l'État, à Paris.

Resener (Paul de). Compagnie du chemin de fer du Nord, à Paris.

Surnereaux. Société anonyme de Baume et Marpent, à Marpent (Nord).

Tap (Dominique). Chemins de fer de l'État, à Paris.

Thomas (Constant). Chemins de fer de l'État, à Paris.

Turck (Joanny). Société de construction des Batignolles, à Paris.

Vantier (Georges). Société de construction d'embranchements industriels et de camionnage par chemins de fer, à Paris.

Violet (Louis). Chemins de fer de Paris à Lyon et à la Méditerranée, à Paris.

## Diplômes de Médaille d'argent.

Barbe (Dominique). Chemins de fer de l'État, à Paris.

Bel (Alexandre). Compagnie du chemin de fer du Nord, à Paris.

Billiet (Gustave). Compagnie du chemin de fer du Nord, à Paris.

Boissieu (Lucien). Compagnie des wagons-réservoirs, à Paris.

Bonnaud. Chemin de fer d'Orléans, à Paris.

Brossard (Marie). Chemins de fer de l'État, à Paris.

Chamberlin (Georges). Compagnie du chemin de fer du Nord, à Paris.

Chaudy (Émile). Compagnie du chemin de fer du Nord, à Paris.

Corre (Benoit). Compagnie des chemins de fer de l'Est, à Paris.

Dachary (Charles). Compagnie des chemins de fer du Midi, à Paris.

David (Louis). Compagnie du chemin de fer du Nord, à Paris.

Degryse (Louis). Compagnie des chemins de fer du Cambrésis, à Paris.

Duchon-Doris (E.). Compagnie du chemin de fer de Paris à Orléans.

Durand (Paul). Maison Muller (R. et P. Domange, successeurs), à Paris.

Gaborit (Paul). Société de construction des Batignolles (anciennement Ernest Gouin et C°), à Paris.

Gardet (Nicolas). Compagnie française de matériel de chemins de fer, à Ivry-Port.

Gayant (Georges). Société de construction d'embranchements industriels et de camionnage par chemins de fer, à Paris.

Guillois (Émile). Compagnie du chemin de fer du Nord, à Paris.

**Hamaide** (Louis). Ateliers de construction du Nord
de la France et Nicaise et Delcuve, à Blanc-
Misseron (Nord).

**Heyn** (Alfred). Ateliers de construction du Nord de
la France et Nicaise et Delcuve, à Blanc-Misseron (Nord).

**Hyver** (Adolphe). Chemins de fer de l'État, à Paris.

**Jacquet** (A.). Compagnie du chemin de fer de Paris
à Orléans.

**Jaminet** (René). Maison Georges Lakhovsky, à Paris.

**Jolly** (R.). Compagnie du chemin de fer de Paris à
Orléans, à Paris.

**Lakhovsky** (Alexandre). Maison Georges Lakhovsky,
à Paris.

**Lambert** (Aimé). Compagnie des chemins de fer du
Cambrésis.

**Le Calvez** (Yves). Maison Muller (R. et P. Domange,
successeurs), à Paris.

**Lenepveu** (Adolphe). Société de construction des
Batignolles (anciennement Ernest Gouin et C^ie).
à Paris.

**Léraudat** (Georges). Société anonyme L'Aster, à Paris.

**Longuet** (Paul). Union technique des chemins de fer
d'intérêt local et des tramways de France, à
Paris.

**Maire** (Louis). Chemins de fer de Paris à Lyon et à
la Méditerranée, à Paris.

**Manouvrier** (Georges). Compagnie du chemin de fer
du Nord.

**Mariand** (Marcel). Société anonyme L'Aster, à Paris.

**Martin** (A.). Compagnie du Chemin de fer de Paris
à Orléans, à Paris.

**Mary** (Victor). Société anonyme pour l'exploitation
des brevets Cosmovici, à Paris.

**Mercadié** (Abel). Société des appareils Boirault, à
Paris.

**Meyer** (Charles). Compagnie des chemins de fer de
l'Est, à Paris.

**Millez** (Gaston). Chemins de fer de l'État, à Paris.

**Mitjavile** (Henri). Société de transport de liquides en
wagons-foudres, à Montpellier.

**Moise** (Eugène). Compagnie du chemin de fer du
Nord, à Paris.

**Morillon** (Pierre). Compagnie des chemins de fer de
Bône-Guelma et prolongements, à Paris.

**Mortureux** (Jules). Chemins de fer de Paris à Lyon
et à la Méditerranée, à Paris.

**Nez** (Georges). Compagnie du chemin de fer du Nord,
à Paris.

**Nippert** (Charles). Société alsacienne de constructions
mécaniques, à Belfort.

**Peyrony**. Compagnie du Chemin de fer de Paris à
Orléans, à Paris.

**Richard** (J.). Compagnie du Chemin de fer de Paris à
Orléans, à Paris.

**Sance** (Jean). Chemins de fer de l'État, à Paris.

**Selme** (Henri). Chemins de fer de l'État, à Paris.

**Stoss** (Joseph). Compagnie du chemin de fer du Nord,
à Paris.

**Tillié** (Jules). Société des appareils Boirault, à Paris.

**Tuzet** (H.). Compagnie du chemin de fer de Paris
à Orléans.

**Vallade** (Émile). Société de construction des Batignolles (anciennement Ernest Gouin et C^ie), à
Paris.

**Vigerie** (Raoul). Compagnie du chemin de fer du
Nord, à Paris.

**Waucourt** (Alexandre). Chemins de fer de l'État, à
Paris.

**Woirin** (Gaston). Compagnie du chemin de fer du
Nord, à Paris.

### Diplômes de Médaille de bronze.

**Aucler** (Louis). Compagnie des chemins de fer de
l'Est, à Paris.

**Barbier** (Jules). Compagnie des chemins de fer de
Bône-Guelma et prolongements, à Paris.

**Bouscot** (Annet). Chemins de fer de l'État, à Paris.

**Chapelle** (Louis). Compagnie du chemin de fer du
Nord, à Paris.

**Daudet** (M^me Edmée). Compagnie du chemin de fer
du Nord, à Paris.

**Dickens** (Paul). Compagnie du chemin de fer du
Nord, à Paris.

**Dogot** (Léon). Ateliers de construction du Nord de la
France et Nicaise et Delcuve, à Blanc-Misseron
(Nord).

**Dore** (Henri). Compagnie des chemins de fer du Midi,
à Paris.

**Lavesseur** (Alfred). Compagnie du chemin de fer du
Nord, à Paris.

**Martini**. Compagnie du Chemin de fer de Paris à
Orléans, à Paris.

**Maurage** (Jules). Compagnie du chemin de fer du
Nord, à Paris.

**Nabonnaud** (Paul). Chemins de fer de Paris à Lyon
et à la Méditerranée, à Paris.

**Rivoire**. Chemins de fer de Paris à Lyon et à la
Méditerranée, à Paris.

**Touzet** (Georges). Compagnie du chemin de fer du
Nord, à Paris.

## Diplôme de Mention.

Balayer (Auguste). Compagnie du chemin de fer du Nord, à Paris.

### COOPÉRATEURS

## Diplômes de Médaille de bronze.

Barbier (Jules). Compagnie du chemin de fer du Nord, à Paris.

Baudry-Morhain (André). Maison Raoul Diaz-Wagner, à Paris.

Baudry-Morhain (Marcel). Maison Raoul Diaz-Wagner, à Paris.

Beraudias (Michel). Maison C. Ouvrard et M. Villars, à Paris.

Billiet. Maison Muller (R. et P. Domange, successeurs, à Paris.

Bitaud (Eugène). Société des appareils Boirault. Paris.

Blanchet (Raoul). Maison C. Ouvrard et M. Villars, à Paris.

Briot (Édouard). Compagnie des chemins de fer de l'Est, à Paris.

Chérami. Société des appareils Boirault, à Paris.

Cousin. Compagnie du chemin de fer du Nord, à Paris.

Delbaère (Raymond). Société de construction des Batignolles (anciennement Ernest Gouin et Cie), à Paris.

Devaux (Clovis). Compagnie des chemins de fer de l'Est, à Paris.

Develet (Alfred). Compagnie française de matériel de chemins de fer, à Ivry-Port (Seine).

Duhoux (Charles). Société anonyme des ateliers de constructions l'Aster, à Paris.

Fath (Émile). Société de construction d'embranchements industriels et de camionnage par chemins de fer, à Paris.

Fath (Robert). Société de construction d'embranchements industriels et de camionnage par chemins de fer, à Paris.

Féron. Maison Muller (R. et P. Domange, successeurs, à Paris.

Goeman (Jules). Société de construction d'embranchements industriels et de camionnage par chemins de fer, à Paris.

Goeman (Rémy). Société de construction d'embranchements industriels et de camionnage par chemins de fer, à Paris.

Guntz (Émile). Société alsacienne de constructions mécaniques, à Belfort.

Hægel (Michel). Société alsacienne de constructions mécaniques, à Belfort.

Hartel. Maison Muller (R. et P. Domange, successeurs), à Paris.

Hazel (Auguste). Compagnie du chemin de fer du Nord.

Hazemann (Ernest). Société lorraine des anciens établissements de Dietrich et Cie, à Paris.

Hergabant (Charles). Compagnie du chemin de fer du Nord, à Paris.

Huche (Francis). Société des appareils Boirault, à Paris.

Labarthe. Compagnie des chemins de fer du Midi, à Paris.

Lochet (Constant). Compagnie du chemin de fer du Nord, à Paris.

Malon (Marcel). Compagnie du chemin de fer du Nord, à Paris.

Miallo (Félicien). Compagnie française du matériel de chemins de fer, à Ivry-Port (Seine).

Millet (Maurice). Société anonyme des ateliers de constructions l'Aster, à Paris.

Nidemberg (Maurice). Société des appareils Boirault, à Paris.

Nigroux (Adolphe). Maison C. Ouvrard et M. Villars, à Paris.

Pfiffer (Charles). Compagnie des chemins de fer de l'Est, à Paris.

Pinardy (Joseph). Société de construction d'embranchements industriels et de camionnage par chemins de fer, à Paris.

Pouillet (Henri). Compagnie du chemin de fer du Nord, à Paris.

Schmitt (Charles). Compagnie des chemins de fer de l'Est, à Paris.

Terby (Charles). Compagnie du chemin de fer du Nord, à Paris.

Trochet (Georges). Société des appareils Boirault, à Paris.

Woltz (Ernest). Société lorraine des anciens établissements de Dietrich et Cie, à Paris.

## Diplômes de Mention.

Audin (Léopold). Compagnie du chemin de fer du Nord, à Paris.

Berquemann (Louis). Société anonyme des ateliers du Thirian, à Paris.

Boutillier (Georges). Compagnie du chemin de fer du Nord, à Paris.

Charron (Victor). Compagnie du chemin de fer du
Nord, à Paris.

Duchet (Jean-Marie). Compagnie du chemin de fer
du Nord, à Paris.

Gardette. Maison Muller (R. et P. Domange, successeurs), à Paris.

Hudier (Louis). Compagnie des chemins de fer de
l'Est, à Paris.

Lhiver (Alfred). Compagnie des chemins de fer de
l'Est, à Paris.

Madet (Émile). Compagnie du chemin de fer du
Nord, à Paris.

Montandon (Alfred). Compagnie des chemins de fer
de l'Est, à Paris.

Olivier (Albert). Compagnie du chemin de fer du
Nord, à Paris.

Perrufel (Jacques). Compagnie du chemin de fer du
Nord, à Paris.

Personne (Georges). Compagnie du chemin de fer
du Nord, à Paris.

Petit (Marcel). Compagnie du chemin de fer du
Nord, à Paris.

Tremel (Pierre). Compagnie des chemins de fer de
l'Est, à Paris.

### CLASSE 33. — *Matériel de la navigation de commerce.*

#### COLLABORATEURS

##### · Diplômes d'honneur.

Demoulin (Gustave). Chemins de fer de l'État français, à Paris.

Laporte. Société des chantiers et ateliers de Provence,
à Marseille.

Polidor. Sous-secrétariat d'État de la Marine marchande, à Paris.

##### Diplômes de Médaille d'or.

Grand (Eugène). Société des forges et chantiers de
la Méditerranée, à Paris.

Latry. Maison P.-A. Tirribillot, à Paris.

Pietra (Ernest). Société des forges et chantiers de
la Méditerranée, à Paris.

##### Diplômes de Médaille d'argent.

Cheutier. Sous-secrétariat d'État de la Marine marchande, à Paris

Ferrand (Vincent). Chemins de fer de l'État français,
à Paris.

Goupil (Adolphe). Maison Harlé et Cie, à Paris.

Stœcklin. Maison P.-A. Tirribillot, à Paris.

Teisseire (Constantin). Société des forges et chantiers
de la Méditerranée, à Paris.

##### Diplômes de Médaille de bronze.

Marsat (Antoine). Maison Harlé et Cie, à Paris.

Verin (Gustave). Chemins de fer de l'État français,
à Paris.

#### COOPÉRATEURS

##### Diplômes de Médaille de bronze.

Aimino (Laurent). Société des forges et chantiers de
la Méditerranée, à Paris.

Barbaroux (Auguste). Société des forges et chantiers
de la Méditerranée, à Paris.

Blondel (Noël). Sous-secrétariat d'État de la Marine
marchande, à Paris.

Cassan (Léon). Société des forges et chantiers de la
Méditerranée, à Paris.

Floret (Marius). Maison Harlé et Cie, à Paris.

Guyomard (François). Sous-secrétariat d'État de la
Marine marchande, à Paris.

Jusot (Émile). Maison Harlé et Cie, à Paris.

Pache (Louis). Société des forges et chantiers de la
Méditerranée, à Paris.

Renaut (Auguste). Sous-secrétariat d'État de la
Marine marchande, à Paris.

### CLASSE 34. — *Aéronautique.*

#### COLLABORATEURS

##### Diplômes d'honneur.

Aubrun (Émile). Maison Armand Deperdussin, à Paris.

Bechereau (Louis). Maison Armand Deperdussin, à
Paris.

Colardeau (Louis). Maison Jules Richard, à Paris.

Debroutelle (P.). Société *Zodiac*, à Puteaux.

Lucas (Jean-Marie). Société de l'hélice intégrale, Paris.

Massrond (de). *L'Aérophile*, à Paris.

Meusnier (P.). Maison Ambroise Goupy, à Paris.

Penel (Alexandre). Maison Ed. Hue, à Paris.

Prévost (Maurice). Maison Armand Deperdussin, à
Paris.

Spielmann (M.). Société *Zodiac*, à Puteaux.
Sivel (Louis). Société des moteurs Gnome, à Paris.

### Diplômes de Médaille d'or.

Cautelou (de). Société *Zodiac*, à Puteaux.
Delahaye (Louis). Société des moteurs Gnome, à Paris.
Delatole (Georges). Aéro-Club de France, à Paris.
Labouchère (J.). Société *Zodiac*, à Puteaux.
Laval (Henri). Maison Armand Deperdussin, à Paris.
Papa (Henri). Maison Armand Deperdussin, à Paris.
Pascal (Ferdinand). Maison Armand Deperdussin, à Paris.
Stegmiller (Joseph). Société des moteurs Gnome, à Paris.

### Diplômes de Médaille d'argent.

Foucault (Georges). Maison Armand Deperdussin, à Paris.
Gaillard (A.). Société *Zodiac*, à Paris.
Lefranc (Eugène). Société des moteurs Gnome, à Paris.
Sergant (Adrien). Société des moteurs Gnome, à Paris.

### COOPÉRATEURS

### Diplômes de Médaille de bronze.

Bernard (Marcel). Maison Ambroise Goupy, à Paris.
Delume (Gaston). Maison Jules Richard, à Paris.
Descaves (Justin). Maison Jules Richard, à Paris.
Houssard (Pierre). Maison Edm. Blondel La Rougery, à Paris.
Pierrard. Société *Zodiac*, à Puteaux.
Raffignon. Maison Armand Deperdussin, à Paris.
Romodanowsky (M^me). Société *Zodiac*, à Puteaux.
Zell (Ch.). Maison Ed. Hue, à Paris.

### Diplômes de Mention.

Bellony. Société *Zodiac*, à Puteaux.
Dejust (L.). Société *Zodiac*, à Puteaux.
Foucault (M.). Société *Zodiac*, à Puteaux.
Quetel (M^me). Société *Zodiac*, à Puteaux.
Soyer. Maison Armand Deperdussin, à Paris.

# GROUPE VII

## Agriculture.

Classe 35. — *Matériel et procédés des exploitations rurales.*

### COLLABORATEURS

### Diplômes d'honneur.

Alaterre (Alexandre). Maison Simon frères, à Cherbourg.
Bernard (Auguste). Société des anciens établissements Albaret, à Rantigny.
Cézard (Paul). Maison Guichard et fils, à Lieusaint.
Crohare (Eugène). Maison R. Wallut et C^ie, à Paris.
Danizeau (Onésime). Maison Émile Marot, à Niort.
Delaporte (Raymond). Société des anciens établissements Albaret, à Rantigny.
Etien (Gustave). Maison Émile Marot, à Niort.
Goulet (Jean). Société française de matériel agricole et industriel, à Vierzon.
Guerré. Maison Darley-Renault, à Nemours.
Lamiart (Albert). Maison M. et R. Pinchart-Deny frères, à Paris.
Lépine. Maison R. Wallut et C^ie, à Paris.
Mélique (Charles). Société des anciens établissements Albaret, à Rantigny.
Petit (André). Maison Guichard et fils, à Lieusaint.
Petit (Louis). Société française de matériel agricole et industriel, à Vierzon.
Quidville (Émile). Maison Magnier-Bédu, à Groslay.
Richard (Maurice). Maison Émile Marot, à Niort.
Turlier (Henry). Maison Émile Puzenat et fils, à Bourbon-Lancy.

### Diplômes de Médaille d'or.

Blangis (Jules). Maison Mahot, à Ham.
Carbonaux (Joseph). Maison Champenois, Rambeaux et C^ie, à Cousances-aux-Forges.
Cormier (Auguste). Maison F. et B. Winterberger, à Frévent.
Crohare (Émile). Maison R. Wallut et C^ie, à Paris.
Crohare (Georges). Maison R. Wallut et C^ie, à Paris.
Daumalle (J.-B.). Maison Lacroix et C^ie, à Caen.
Delaine. Société anonyme pour la construction des machines de récolte *la France*, à Paris.

Ducamp (Octave). Maison Flaba-Thomas et C<sup>ie</sup>. Le Cateau.

Gaudin (Robert). Collectivité des maréchaux-ferrants.

Lasseur (Étienne). Maison P. Viaud et C<sup>ie</sup>, à Barbezieux.

Mercier (Paul). Maison F. et P. Winterberger. à Frévent.

Merleteau (Paul). Chambre syndicale des Constructeurs de Machines Agricoles de France.

Nicolle (Henri). Établissements de construction mécaniques de Vendeuvre. à Vendeuvre.

Petit (Alfred). Guichard et fils. à Lieusaint.

Sarret (Gérard). Maison Mahot, à Ham.

Talpin (Philibert). Maison Émile Puzenat et fils. à Bourbon-Lancy.

Tapin (Jules). Maison Guichard et fils. à Lieusaint.

## Diplômes de Médaille d'argent.

Baronnet (Jean). Société française de matériel agricole et industriel, à Vierzon.

Billy (Edmond). Maison Félix Billy et fils. à Provins.

Briand (Louis). Maison Simon frères. à Cherbourg.

Cotrelle (Salomon). Maison R. Wallut et C<sup>ie</sup>. à Paris.

Doussot (Lucien). Établissements de constructions mécaniques de Vendeuvre, à Vendeuvre.

Gérard (Auguste). Maison Émile Tanvez. à Guingamp.

Henry (J.-M.). Maison Émile Tanvez. à Guingamp.

Laurent (Joseph). Maison Simon frères, à Cherbourg.

Leclercq (Léon). Maison Flaba-Thomas et C<sup>ie</sup>. Le Cateau.

Mabilat (Joseph). Société française de matériel agricole et industriel. à Vierzon.

Moulin (Joannès). Société française de matériel agricole et industriel. à Vierzon.

Zaigne (Georges). Établissements de constructions mécaniques de Vendeuvre. à Vendeuvre.

## Diplômes de Médaille de bronze.

Dietz (Albert). Établissements de constructions mécaniques de Vendeuvre, à Vendeuvre.

Lambert (Robert). Maison Émile Puzenat et fils. à Bourbon-Lancy.

Stephane. Établissements de constructions mécaniques de Vendeuvre, à Vendeuvre.

Vautier (Auguste). Maison Simon frères. à Cherbourg.

# COOPÉRATEURS

## Diplômes de Médaille de bronze.

Agosse (Edmond). Maison Émile Marot, à Niort.

Allain (Auguste). Maison Simon frères. à Cherbourg.

Arnoux (Ch.). Maison R. Wallut et C<sup>ie</sup>, à Paris.

Aubry (Baptiste). Maison Guichard et fils, à Lieusaint.

Beaudet. Maison R. Wallut et C<sup>ie</sup>, à Paris.

Bergerat. Établissements de constructions mécaniques de Vendeuvre, à Vendeuvre.

Bertrand (François). Maison Émile Marot, à Niort.

Bertrand (Maurice). Maison Émile Marot, à Niort.

Beurnier (Armand). Maison Félix Billy et fils, à Provins.

Blanchet (Zéphir). Maison Flaba-Thomas et C<sup>ie</sup>. Le Cateau.

Blochet (Apolinaire). Maison Félix Billy et fils. à Provins.

Bontems. Maison Darley-Renault. à Nemours.

Breton (Stanislas). Société des anciens établissements Albaret, à Rantigny.

Carrer (Théodore). Société française de matériel agricole et industriel. à Vierzon.

Croizet. Société anonyme pour la construction des machines de récolte *la France*, à Vierzon.

Cuvillier (Désiré). Maison F. et P. Winterberger, à Frévent.

Cuvilly (Olive). Société des anciens établissements Albaret. à Rantigny.

Deporté (Arthur). Maison Guichard et fils, à Lieusaint.

Dieu (Théophile). Maison Flaba-Thomas et C<sup>ie</sup>, Le Cateau.

Douheret (Octave). Maison Champenois-Rambeaux et C<sup>ie</sup>. à Cousances-aux-Forges.

Drouet (Édouard). Maison Félix Billy et fils. à Provins.

Dubromel (Anatole). Maison F. et P. Winterberger. à Frévent.

Flambard (Émile). Maison Simon frères. à Cherbourg.

Framery (Félix). Société des anciens établissements Albaret. à Rantigny.

Framezelle (Jules). Maison Simon frères. à Cherbourg.

Freymann (Pierre). Maison E. Mahot, à Ham.

Gilquin (Félix). Maison Guichard et fils. à Lieusaint.

Gohier (Émile). Maison M. et R. Pinchart-Deny, à
Paris.

Gueugnaud (Jean). Maison Émile Puzenat et fils, à
Bourbon-Lancy.

Huck (Ignace). Société des anciens établissements
Albaret, à Rantigny.

Legrand. Maison E. Mahot, à Ham.

Legrand (Alexandre). Société anonyme pour la construction des machines de récolte *la France*, à
Paris.

Liégeois (Émile). Maison Darley-Renault, à Nemours.

Magnier (Aymé). Maison Magnier-Bédu, à Groslay.

Magnier (Edgard). Maison Magnier-Bédu, à Groslay.

Marpon (Léon). Maison G. Barrault, à Lœuilly.

Maupas (Pierre). Maison Émile Puzenat et fils, à
Bourbon-Lancy.

Ménard (J.-B.). Maison Flaba-Thomas et Cie, Le
Cateau.

Mesnil (Auguste). Maison Simon frères, à Cherbourg.

Meunier (Léon). Maison R. Wallut et Cie, à Paris.

Meunier (Paul). Maison Darley-Renault, à Nemours.

Milin (Paul). Maison Simon frères, à Cherbourg.

Morisseau. Maison Darley-Renault, à Nemours.

Mortagne. Maison R. Wallut et Cie, à Paris.

Parlot (Henry). Maison Émile Marot, à Niort.

Pasquis (Michel). Société française de matériel agricole et industriel, à Vierzon.

Perrot (Thomas). Maison Émile Tanvez, à Guingamp.

Petit (Léon). Maison R. Wallut et Cie, à Paris.

Peudon (Mme Marie). Société des anciens établissements Albaret, à Rantigny.

Piquet (Édouard). Maison Simon frères, à Cherbourg.

Poplineau (Gustave). Maison Émile Marot, à Niort.

Rousseau. Maison Darley-Renault, à Nemours.

Rousseau fils (Gustave). Société française de matériel agricole et industriel, à Vierzon.

Salez (Henri). Maison F. et P. Winterberger, à Frévent.

Sallon (Marc). Société des anciens établissements
Albaret, à Rantigny.

Taillebois (Jules). Société française de matériel agricole et industriel, à Vierzon.

Trameau (Alfred). Maison Guichard et fils, à Lieusaint.

Vasseur (Gaston). Maison E. Mahot, à Ham.

Veillerot (Benoit). Maison Émile Puzenat et fils, à
Bourbon-Lancy.

CLASSE 36. — *Matériel et procédés
de la viticulture.*

COLLABORATEURS

### Diplômes d'honneur.

Brunet (Raymond). *Revue de viticulture*, à Paris.

Charleux (Jean). Maison Henri Thirion, à Paris.

Cornu (Gustave). Maison Mabille frères, à Amboise
(Indre-et-Loire).

Denand (Paul). Maison Henri Thirion, à Paris.

Evrard (Alfred). Maison Emmanuel Simoneton, à
Paris.

Fanet (Gabriel). Maison Barbou fils, à Paris.

Perot (Amable). Société des viticulteurs de France, à
Paris.

Vermorel (Édouard). Maison V. Vermorel, à Villefranche (Rhône).

### Diplômes de Médaille d'or.

Dormeau (Léon). *Revue de viticulture*, à Paris.

Gabut (Paul). Maison Barbou fils, à Paris.

Howiller (Émile). Maison V. Vermorel, à Villefranche
(Rhône).

Lesueur (Auguste). Maison Mabille frères, à Amboise
(Indre-et-Loire).

Mallay (Adolphe). Maison Besnard, Maris et Antoine,
à Paris.

Marjerie (Henri). Maison Barbou fils, à Paris.

Paressant (Georges). Maison Mabille frères, à Amboise (Indre-et-Loire).

Schatz (Mlle Alexandrine). Maison Emmanuel Simoneton, à Paris.

Vassart (Gustave). Société anonyme des établissements Daubron, à Paris.

### Diplômes de Médaille d'argent.

Badey (Mlle Jeanne). Maison Le Grand de Mercey, à
Montbellet (Saône-et-Loire).

Gonthier (Marc). Société anonyme des établissements
Daubron, à Paris.

Guigneton (Alfred). Maison V. Vermorel, à Villefranche (Rhône).

Hinet (Frédéric). Maison Besnard, Maris et Antoine,
à Paris.

Perinet (Jean). *Revue de viticulture*, à Paris.

Wipf (Eugène). Maison V. Vermorel, à Villefranche
(Rhône).

**Diplômes de Médaille de bronze.**

**Audin** (Jean-Baptiste). Maison V. Vermorel. à Villefranche (Rhône).

**Eickhorn** (M^me). Société anonyme des établissements Daubron, à Paris.

**Giraudau** (Claudius). Maison V. Vermorel. à Villefranche (Rhône).

**Leclerc** (Armand). Société anonyme des établissements Daubron. à Paris.

**Lefèvre** (M^lle Andrée). *Revue de viticulture.* à Paris.

**Neveu** (P.). *Revue de viticulture.* à Paris.

**Rollet** (Pierre). Maison V. Vermorel. à Villefranche (Rhône).

### COOPÉRATEURS

**Diplômes de Médaille de bronze.**

**Ballay.** Maison H. Thirion. à Paris.

**Beaussier** (Alphonse). Maison Besnard. Maris et Antoine, à Paris.

**Bedou** (Ernest). Maison H. Thirion, à Paris.

**Bernard** (Marcel). Société anonyme des établissements Daubron, à Paris.

**Chosselat** (Louis). Maison V. Vermorel. à Villefranche (Rhône).

**Coulon** (Henri). Maison Emmanuel Simoneton. à Paris.

**Duceur** (J.-B.). Maison Emmanuel Simoneton. à Paris.

**Duffey** (Émile). Maison H. Thirion, à Paris.

**Dumm** (Benoist). Maison Emmanuel Simoneton. Paris.

**Hochwiller** (Gabriel). Maison H. Thirion. à Paris.

**Laprat.** Maison V. Vermorel. à Villefranche (Rhône).

**Libert** (Joseph-Florent). Maison Emmanuel Simoneton, à Paris.

**Mathon.** Maison V. Vermorel. à Villefranche (Rhône).

**Migeon** (Petrus). Maison V. Vermorel. à Villefranche (Rhône).

**Moëglich** (Charles). Maison Besnard. Maris et Antoine, à Paris.

**Petit** (Pierre). Maison V. Vermorel. à Villefranche (Rhône).

**Pichenot.** Maison Emmanuel Simoneton, à Paris.

**Thirion** (Louis). Maison H. Thirion. à Paris.

---

CLASSE 37. — *Matériel et procédés des industries agricoles.*

### COLLABORATEURS

**Diplôme d'honneur.**

**Duchatel** (Edmond). Maison Edmond Garin. à Cambrai.

**Diplômes de Médaille d'or.**

**Alaterre** (Alexandre). Maison Simon frères. à Cherbourg.

**Cregut** (Alfred). Maison Lévi frères, à Paris.

**Delalle** (Émile). Maison Edmond Garin. à Cambrai.

**Herlin** (Fernand). Maison Edmond Garin, à Cambrai.

**Tixier** (Albert). Maison Émile Guillaume. à Paris.

**Diplômes de Médaille d'argent.**

**Briant** (Louis). Maison Simon frères, à Cherbourg.

**Dubus** (Jean-Baptiste). Maison Edmond Garin. à Cambrai.

**Guilhot** (Léopold). Usines Schlœsing frères et C^ie, à Marseille.

**Laurent** (Joseph). Maison Simon frères. à Cherbourg.

**Diplômes de Médaille de bronze.**

**Lamy** (François). Maison Edmond Garin. à Cambrai.

**Lefebvre** (Victor). Maison Edmond Garin. à Cambrai.

**Off** (Adolphe). Maison Lévi frères, à Paris.

**Tilly** (Jules). Maison Émile Guillaume. à Paris.

**Trémont** (Gaston). Maison Edmond Garin. à Cambrai.

**Vautier** (Auguste). Maison Simon frères. à Cherbourg.

### COOPÉRATEURS

**Diplômes de Médaille de bronze.**

**Allain** (Auguste). Maison Simon frères. à Cherbourg.

**Bonne** (Paul). Maison Lucien Biron, à Lille.

**Bustin** (Gustave). Maison Edmond Garin. à Cambrai.

**Dangleterre** (Émile). Maison Edmond Garin, à Cambrai.

**Flambard** (Émile). Maison Simon frères. à Cherbourg.

**Flamezelle** (Jules). Maison Simon frères. à Cherbourg.

Mesnil (Auguste). Maison Simon frères, à Cherbourg.
Milin (Paul). Maison Simon frères, à Cherbourg.
Piquet (Édouard). Maison Simon frères, à Cherbourg.
Vaillant (Léon). Maison Edmond Garin, à Cambrai.


CLASSE 38. — *Agronomie. Statistique agricole.*

COLLABORATEURS

### Diplômes d'honneur.

Brillaud de Laujardière. Syndicat central des Agriculteurs de France, à Paris.
Brosse (de la). Ministère de l'Agriculture, à Paris.
Camus (Edmond). M. de la Barre, à Paris.
Dabat. Ministère de l'Agriculture, à Paris.
Decharme. Ministère de l'Agriculture, à Paris.
École nationale d'Osiériculture et de Vannerie. M. de la Barre, à Paris.
Laurent (Félix). Société centrale d'Agriculture de la Seine-Inférieure, à Rouen.
Leddet. Ministère de l'Agriculture, à Paris.
Moussu (Guy). Société française d'émulation agricole contre l'abandon des campagnes, à Paris.
Roux. Ministère de l'Agriculture, à Paris.

### Diplômes de Médaille d'or.

Berthault (Pierre). Librairie agricole de la maison rustique, à Paris.
Bertin. Ministère de l'Agriculture. Direction générale des Eaux et Forêts, à Paris.
Blanc. Ministère de l'Agriculture. Direction des services sanitaires et scientifiques et de la répression des fraudes, à Paris.
Boullé. Ministère de l'Agriculture. Direction générale des Eaux et Forêts, à Paris.
Bresson. Ministère de l'Agriculture. Direction générale des Eaux et Forêts, à Paris.
Cuif. Ministère de l'Agriculture. Direction générale des Eaux et Forêts, à Paris.
Gautier. Ministère de l'Agriculture. Service du crédit agricole mutuel et de la coopération agricole, à Paris.
Guinier. Ministère de l'Agriculture. Direction générale des Eaux et Forêts, à Paris.
Lesourd (Félicien). Librairie agricole de la maison rustique, à Paris.
Mongin. Ministère de l'Agriculture. Direction générale des Eaux et Forêts, à Paris.

### Diplômes de Médaille d'argent.

Bernès. Professeur d'agriculture, à Agen.
Billaudeau. Syndicat central des agriculteurs de France, à Paris.
Braun. Photographe, à Royan.
Condamin. Société française d'émulation agricole contre l'abandon des campagnes, à Paris.
Faivre. Société française d'émulation contre l'abandon des campagnes, à Paris.
Fallot. Station agronomique de Blois.
Fayet. Syndicat central des agriculteurs de France, à Paris.
Guillebaut. Ministère de l'Agriculture, à Paris.
Pion. Ministère de l'Agriculture, à Paris.
Portet. Syndicat agricole de la Seine-Inférieure, à Rouen.
Robert. Société française d'émulation contre l'abandon des campagnes, à Paris.
Volmerauge. Ministère de l'Agriculture. Direction générale des Eaux et Forêts, à Paris.
Warin. Professeur d'agriculture, à Lille.

### Diplômes de Médaille de bronze.

Frémiot. Syndicat central des agriculteurs de France, à Paris.
Perrault. Station agronomique de Blois.
Pillaut. Syndicat central des agriculteurs de France, à Paris.


CLASSE 39. — *Produits agricoles alimentaires d'origine végétale.*

COLLABORATEURS

### Diplômes d'honneur.

Douan (Paul). Maison J. et H. Garres-Fourché, à Bordeaux.
Duterque (Louis). Maison Paul Michonneau, à Arras.
Joubert. Maison Camille Weill, à Paris.
Lelard (Auguste). Maison Pierre-Auguste Ricois, à Moresville.

### Diplômes de Médaille d'or.

Chaussier (Henri). Maison Maurice Lambert, à Toury.
Chevard. Maison de Vilmorin, Andrieux et Cie, à Paris.
Néber. Maison de Vilmorin, Andrieux et Cie, à Paris.
Sauboua (Félix). Maison J. et H. Garres-Fourché, à Bordeaux.

### Diplômes de Médaille d'argent.

**Charrier** (Léopold). Maison Pierre-Auguste Ricois, à Moresville.

**Hallouin**. Maison de Vilmorin, Andrieux et Cie, à Paris.

**Labadie** (Raymond). Maison J. et H. Garres-Fourché, à Bordeaux.

**Ronfort**. Maison de Vilmorin, Andrieux et Cie, à Paris.

### Diplômes de Médaille de bronze.

**Blanchet** (Adrien). Maison J. et H. Garres-Fourché, à Bordeaux.

**Busson**. Maison de Vilmorin, Andrieux et Cie, à Paris.

**Chaboche** (Auguste). Maison Pierre-Auguste Ricois, à Moresville.

**Mercier** (Maurice). Maison Paul Michonneau, à Arras.

**Robillard** (Augustin). Maison Pierre-Auguste Ricois, à Moresville.

**Roussat**. Maison de Vilmorin, Andrieux et Cie, à Paris.

#### COOPÉRATEURS

### Diplômes de Médaille de bronze.

**Brunel** (Jean-Baptiste). Maison Paul Michonneau, à Arras.

**Peyré** (Henri). Maison J. et H. Garres-Fourché, à Bordeaux.

### Diplôme de Mention.

**Duriau** (Ephrem). Maison Rebière père et fils, à Salon.

**CLASSES 40 ET 42 RÉUNIES. —** *Produits agricoles alimentaires d'origine animale. — Insectes utiles et leurs produits. — Insectes nuisibles et végétaux parasitaires.*

#### COLLABORATEURS

### Diplômes d'honneur.

**Chenèzelles**. Société d'apiculture et d'insectologie agricole du département de l'Aisne, à Laon.

**Dornic** (Pierre). Association centrale des laiteries coopératives des Charentes et du Poitou, à Niort (Deux-Sèvres).

### Diplômes de Médaille d'or.

**Barraud**. Maison Joseph Mering, à Paris.

**Bordy**. Société française d'encouragement à l'industrie laitière, à Paris.

**Carlier**. Société d'apiculture et d'insectologie agricole du département de l'Aisne, à Laon.

**Hutin** (Maurice). Société française d'encouragement à l'industrie laitière, à Paris.

**Lacave**. Maison Joseph Mering, à Paris.

**Leportier**. Maison Georges Truffaut, à Versailles (Seine-et-Oise).

**Pagany**. Maison Georges Truffaut, à Versailles (Seine-et-Oise).

### Diplôme de Médaille d'argent.

**Lacointa**. Société d'apiculture et d'insectologie agricole du département de l'Aisne, à Laon.

### Diplôme de Médaille de bronze.

**Gilson** (Maurice). L'abbé Adolphe Coquet, à Contreuve (Ardennes).

#### COOPÉRATEURS

### Diplômes de Médaille de bronze.

**Alamatté** (Martiel). Association centrale des laiteries coopératives des Charentes et du Poitou, à Niort (Deux-Sèvres).

**Cherquitte** (Jules). Maison E. Laurent-Opin, à Laon (Aisne).

**Couquaux**. Fédération des Sociétés françaises d'apiculture, à Paris.

**Depie** (Mme). Société française d'encouragement à l'industrie laitière, à Paris.

**Despages**. Maison Georges Truffaut, à Versailles (Seine-et-Oise).

**Doleac**. Association centrale des laiteries coopératives des Charentes et du Poitou, à Niort (Deux-Sèvres).

**Salin** (Jean). Maison Joseph Mering, à Paris.

**Saurin** (Julien). Maison Ernest Moret, à Tonnerre (Yonne).

**Schadelle** (Henri). Maison Ernest Moret, à Tonnerre (Yonne).

**Diplômes de Mention.**

Chopin (Auguste). Maison Joseph Mering, à Paris.
Clerget (Alexis). Maison Campenin (Mme veuve Aug.), à Tonnerre.
Devillers (Albert). L'abbé Adolphe Coquet, à Contreuve (Ardennes).
Drumain. Maraval (Mme Madeleine), villa de Cassoir, par Auxerre (Yonne).
Memez (Mlle). Maison Joseph Mering, à Paris.
Sucre (Clovis). Association centrale des laiteries coopératives des Charentes et du Poitou, à Niort (Deux-Sèvres).

CLASSE 41. — *Produits agricoles non alimentaires.*

COLLABORATEURS

**Diplômes d'honneur.**

Augot (Alb.). Maison E. Trouette, à Paris.
Dangleterre (Pierre). Maison A. Plisson, à Paris.
Jonville (Jules). Maison Fernand Artus, à Paris.
Kannapell (Louis). Maison Ch. Couturieux, à Paris.
Labaume (de) Maison Arthur Raynaud, à Paris.
Levy (Camille). Maison Marius et Levy, à Paris.
Muller (Gabriel). Maison Emden, à Paris.

**Diplômes de Médaille d'or.**

Candellier (Charles). Maison Fernand Artus, à Paris.
Corneccis (Fernand). Maison Ridel-Lagrenée (Mme M. L.), à Chaumat.
Ferraris (A.). Maison A. Plisson, à Paris.
Frogé (Mlle Louise). Maison Dr Thouvenin, à Bonnelles.
Jourjon (Louis). Maison Dr F. Bousquet, à Paris.
Laffitte. Ancienne maison Verdier-Dufour (Maison Cusenier successeur), à Paris.
Lemarchand. Ancienne maison Verdier-Dufour (Maison Cusenier successeur), à Paris.
Morin (André). Ancienne maison Verdier-Dufour (Maison Cusenier successeur), à Paris.
Picard. Maison E. Trouette, à Paris.
Sander (Georges). Maison Marius et Lévy, à Paris.

**Diplômes de Médaille d'argent.**

Bodin (Mlle Suzanne). Maison L. Midy, à Paris.
Delhise. Maison Ch. Couturieux, à Paris.
Desvignes (A.). Maison A. Plisson, à Paris.

Ettinger (Mme Alice). Maison Marius et Levy, à Paris.
Fauché (Mme Veuve Elise). Maison Paul Fauché et Dr S. Chevalier, à Houdan.
Flach (Dr Horace). Maison Henri Flach, à Paris.
Monnier (Alexandre). Maison Henri Flach, à Paris.
Ricou (A.). Maison Tramu, à Aix-les-Bains (Savoie).
Thiéry (Charles). Maison Gounod André, à Souk-el-Khemis.
Vessard (Mlle Adèle). Maison Tramu, à Aix-les-Bains (Savoie).

**Diplômes de Médailles de bronze.**

Augé (Mlle Eugénie). Maison E. Trouette, à Paris.
Boulangier (Clément). Société générale de la droguerie française, à Paris.
Brunat (Alexis). Maison Josset frères, à Paris.
Dufoy. Maison Paul Fauché et Dr S. Chevalier, à Houdan.
Fournier. Maison E. Trouette, à Paris.
Huttot (Anatole). Société générale de la droguerie française, à Paris.
Levêque (Mlle Cécile). Maison Ch. Couturieux, à Paris.
Pégaud (G.). Société générale de la droguerie française, à Paris.
Pinchaud (Louis). Société générale de la droguerie française, à Paris.

**Diplôme de Mention.**

Dingler (Émile). Maison Besson, à Paris.

COOPÉRATEURS

**Diplômes de Médaille de bronze.**

Baudet (Xavier). Maison Ch. Couturieux, à Paris.
Duparque (Henri). Société générale française de la droguerie française, à Paris.
Girardeau (Mlle Pauline). Maison Dr Thouvenin, à Bonnelles.
Gomot (Mlle Madeleine). Maison Ch. Couturieux, à Paris.
Lebon (Albert). Maison Dr Thouvenin, à Bonnelles.
Lesueur (Eugène). Société générale française de la droguerie française, à Paris.
Pierre (Victor). Maison veuve Jablonsky-Chapireau, à Paris.
Rossignol (Paul). Maison Raoul Feignoux, à Montreuil.

Thomasson (François). Syndicat des boyaudiers de France, à Paris.

Voyez (Georges). Syndicat des boyaudiers de France, à Paris.

# GROUPE VIII

## Horticulture et Arboriculture.

CLASSE 43. — *Matériel et procédés de l'horticulture et de l'arboriculture.*

### COLLABORATEURS

#### Diplômes d'honneur.

Allouard (Edmond). Société nationale d'horticulture de France, à Paris.

Gibault (Georges). Société nationale d'horticulture de France, à Paris.

Oostenbrock (William). Maison Jean Tissot, à Paris.

Redont (Georges). Maison Édouard Redont, à Paris.

Trigis (Basile). Maison Eugène Touret, à Paris.

#### Diplômes de Médaille d'or.

Bedmé (Marcel). Maison Deny frères, à Paris.

Bonté (Paul). Société nationale d'horticulture de France, à Paris.

Duhamel (Gustave). Maison les fils de Dufour aîné, à Paris.

Fouche (Paul). Maison Eugène Touret, à Paris.

Gravereaux (Henri). Maison Jules Gravereaux, à Paris.

Grigau (G.-T.). Maison Pierre Roger, à Paris.

Grosjean. Service des plantations de la ville de Paris.

Hervelu (Julien). Maison Wessbecher, à Paris.

Jeannin (Georges). Société nationale d'horticulture de France, à Paris.

Nus. Maison Albert Maumené, à Paris.

Redont (Léon). Maison Édouard Redont, à Paris.

#### Diplômes de Médaille d'argent.

Bardet. Maison Deny frères, à Paris.

Brier (Paul). Maison Ph. de Vilmorin, à Paris.

Brissaud. Maison Nivet jeune, à Limoges.

Dalmar (Pierre). Maison Jules Contal, à Lille.

Drouot. Maison Albert Maumené, à Paris.

Gautier (Joseph). Maison E. Bocquet, à Paris.

Ladreck. Service des expositions de la ville de Paris.

Lavenne (Octave). Maison Robert Dorléans et Lepage, à Paris.

Mumissier. Maison Ph. de Vilmorin, à Paris.

Pogany. Maison Georges Truffaut, à Versailles.

Robert (Georges). Maison E. Bocquet, à Paris.

Wessbecher. Maison Wessbecher, à Paris.

#### Diplômes de Médaille de bronze.

Bossière (Marcel). Maison Lucien Chauré, à Paris.

Hatesse (Jules). Société régionale d'horticulture, à Vincennes.

Ladrech (Georges). Ville de Paris (service des Expositions).

Sornin. Société régionale d'horticulture, à Vincennes.

### COOPÉRATEURS

#### Diplômes de Médaille de bronze.

Barbe (François). — Maison Eugène Touret, à Paris.

Breton (Henri). Maison Édouard Redont, à Paris.

Despages. Maison Georges Truffaut, à Versailles.

Gaudy (Jean-Baptiste). Maison Nivet jeune, à Limoges.

Gibaud (Jacques). Maison Nivet jeune, à Limoges.

Guilebert (Maurice). Maison Deny frères, à Paris.

Housset (David). Maison Édouard Redont, à Paris.

Maloigne (Éléonore). Maison les fils de Dufour aîné, à Paris.

Manen (Alexandre). Société nationale d'horticulture de France, à Paris.

May (Victor de). Société nationale d'horticulture de France, à Paris.

Menaut (Amandre). Maison veuve Parent, à Paris.

Nourtier (Albert). Maison les fils de Dufour aîné, à Paris.

Reguis (Édouard). Société nationale d'horticulture de France, à Paris.

#### Diplôme de Mention.

Guinet (Paul). Maison Deny frères, à Paris.

CLASSE 45. — *Arbres fruitiers et fruits.*

### COLLABORATEURS

#### Diplômes d'honneur.

**Garaud** (Emmanuel). Maison Croux et fils (pépinières du val d'Aulnay), à Chatenay.
**Tissot** (François). Maison Nomblot-Bruneau, à Bourg-la-Reine.

#### Diplômes de Médaille d'or.

**Jost** (Frédéric). Maison Leconte aîné, à Paris.
**Marin** (Alexandre). Maison Croux et fils (pépinières du val d'Aulnay), à Chatenay.
**Thomas** (Alfred). Maison Leconte aîné, à Paris.

#### Diplômes de Médaille d'argent.

**Chesneau** (Charles). Maison Nomblot-Bruneau, à Bourg-la-Reine.
**Petit** (Ernest). Maison Nomblot-Bruneau, à Bourg-la-Reine.

#### Diplôme de Médaille de Bronze.

**Marsac** (A.). Maison Zacharie Genevay, à Tunis.

### COOPÉRATEURS

#### Diplômes de Médaille de bronze.

**Diguet** (Louis). Maison Croux et fils (pépinières du val d'Aulnay), à Chatenay.
**Kieffer** (Albert). Maison Croux et fils (pépinières du val d'Aulnay), à Chatenay.
**Voisin** (Louis). Maison Pinguet-Guindon et fils, à la Tranchée, près Tours.

CLASSE 46. — *Arbres, arbustes, plantes et fleurs d'ornement.*

### COLLABORATEURS

#### Diplômes d'honneur.

**Bernard.** Maison Vilmorin, Andrieux et Cie, à Paris.
**Brochet** (Arthur). Maison Croux et fils, à Chatenay.
**Eeckoute** (Ed.). Maison Cayeux et Le Clerc, à Paris.

**Ledru** (Armand). Maison P. Lecolier, à La Celle-Saint-Cloud.
**Luquet.** Ville de Paris.

#### Diplômes de Médaille d'or.

**Babœuf** (Georges). Maison Millet et fils, à Bourg-la-Reine.
**Desbruyère** (Jean). Maison Nomblot-Bruneau, à Bourg-la-Reine.
**Druelle.** Maison Vilmorin, Andrieux et Cie, à Paris.
**Emerich.** Maison Vilmorin, Andrieux et Cie, à Paris.
**Godin** (Eugène). Maison Croux et fils, à Chatenay.
**Gravereau** (Mme Aug.). Maison Aug. Gravereau, à Neauphle-le-Château.
**Grosset.** Maison F. Boujard (Établissements Bernaix fils), à Lyon-Villeurbanne.
**Guernière.** Ville de Paris.
**Poincet** (Alphonse). Maison G. Duval, à Lieusaint.
**Terrier** (Clément). Maison Paul Lécolier, à La Celle-Saint-Cloud.

#### Diplomes de Médaille d'argent.

**Auronet** (Eugène). Maison Vallerand frères, à Taverny.
**Degueneurie.** Maison Nomblot-Bruneau, à Bourg-la-Reine.
**Soubatère** (Jean). Maison Nomblot-Bruneau, à Bourg-la-Reine.

### COOPÉRATEURS

#### Diplômes de Médaille de bronze.

**Duveau** (Baptiste). Maison Levêque et fils, à Ivry.
**Marguerital.** Maison Levêque et fils, à Ivry.
**Niel** (Arthur). Maison Georges Boucher, à Paris.
**Proust** (Léon). Maison J. Croux et fils, à Chatenay.
**Sauzet** (Auguste). Maison Georges Boucher, à Paris.
**Szumnarski** (Jean). Maison J. Croux et fils, à Chatenay.

CLASSES 47 ET 48 RÉUNIES. — *Plantes de serre, graines, semences et plants de l'horticulture et des pépinières.*

### COLLABORATEURS

#### Diplômes de Médaille d'argent.

**Couchy.** Maison Vilmorin, Andrieux et Cie, à Paris.
**Laurent** (Léon). Maison Cayeux et Le Clerc, à Paris.

# GROUPE IX

## Foréts. Chasse. Péche. Cueillettes.

CLASSES 49 ET 50 RÉUNIES. — *Matériel et procédés des exploitations et des industries forestières. Produits des exploitations et des industries forestières.*

### COLLABORATEURS

#### Diplômes d'honneur.

**Gilson** (Paul). Maison Poupinel et Parent, à Paris.
**Houx** (Adolphe). Maison Poupinel et Parent, à Paris.
**Peltier** (Gaston). Maison Rigaut (M<sup>me</sup> Louis), à Paris.
**Ranchoux** (Eugène). Maison Georges Rachet, à Paris.
**Richardjacques.** Maison Jean Hollande fils, à Paris.
**Rochefort** (Auguste). Maison Pierre Chenue, à Paris.
**Sezille** (Gaston). Maison Gaston Carpentier, à Villers-Cotterets.

#### Diplômes de Médaille d'or.

**Allain.** Maison Raymond Lacarrière, à Noyon (Oise).
**Allaud** (Firmin). Maison Rigaut (M<sup>me</sup> Louis), à Paris.
**Blondé** (Louis). Maison Arthur Mathieu et ses fils, à Aubervilliers.
**Campominosi** (André). Maison Georges Rachet, à Paris.
**Hannequin** (Léon). Maison Jean Hollande fils, à Paris.
**Hauët** (Albert). Maison Camille Gutzwiller, Le Havre.
**Hildenbrand** (Victor). Maison Sébastien frères, à Paris.
**Lachmann** (Louis). Société anonyme Thiercelin aîné et Boissée, à Paris.
**Lénac** (Étienne). Maison Jules Chatelet, à Paris.

#### Diplômes de Médaille d'argent.

**Ancelin** (Gustave). Maison Lièvre (Adrien) et fils, à Paris.
**Arbogast** (Joseph). Maison Émile Fender, aîné, à Paris.
**Chauvet** (Pierre). Maison Francisque Chaux, à Périgueux.
**Dufost** (M<sup>me</sup> Augustine). Maison E. Boulogne, Le Vésinet.
**Faure** (Francisque). Maison Francisque Chaux, à Périgueux.

**Fialon** (Maurice). Maison Jean Hollande fils, à Paris.
**Folliot** (Achille). Maison Arthur Mathieu et ses fils, à Aubervilliers.
**Gauthier** (Robert). Maison Georges Rachet, à Paris.
**Guyot** (Alfred). Maison Jules Chatelet, à Paris.
**Hettich** (Jacques). Maison E. Boulogne, Le Vésinet.
**Hubatzeck** (Gérasime). Maison Gaston Carpentier, à Villers-Cotterets.
**Keitel** (Émile). Maison Rigaut (M<sup>me</sup> Louis), à Paris.
**Martin** (Paul). Section lorraine de la Société forestière française des amis des arbres, à Nancy.
**Micas** (Camille). Maison L. Catelin et L. Leblond, à Paris.
**Picard** (Fernand). Maison Tailleur fils, à Paris.
**Villard** (Adolphe). Maison Pierre Chenue, à Paris.

#### Diplôme de Médaille de bronze.

**Druart** (M<sup>lle</sup> Rachel). Maison Jean Hollande fils, à Paris.

### COOPÉRATEURS

#### Diplômes de Médaille de bronze.

**Maillot** (Désiré). Maison Tailleur fils, à Paris.
**Peseux** (Francis). Maison Émile Fender aîné, à Paris.
**Rayé** (Jules). Maison E. Boulogne, Le Vésinet.
**Rousseau** (Alphonse). Maison Gaston Carpentier, à Villers-Cotterets.
**Vanhœch** (Gustave). Maison Pierre Chenue, à Paris.
**Villard** (Victor). Maison Pierre Chenue, à Paris.

CLASSE 51. — *Matériel de chasse.*

### COLLABORATEURS

#### Diplômes d'honneur.

**Bernard** (Jean). Société française des munitions de chasse, de tir et de guerre, à Paris.
**Bourgoin** (Jules). Société française des munitions de chasse, de tir et de guerre, à Paris.
**Doucet** (Jules). Société française des munitions de chasse, de tir et de guerre, à Paris.
**Francon** (Régis). Maison J. Gaucher, à Saint-Étienne.
**Lamort** (Édouard). Société française des munitions de chasse, de tir et de guerre, à Paris.

Lavelle (Henri). Société française des munitions de
chasse, de tir et de guerre, à Paris.
Lerhy (Jean). Société française des munitions de
chasse, de tir et de guerre, à Paris.
Marchand (Charles). Société centrale des chasseurs, à
Paris.
Pinson (Julien). Société française des munitions de
chasse, de tir et de guerre, à Paris.
Pitot (Augustin). Société française des munitions de
chasse, de tir et de guerre, à Paris.
Staron (Antonin). Maison J. Gaucher, à Saint-
Étienne.
Violet (Alphonse). Société française des munitions de
chasse, de tir et de guerre, à Paris.

### Diplômes de Médaille d'or.

Bages (Élie). Société française des munitions de chasse,
de tir et de guerre, à Paris.
Barthélemy (Ennemond). Maison J. Gaucher, à Saint-
Étienne.
Brunel (Henri). Société française des munitions de
chasse, de tir et de guerre, à Paris.
Fritz (Alphonse). Société française des munitions de
chasse, de tir et de guerre, à Paris.
Gros (Paul). Société française des munitions de chasse,
de tir et de guerre, à Paris.
Guyot (Georges). Société française des munitions de
chasse, de tir et de guerre, à Paris.
Hoffmann (Eugène). Société française des munitions
de chasse, de tir et de guerre, à Paris.
Neveux (Anatole). Société française des munitions de
chasse, de tir et de guerre, à Paris.
Richier (Ernest). Société française des munitions de
chasse, de tir et de guerre, à Paris.
Thérial (Albert). Société française des munitions de
chasse, de tir et de guerre, à Paris.
Thiollière (J.-L.). Maison J. Gaucher, à Saint-Étienne.
Tirot (Adolphe). Société française des munitions de
chasse, de tir et de guerre, à Paris.

### Diplômes de Médaille d'argent.

Charles (Gaston). Société française des munitions de
chasse, de tir et de guerre, à Paris.
Cochard (Albert). Société française des munitions de
chasse, de tir et de guerre, à Paris.
Gourbier (Athanase). Société française des munitions
de chasse, de tir et de guerre, à Paris.
Raze (Louis). Société française des munitions de
chasse, de tir et de guerre, à Paris.

### Diplômes de Médaille de bronze.

Gayet (Joannès). Société française des munitions de
chasse, de tir et de guerre, à Paris.
Gourmand (Émile). Société française des munitions
de chasse, de tir et de guerre, à Paris.
Lefranc (Léon). Société française des munitions de
chasse, de tir et de guerre, à Paris.
Mabille (Benoni). Société française des munitions de
chasse, de tir et de guerre, à Paris.

## COOPÉRATEURS

### Diplômes de Médaille de bronze.

Bance (Georges). Maison Léon Chobert, à Paris.
Bécard (Henri). Maison Léon Chobert, à Paris.
Bernard (Jacques). Maison Zavaterro frères, à Saint-
Étienne.
Besson (Jean). Maison Zavaterro frères, à Saint-
Étienne.
Biehler (Xavier). Maison L.-M. Lacroix, à Paris.
Bonnet (Pierre). Maison J. Gaucher, à Saint-Étienne.
Bourgeois (Jean). Maison J. Gaucher, à Saint-
Étienne.
Burgevin (Gaston). Maison L.-M. Lacroix, à Paris.
Chobert (René). Maison Léon Chobert, à Paris.
Désestret. Maison J. Gaucher, à Saint-Étienne.
Duchez (Antoine). Maison Zavaterro frères, à Saint
Étienne.
Durand (Étienne). Maison Zavaterro frères, à Saint-
Étienne.
Galand (Pierre). Maison Zavaterro frères, à Saint-
Étienne.
Gallot (Paul). Maison L.-M. Lacroix, à Paris.
Gauthey (César). Maison Zavaterro frères, à Saint-
Étienne.
Genest (Jean). Maison Zavaterro frères, à Saint
Étienne.
Girardon (Paul). Maison J. Gaucher, à Saint-Étienne.
Goutelle (Joannès). Maison J. Gaucher, à Saint-
Étienne.
Lefebvre-Lacroix (Mme Victorine). Maison L.-M. La-
croix, à Paris.
Magand (Joseph). Maison Zavaterro frères, à Saint-
Étienne.
Mahler (Georges). Maison Zavaterro frères, à Saint-
Étienne.
Marchand (Charles). Maison Paul Gastinne-Renette,
à Paris.
Maron (Charles). Maison J. Gaucher, à Saint-Étienne.

Marquet (Barthélemy). Maison J. Gaucher, à Saint-Étienne.

Meunier (A.). Maison J. Gaucher. à Saint-Étienne.

Morel (Guillaume). Maison J. Gaucher. à Saint-Étienne.

Pétrik (Boniface). Maison C. Modé, à Paris.

Rivolier. Maison J. Gaucher, à Saint-Étienne.

Rossi (François). Maison Zavaterro frères, à Saint-Étienne.

Sibert (Jean). Maison Zavaterro frères, à Saint-Étienne.

Siegfried (François). Maison Zavaterro frères. à Saint-Étienne.

Thiollière (Claude). Maison J. Gaucher, à Saint-Étienne.

## CLASSE 52 — *Produits de la chasse.*

### COLLABORATEURS

#### Diplômes d'honneur.

Derouet (Mlle Pauline). Maison Th. Corby et Cie. à Paris.

Duffieux (Mlle Suzanne). Maison Th. Corby et Cie. à Paris.

Fournier (Gustave). Maison Gustave Fournier. à Paris.

Hublet (Mlle Jeanne). Maison F. Jungmann et Cie. à Paris.

Larish (Paul). Société anonyme des établissements Révillon frères, à Paris.

#### Diplômes de Médaille d'or.

Chapal (Clément). Société anonyme des anciens établissements C. et E. Chapal frères et Cie, à Montreuil-sous-Bois.

Eclache (Michel). Société anonyme des anciens établissements C. et E. Chapal frères et Cie, à Montreuil-sous-Bois.

Grunwaldt (Vladimir). Maison P.-M. Grunwaldt. à Paris.

Gyorffy (Émile). Maison F. Jungmann et Cie, à Paris.

Malterre (Joseph). Société anonyme des établissements C. et E. Chapal frères et Cie, à Montreuil-sous-Bois.

Ministral (Mme Eugénie). Société anonyme des établissements Révillon frères. à Paris.

Sherzer (François). Maison Eugène Ruzé. à Paris.

#### Diplômes de Médaille d'argent.

Dlugi (Paul). Maison Eugène Ruzé. à Paris.

Talbert (René). Maison Gœtze frères. à Paris.

#### Diplômes de Médaille de bronze.

Buchet (Mme Juliette). Société anonyme des établissements Révillon frères. à Paris.

Rabau (Charles). Maison Th. Corby et Cie, à Paris.

Rifflart (Léon). Maison Grison et Cie. à Paris.

Vassout (Mme Marthe). Maison F. Jungmann et Cie. à Paris.

#### Diplômes de Mention.

Bauch (Louis). Maison Grison et Cie, à Paris.

Beaussier (Mme Élise). Maison Eugène Ruzé, à Paris.

Garnier (Mlle Denise). Maison Grison et Cie, à Paris.

Lallemand (Mlle Eugénie). Maison Eugène Ruzé. à Paris.

Louzier (Marcel). Maison Eugène Ruze. à Paris.

### COOPÉRATEURS

#### Diplômes de Médaille de bronze.

Daub (Félix). Maison F. Jungmann et Cie. à Paris.

Friant (Louis). Maison Dolat et Cie. à Paris.

Frisch (Guillaume). Maison Th. Corby et Cie, à Paris.

Godeau (Yves). Maison Th. Corby et Cie. à Paris.

Graff (Auguste). Maison Leroy et Schmid, à Paris.

Hauboldt (Henri). Société anonyme des établissements Révillon frères, à Paris.

Jolivel (Louis). Maison Th. Corby et Cie. à Paris.

Kacerovsky (Pierre). Maison F. Jungmann et Cie. à Paris.

Lemasson (Léon). Maison Dolat et Cie. à Paris.

Mosès (Burah). Maison F. Jungmann et Cie. à Paris.

Pignal (Henri). Société anonyme des établissements Révillon frères. à Paris.

Siéber (Alfred). Maison Leroy et Schmid. à Paris.

#### Diplômes de mention.

Alin (Georges). Maison Eugène Ruzé, à Paris.

Carlsen (Georges). Maison Eugène Ruzé, à Paris.

Gesne (Mme Anna de). Maison Eugène Ruzé. à Paris.

Klipphahn (Richard). Maison Eugène Ruzé. à Paris

CLASSE 53. — *Engins, instruments et produits de la pêche. Aquiculture.*

COLLABORATEURS

### Diplômes d'honneur.

**Brunel** (Joseph). Maison P. Thuillier-Buridard, à Vignacourt.

**Brunnarius** (Robert). Etablissements Raux, à Paris.

**Frécot** (Charles). Maison A. Porral, à Paris.

**Guyader** (Victor). Maison H. Coutière, à Paris.

**Polidor.** Ministère de la Marine, à Paris.

### Diplômes de Médaille d'or.

**Dagry** fils (Charles). Maison Alphonse Dagry, à Paris.

**Meheurt** (Jean). Maison Jean-Abel Gruvel, à Paris.

**Paillet** (Mlle Lucienne). M. le docteur M. Leprince, à Paris.

### Diplômes de Médaille d'argent.

**Cheutin.** Ministère de la Marine, à Paris.

**Dagry** fils (Marcel). Maison Alphonse Dagry, à Paris.

**Gaudefroy** (Anatole). Maison Ligneau de Séréville, à Saint-Just-en-Chaussée.

**Gauby** (J.-B.). Maison J.-B. Artozoul, à Carcassonne.

**Hameaux** (Mme Claire des). M. le docteur Raphaël Blanchard, à Paris.

**Régnier** (Ambroise). Maison Ligneau de Séréville, à Saint-Just-en-Chaussée.

### Diplômes de Médaille de bronze.

**Basset** (Joseph). Maison Morel-Frédel (François) à Bonneville.

**Bayle** (Jean). Maison Claude Bonnet, à Paris.

**Bralet** (Mlle Charlotte). Maison Claude Bonnet, à Paris.

**Fournet-Fayart** (Lucien). Maison Claude Bonnet, à Paris.

**Grenet** (Fernand). Maison Ligneau de Séréville, à Saint-Just-en-Chaussée.

**Roger** (Mlle Mathilde). Maison J.-B. Artozoul, à Carcassonne.

COOPÉRATEURS

### Diplômes de Médaille de bronze

**Blondel** (Noël). Ministère de la Marine, à Paris.

**Canelle** (Henri). Maison Viellard-Migeon et Cie, à Forges-de-Morvillars.

**Courtade** (Guillaume). Maison J.-B. Artozoul, à Carcassonne.

---

**Dessauce** (Jean). Etablissements Raux, à Paris.

**Dubois** (Albert). Etablissements Raux, à Paris.

**Gillet** (Frédéric). Etablissements Raux, à Paris.

**Guyomar** (François). Ministère de la Marine, à Paris.

**Hodin** (Eugène). Laboratoire de parasitologie de l'Institut de médecine coloniale, à Paris.

**Ladam** (Gaston). Maison Ligneau de Séréville, à Saint-Just-en-Chaussée.

**Mathon.** Etablissements Raux, à Paris.

**Minville** (A.). Syndicat central des Fédérations et Associations des pêcheurs à la ligne et riverains de France, à Paris.

**Pelata** (Antoine). Station de pisciculture et d'hydrobiologie de l'Université de Toulouse, à Toulouse.

**Pétrig** (Joseph). Maison Léon Ligneau de Séréville, à Saint-Just-en-Chaussée.

**Planchais** (Albert). Maison Alphonse Dagry, à Paris.

**Renaut** (Auguste). Ministère de la Marine, à Paris.

**Tschieret** (Émile). Maison P. Thuillier-Buridard, à Vignacourt.

**Verlyck** (Lucien). Maison Joseph Demorlaine, à Abbeville.

**Warin** (Charles). Maison P. Thuillier-Buridard, à Vignacourt.

### Diplôme de Mention.

**Hoff** (Mlle Léonie). Maison Viellard, Migeon et Cie, à Forges-de-Morvillars.

---

CLASSE 54. — *Engins, instruments et produits des cueillettes.*

COLLABORATEURS

### Diplômes de Médaille d'or.

**Laroche** (Ch.-J.-B.). Maison Émile Lancosme, à Paris.

**Le Ray** (Jean). Maison Ch. Bachet et Cie, à Paris.

### Diplôme de Médaille d'argent.

**Meiffre** (Louis). Maison Eugène Meiffre, à Paris.

### Diplômes de Médaille de bronze.

**Balavoine** (Louis). Maison Léon Lhomme, à Paris.

**Chesneau** (Mlle Léonie-Charlotte). Maison Émile Lancosme, à Paris.

Delaboissière (Raoul). Maison H. Salle et Cie. à Paris.
Narkiewiez (Marc). Maison Ch. Buchet et Cie. à Paris.
Monteil (Louis). Maison H. Salle et Cie. à Paris.

## COOPÉRATEURS

### Diplômes de Médaille de bronze.

Allogne (Léon). Maison H. Salle et Cie. à Paris.
Appert (Jules). Maison Boulanger-Dausse et Cie. à Paris.
Forest (Jean). Maison Émile Lancosme. à Paris.
Orlhac (Antoine). Maison H. Salle et Cie. à Paris.

## GROUPE X

## Aliments.

CLASSE 55. — *Matériel et procédés des industries alimentaires.*

### COLLABORATEURS

### Diplômes d'honneur.

Jardillier (Paul). Société française de constructions mécaniques, à Denain.
Perruchot (François). Maison Le Soufaché et Félix. à Paris.
Ringuet (Paul). Maison E. Ringuet, à Paris.
Roger (Louis). Maison Durafort, à Paris.
Savy (Émile). Société anonyme des anciens établissements A. Savy, Jeanjean et Cie, à Courbevoie.

### Diplômes de Médaille d'or.

Baton (Émile). Maison E. Ringuet, à Paris.
Bertaux (Eugène). Société anonyme des établissements Alfred Maguin, à Charmes.
Bonjour (Eugène). Maison Durafort, à Paris.
Cartignies (Henri). Société française de constructions mécaniques, à Denain.
Marchand (Fernand). Société anonyme des établissements Alfred Maguin, à Charmes.

Pidoux (Ambroise). Maison G. et A. Cusson frères et Cie, à Paris.

### Diplômes de Médaille d'argent.

Bard (Léon). Société française de constructions mécaniques, à Denain.
Bouche (Alphouse). Société française de constructions mécaniques, à Denain.
Brache (Lucien). Société anonyme des établissements Alfred Maguin, à Charmes.
Caron (Eugène). Société anonyme des établissements Alfred Maguin, à Charmes.
Colombet (Léon). Maison Hervé et Cie, à Bordeaux.
Courtiller (Georges). Maison E. Ringuet, à Paris.
Frèrejacques (Paul). Maison Durafort, à Paris.
Lamanille (Camille). Maison Durafort, à Paris.
Le Guillou (Léon). Maison E. Ringuet, à Paris.
Lenoir (Charles). Société anonyme des anciens établissements A. Savy, Jeanjean et Cie, à Courbevoie.
Maitre (René). Société anonyme des anciens établissements A. Savy, Jeanjean et Cie, à Courbevoie.
Miel (Maurice). Société anonyme des établissements Alfred Maguin, à Charmes.
Moreau (Edmond). Société française de constructions mécaniques, à Denain.
Peckel (Léon). Maison Paul Kestner, à Lille.
Rembert (Edg.). Maison Paul Kestner, à Lille.
Sauret (Gaston). Société anonyme des établissements Alfred Maguin, à Charmes.
Sautier (Maurice). Maison E. Thonnart et fils, à Liège.
Vaucher (Charles). Société anonyme des anciens établissements A. Savy, Jeanjean et Cie, à Courbevoie.
Zurich (Louis de). Société française de constructions mécaniques, à Denain.

### Diplômes de Médaille de bronze.

Deverson (Louis). Maison G. et A. Cusson frères et Cie, à Châteauroux.
Miguet (Alexandre). Maison Jovignot, à Paris.
Quérillac (Fernand). Maison Le Soufaché et Félix. à Paris.
Ray (Raymond). Maison G. et A. Cusson frères et Cie. Châteauroux.

Efferte (Louis). Maison Albert Piot (anciennement
E. Chouanard), à Pantin.

### Diplômes de Mention.

Chanvalon (Auguste). Maison L.-A. Mousseau, à
Paris.
Lagardette (Paul). Maison Le Soufaché et Félix, à
Paris.
Quivron (Léon). Maison Paul Kestner, à Lille.


COOPÉRATEURS

### Diplômes de Médaille de bronze.

Baylin (Hector). Maison Hervé et Cie, à Bordeaux.
Bove (Désiré). Maison Durafort, à Paris.
Boyer (Jean). Maison G. et A. Cusson frères et Cie,
à Châteauroux.
Capeau (Louis). Société de moteurs à gaz et d'industrie mécanique, à Paris.
Daniel (Auguste). Société anonyme des établissements
Alfred Maguin, à Charmes.
Debusy (Paul). Société française de constructions
mécaniques, à Denain.
Descamps (Léon). Société française de constructions
mécaniques, à Denain.
Doyen (Louis). Société de moteurs à gaz et d'industrie mécanique, à Paris.
Gauthier (Jean). Maison G. et A. Cusson frères et
Cie, à Châteauroux.
Gœrtsch (Paul). Maison G. et A. Cusson frères et Cie,
à Châteauroux.
Leclerc (Lucien). Maison Le Soufaché et Félix, à
Paris.
Lemaître (Alfred). Société française de constructions
mécaniques, à Denain.
Lermuziaux (Marcel). Société française de constructions mécaniques, à Denain.
Martinache (François). Société française de constructions mécaniques, à Denain.
Menant (Fernand). Maison Durafort, à Paris.
Messin (Charles). Société anonyme des établissements
Alfred Maguin, à Charmes.
Sarrazin (Théod.). Maison G. et A. Cusson frères et
Cie, à Châteauroux.
Sergent (Alfred). Société française de constructions
mécaniques, à Denain.
Van Berleere (Charles). Société de moteurs à gaz et
d'industrie mécanique, à Paris.

### Diplômes de Mention.

Blandin (Alfred). Maison Le Soufaché et Félix, à
Paris.
Canat (Gustave). Société française de constructions
mécaniques, à Denain.
Cazin (Adolphe). Société française de constructions
mécaniques, à Denain.
Colard (Jean). Société française de constructions mécaniques, à Denain.
Colbeau (Pierre). Maison Jovignot, à Paris.
Dorieux (Edmond). Société française de constructions mécaniques, à Denain.
Hypolite (Léon). Société anonyme des établissements
Alfred Maguin, à Charmes.
Legay (Léon). Maison veuve Jager et fils aîné, à
Paris.
Le Rey (Joseph). Société française de constructions
mécaniques, à Denain.
Leu (Désiré). Société française de constructions mécaniques, à Denain.
Moreau (Guillaume). Société de moteurs à gaz et
d'industrie mécanique, à Paris.
Nardon (Antoine). Maison Le Soufaché et Félix, à
Paris.
Stussi (Samuel). Société de moteurs à gaz et d'industrie mécanique, à Paris.
Unruch (David). Société de moteurs à gaz et d'industrie mécanique, à Paris.


CLASSE 56. — *Produits farineux
et leurs dérivés.*


COLLABORATEURS

### Diplôme de Médaille d'or.

Girard (Joseph). Maison Aulagnon et Cie, à Saint-
Étienne.

### Diplômes de Médaille d'argent.

Debieuvre (Joseph). Maison Boissonnet, G. et R. Legrand, à Paris.
Lecat (Joseph). Maison Léon Dreyfus, à Valenciennes.
Rihière (Lucien). Maison Boissonnet, G. et R. Legrand, à Paris.

### Diplôme de Médaille de bronze.

Guillaume (Gabriel). Maison Aulagnon et Cie, à Saint-
Étienne.

COOPÉRATEURS

### Diplômes de Médaille de bronze.

**Boulès** (Jean). Maison Auguste Courtine et Cie, à Maisons-Alfort.
**Dard** (Pierre). Maison Pol Dagrand, à Montauban.
**Deloye** (Joseph). Maison Vilgrain et Cie, à Nancy.
**Fuget** (Étienne). Maison Auguste Courtine et Cie, à Maisons-Alfort.
**Hervé** (Pierre). Maison Loir et G. Mahieux, à Paris.
**Keller** (Mme Marie). Maison Auguste Courtine et Cie, à Maisons-Alfort.
**Laveille** (Louis). Maison Aulagnon et Cie, à Saint-Étienne.
**Lügenbuhl** (Fritz). Maison Aulagnon et Cie, à Saint-Étienne.

### Diplôme de Mention.

**Breilh** (Gabriel). Maison Pol Dagrand, à Montauban.

CLASSE 57. — *Produits de la boulangerie et de la pâtisserie.*

COLLABORATEURS

### Diplôme d'honneur.

**Pironneau** (Ernest). Maison Lefèvre-Utile, à Nantes.

### Diplômes de Médaille d'or.

**Bion** (Maurice). Maison Gustave Virat, à Paris.
**Courrèges** (Onezin). Maison Olibet, à Suresnes.
**Doro** (Eugène). Maison Lefèvre-Utile, à Nantes.
**Dutrut** (Charles). Maison Pernot (biscuits), Richard frères, à Dijon.
**Jost** (Louis-Alfred). Maison Lefèvre-Utile, à Nantes.
**Largeteau** (Jean). Maison Olibet, à Suresnes.
**Loiseleur** (Philémon). Maison Lefèvre-Utile, à Nantes.
**Marion** (François). Maison Lefèvre-Utile, à Nantes.
**Mathieu** (Victor). Maison Pernot (biscuits), Richard frères, à Dijon.
**Olibet** (Marcel). Maison Olibet, à Suresnes.
**Perrin** (Pierre). Maison L. de la Grandière, à Paris.
**Rembeaux** (Fernand). Maison Lefèvre-Utile, à Nantes.
**Salis** (Mlle Adrienne). Maison L. de la Grandière, à Paris.

### Diplômes de Médaille d'argent.

**Aveline** (Auguste). Maison Olibet, à Suresnes.
**Bergès** (Armand). Maison Olibet, à Suresnes.
**Bernard** (Mme Marthe). Maison Pernot (biscuits), Richard frères, à Dijon.
**Darcy** (Lucien). Maison Pernot (biscuits), Richard frères, à Dijon.
**Désir** (Mlle Marceline). Maison Gustave Virat, à Paris.
**Olibet** (Pierre). Maison Olibet, à Suresnes.
**Ribeire** (Léon). Maison Olibet, à Suresnes.
**Royer** (Émile). Maison Olibet, à Suresnes.

### Diplômes de Médaille de bronze.

**Clavel** (Mme Léonie). Maison Gustave Virat, à Paris.
**Le Gaal** (Mlle Germaine). Maison Gustave Virat, à Paris.
**Schemm** (Philippe). Maison Gustave Virat, à Paris.

COOPÉRATEURS

### Diplômes de Médaille de bronze.

**Blanc** (Marius). Maison Olibet, à Suresnes.
**Bligny** (Gabriel). Maison Pernot (biscuits), Richard frères, à Dijon.
**Bougerolles** (Prosper). Maison Pernot (biscuits), Richard frères, à Dijon.
**Coulon** (Émile). Maison Lefèvre-Utile, à Nantes.
**Gérard** (Nicolas). Maison Lefèvre-Utile, à Nantes.
**Grospierre** (Georges). Maison Pernot (biscuits), Richard frères, à Dijon.
**Laudeho** (Mme Augustine). Maison Lefèvre-Utile, à Nantes.
**Laporte** (Mme Adèle). Maison Lefèvre-Utile, à Nantes.
**Lebrun** (Joseph). Maison Lefèvre-Utile, à Nantes.
**Le Diffon** (Léon). Maison Lefèvre-Utile, à Nantes.
**Letourneux**. Maison Lefèvre-Utile, à Nantes.
**Letty** (Jules). Maison Lefèvre-Utile, à Nantes.
**Martineau** (Edgard). Maison Olibet, à Suresnes.
**Miot** (Ferdinand). Maison Pernot (biscuits), Richard frères, à Dijon.
**Pounot** (Brutus). Maison Pernot (biscuits), Richard frères, à Dijon.
**Priou** (Maurice). Maison Lefèvre-Utile, à Nantes.
**Recordon** (Antoine). Maison Pernot (biscuits), Richard frères, à Dijon.
**Renneteau**. Maison Lefèvre-Utile, à Nantes.
**Vincent** (Pierre). Maison Lefèvre-Utile, à Nantes.

CLASSE 58. — *Conserves*
*de viande, de poissons, de légumes et de fruits.*

### COLLABORATEURS

#### Diplôme d'honneur.

Driot (Jules). Maison Lucien Fontaine, à Paris.

#### Diplômes de Médaille d'or.

**Alavoine** (Joseph). Maison Jules Cahen et fils, à Paris.
**Desmarie** (Léon). Maison Ch. Teyssonneau jeune, à Bordeaux.
**Ehrel** (Etienne). Maison Ch. Teyssonneau jeune, à Bordeaux.
**Fayet** (Henri). Maison Louit frères et Cie, à Bordeaux.

#### Diplômes de Médaille d'argent.

**Bildstein** (Gaston). Maison Chevallier-Appert, à Paris.
**Boulestreau** (Georges). Maison Griffon, Papillon et Cie, à Cholet.
**Marzac** (A.). Maison Zacharie Genevay, à Tunis.
**Matron** (Léon). Maison Griffon, Papillon et Cie, à Cholet.
**Tisseyre.** Maison Jules Cahen et fils, à Paris.
**Zwilling** (Charles-Robert). Maison Chevallier-Appert, à Paris.

#### Diplômes de Médaille de bronze.

**Goulie.** Société de Onaco, à Paris.
**Lahaye** (E.). Maison J. Maurice, à Paris.
**Lecina** (Manuel). Maison Louit frères et Cie, à Bordeaux.
**Matron** (Paul). Maison Griffon, Papillon et Cie, à Cholet.
**Miguet** (Alexandre). Maison Ch. Jovignot, à Paris.
**Moses** (Louis). Maison J. Maurice, à Paris.
**Raganeau** (Emile). Maison Louit frères et Cie, à Bordeaux.

#### Diplômes de Mention.

**Machet** (Auguste). Société des frigorifiques de Bordeaux, à Bordeaux.
**Marsault** (Prosper). Maison Griffon, Papillon et Cie, à Cholet.

### COOPÉRATEURS

#### Diplômes de Médaille de bronze.

**Adam** (Hyacinthe). Maison Pellier frères, Le Mans.
**Apesteguy** (Eugène). Société des établissements Duprat jeune et Durand, à Bordeaux.
**Audebert** (Georges). Société des établissements Duprat jeune et Durand, à Bordeaux.
**Candela** (Mme Manuela). Maison Georges Gilles, à Paris.
**Colbeau** (Pierre). Maison Jovignot, à Paris.
**Destrac** (Etienne). Société des établissements Duprat jeune et Durand, à Bordeaux.
**Devaud** (Joseph). Maison Griffon, Papillon et Cie, à Cholet.
**Garros** (Paul). Maison Louit frères et Cie, à Bordeaux.
**Gomez** (Jacinto). Maison Georges Gilles, à Paris.
**Gravier** (Pierre). Maison Pellier frères, Le Mans.
**Guillochin** (Mme Agnès). Maison Victor Houet, à Clichy.
**Huguet** (Victor). Maison Jules Cahen et fils, à Paris.
**Lajugie** (Mme Emile). Maison Flouch fils aîné, à Bordeaux.
**Laroche** (Jean). Maison Jules Cahen et fils, à Paris.
**Lenormand** (Guillaume). Maison Pellier frères, Le Mans.
**Lièvre** (Louis). Maison Victor Houet, à Clichy.
**Lygée** (Henri). Maison Griffon, Papillon et Cie, à Cholet.
**Ménard** (Mme Augustine). Maison Victor Houet, à Clichy.
**Meunier** (Emile). Maison Jules Cahen et fils, à Paris.
**Ostis** (Balthazar). Maison Pellier frères, Le Mans.
**Poissonnet** (Alexandre). Maison Griffon, Papillon et Cie, à Cholet.
**Pommier** (Joseph). Maison Jules Cahen et fils, à Paris.
**Raymond.** Maison Ch. Teyssonneau jeune, à Bordeaux.
**Thomas** (Alexandre). Maison Eugène Hottot, à Paris.
**Valouis** (Mme Marie). Maison Pellier frères, Le Mans.
**Voillard** (Eugène). Maison Eugène Hottot, à Paris.
**Wetterwald** (Edouard). Maison Eugène Hottot, à Paris.

#### Diplômes de Mention.

**Languille** (Désiré). Maison Chevallier-Appert, à Paris.
**Laurent** (Jean-Baptiste). Société anonyme des frigorifiques de Bordeaux, à Bordeaux.
**Raymond** (Eugène). Maison Jules Cahen et fils, à Paris.
**Triebel** (W.). Maison Carl Jorn, à Pantin.

CLASSE 59. — *Sucres et produits de la confiserie, condiments et stimulants.*

### Diplômes d'honneur.

**Coget** (André). Maison F. Béghin. à Thumeries.
**Dupuy** (Hyp.). Chocolat Lombart. à Pantin.
**Hourdeau** (Omer). Maison Émile Ternynck, à Chauny.
**Lecourieux** (Henri). Chocolat Lombart, à Paris.
**Lenne** (Gaston). Maison F. Béghin, à Thumeries.
**Miard** (E.). Maison Menier, à Paris.
**Orban** (J.). Maison Menier, à Paris.
**Pouet** (Ed.). Chocolat Lombart, à Paris.
**Radigois** (E.). Maison Menier, à Paris.

### Diplômes de Médaille d'or.

**Chanu** (Raoul). Maison Paul Tremblot, à Yvetot.
**Ciotta** (Jos.). Maison René Lavau. à Tunis.
**Delfarguiel** (Alban). Maison Eugène Maitre. à Billancourt.
**Duchesne**. Maison Pierre Vinay, à Ivry-sur-Seine.
**Foucart** (Raoul). Maison F. Béghin, à Thumeries.
**Noblet** (Maurice). Maison Eugène Maitre. à Billancourt.
**Parnite** (Edm.). Maison Émile Terninck. à Chauny.
**Petit** (Florentin). Maison Guérin-Boutron et fils. à Paris.
**Souverain** (Armand). Maison Picou et Cie. à Levallois-Perret.
**Villette** (Oscar). Maison F. Béghin. à Thumeries.

### Diplômes de Médaille d'argent.

**Brunel**. Maison Auguste Rouzaud. à Royat-les-Bains.
**Charlès** (Mme Marie). Maison Léon Nuidan. à Paris.
**Delahaye** (Louis). Maison F. Béghin. à Thumeries.
**Fouraignan**. Maison René Lavau. à Tunis.
**Neuhaus** (Fernand). Maison Paul Auger. à Clermont-Ferrand.
**Nuidan** (Hector). Maison Léon Nuidan. à Paris.
**Sourès** (Jos.). Maison René Lavau. à Tunis.

### COOPÉRATEURS

### Diplômes de Médaille de bronze.

**Becquet**. Maison F. Béghin. à Thumeries.
**Bosquette** (Gustave). Maison F. Béghin. à Thumeries.
**Brisacq** (Augustin). Maison F. Béghin, à Thumeries.
**Cohendy** (Jean). Maison Auguste Rouzaud, à Royat-les-Bains.

**Duchesne**. Maison Pierre Vinay. à Ivry-sur-Seine.
**Ganne** (Louis). Maison Paul Auger. à Clermont-Ferrand.
**Letard** (Mlle Marie). Maison Auguste Rouzaud. à Royat-les-Bains.
**Letessier** (Jules). Chocolat Lombart. à Paris.
**Marzac**. Maison Zacharie Genevay. à Tunis.
**Sourès** (Eugène). Maison René Lavau. à Tunis.

### Diplômes de Mention.

**Bera** (Antoine). Maison F. Béghin. à Thumeries.
**Cardona** (Paul). Maison René Lavau. à Tunis.
**Vial** (Adolphe). Maison Léon Nuidan. à Paris.

CLASSE 60. — *Vins et eaux-de-vie de vin.*

### COLLABORATEURS

### Diplômes d'honneur.

**Arrachart** (Félix). Maison H. Gouin, à Paris-Bercy.
**Baqué** (Félix). Maison J. Mauvigney, à Bordeaux.
**Belorgey** (Maurice). Maison les fils de C. Jacqueminot. à Savigny-les-Beaune.
**Berthouy** fils aîné (Pierre). Maison Jean Berthouy. à Marseillan.
**Bouchard** (Denis). Maison A. Brenot. à Savigny-les-Beaune.
**Boyer** (Eugène). Maison Rouyer. Guillet et Cie. à Saintes.
**Brana** (Adrien). Maison L. Delcous. à Charenton.
**Charles** (François). Maison Albert Sabot, à Paris.
**Colibert** (Charles). Syndicat national du commerce en gros des vins. cidres. spiritueux et liqueurs de France. à Paris.
**Dagens** (Jérôme). Maison Édouard Bardinet. à Sainte-Eulalie.
**Delis** (Joseph). Maison Gilon frères et fils. à Bordeaux.
**Gallois** (Paul). Maison Boué frères. à Paris.
**Grenier** fils (Alphonse). Maison Ferdinand Baudet. à Plassac.
**Grenier** père (Jules). Maison Ferdinand Baudet. à Plassac.
**Guillet** (Édouard). Groupement des individualités de la Chambre syndicale du commerce en gros des vins et spiritueux de Paris et du département de la Seine. à Paris.
**Heck**. Maison Colin et Bourisset, à Crèches.
**Juliard** (Adolphe). Maison M. Gourdault, à Paris-Bercy.

Lamblin (Léon). Maison Urbain Balitrand, à Poinchy.
Lefort (Édouard). Maison Léon Joninon, à Paris.
Mantoux (Frédéric). Maison H. Gouin, à Paris-Bercy.
Mérat (Alfred). Maison Albert Sabot, à Paris.
Modet (Julien). Maison Léon Lande-Lapelletrie, à Saint-Émilion.
Moine (François). Maison Charles Beaudet, à Beaune.
Mollaret (Joseph). Maison J. Dupré, à Auxerre.
Montel (Jean). Maison Colin frères et fils, à Bordeaux.
Morlotti (Fernand). Syndicat national du commerce en gros des vins, cidres, spiritueux et liqueurs de France, à Paris.
Olivier (Jean-Henri). Maison Ricard aîné, à Leognan.
Rambaud (Henri). Maison J. Fougerat, à Levallois-Perret.
Reinlinger (Edmond). Maison Cotillon et Cⁱᵉ, à Paris-Bercy.
Sabot (Georges). Maison Albert Sabot, à Paris.
Simpère (Charles). *Moniteur vinicole*, à Paris.
Villamaux (Henri). Syndicat national du commerce en gros des vins, cidres, spiritueux et liqueurs de France, à Paris.
Virot. Maison A. Guichard-Botheret, à Chalon-sur-Saône.
Vollot (Edmond). Maison A. Brenot, à Savigny-les-Beaune.
Vollot (Maurice). Maison P. Dumoulin aîné, à Savigny-les-Beaune.

### Diplômes de Médaille d'or.

Agut (Charles). Maison Bouchet, Joseph Mothe, à Vic-Fezensac.
Andraut (Adrien). Maison J. Mauvigney, à Bordeaux.
Astruc (Fernand). Maison Ch. Cazalet, à La Bastide-Bordeaux.
Bardet (Auguste). Maison Alex. Chataigner, à Joué-les-Tours.
Barrat (Charles). Maison Alex. Chataigner, à Joué-les-Tours.
Bazerolle (Denis). Maison Moingeon-Ropiteaux, à Savigny-les-Beaune.
Beucler (Alfred). Maison baron Thenard, à Paris.
Bézine (Edmond). Maison J. Dupré, à Auxerre.
Boucheron (Mᵐᵉ). Maison Moreau-Guénier, à Chablis.
Boucheron père (Ferdinand). Maison Moreau-Guénier, à Chablis.
Chiarmoth (C.). Maison Colin et Bourisset, à Crèches.
Convert (Anatole). Maison J. Fougerat, à Levallois-Perret.
Cubry (Pierre). Maison Augustin Joué, à Perpignan.

Damty (Jules). Maison Maurice Chapin (Maison Chapin et Cⁱᵉ), au château de Warrains, près Saumur.
Declin (Charles). Maison Alb. Trotin, à Paris.
Delteil (Eugène). Maison Joseph Bouchet-Mothe, à Vic-Fezensac.
Descouts (Mᵐᵉ Fernande). Maison Ar. Biney, à Paris-Bercy.
Dias (Édouard). Etablissements Richard et Muller, à Bordeaux.
Didier (Eugène). Maison Ch. Cazalet, à La Bastide-Bordeaux.
Doquin (Camille). Syndicat national du commerce en gros des vins, cidres, spiritueux et liqueurs de France, à Paris.
Douillard. Maison A. Guichard-Potheret, à Chalon-sur-Saône.
Ducroux (Claude). Maison Antonin Jourdan, à Fleurie.
Durrière. Maison Colin et Bourisset, à Crèches.
El Hadj Tamessaoudt Alb el Kader. Maison Alb. Trotin, à Paris.
Eyquard (Ferdinand). Maison Henri-Adolphe Charoulet, à Saint-Émilion.
Fabien (Joseph). Maison Nismes, J. Delelou et Cⁱᵉ, à Pont-de-Bordes.
Gérard (Maurice). Etablissements Richard et Muller, à Bordeaux.
Gobet (Jean). Maison Loury et Guiraud, à Paris.
Gouvenaux (Léon). Maison Louis de Bary, à Reims.
Guénard (Henri). Maison P. Dumoulin aîné, à Savigny-les-Beaune.
Héry (Pierre). Maison comte Charles de Maupassant, à Cellier.
Laboureau (J.-B.). Maison Léon Garraud, à Beaune.
Larreau (Pierre). Maison Gaston Leroy, à Ivry-Port.
Leconte (René). Syndicat du commerce en gros des vins et spiritueux de l'Oise, à Compiègne.
Lecuyer (Paul). Maison Cotillon et Cⁱᵉ, à Paris-Bercy.
Marchesseau (L.). Maison Fromy, Rogée et Cⁱᵉ, à Saint-Jean-d'Angely.
Maréchal (H.). Maison P. Saillard, à Paris.
Médeville (Joseph). Maison Médeville-Numa, à Cadillac.
Menet (Charles). Maison Maurice Houbron, à Lille.
Oudart (Prosper). Maison Louis de Bary, à Reims.
Palaysi (Julien). Syndicat national du commerce en gros des vins, cidres, spiritueux et liqueurs de France, à Paris.
Pams (François). Maison Pierre Pams, à Perpignan.
Parker (Marc). Maison E. Allean, à Paris.

**Perhamd**. Maison Fromy, Rogée et Cie, à Saint-Jean-d'Angely.

**Philippe** (Georges). Maison veuve Esther Rigaud, à Margaux.

**Pierson** (Alexandre). Maison Loury et Guiraud, Paris.

**Ponnelle-Leroy** (Claude). Maison Alfred Giraud et fils, à Paris.

**Pretelle** (Abel). Maison Cinto (héritiers), à Bordeaux.

**Quignard** (Arthur). Maison A. Brenot, à Savigny-les-Beaune.

**Rochefort** (Michel). Maison Morel frères et Saulou, à Charenton.

**Rousseau** (Lucien). Maison Henri Vitou, à Paris.

**Saintout** (Jean). Maison Philippe Castaing, à Moulis.

**Sauner** (Georges). Maison Colin frères et fils, à Bordeaux.

**Thierry** (Charles). Maison André Counot, à Souk-el-Khemes.

**Thomas** (Gabriel). Maison Ch. Cazalet, à La Bastide-Bordeaux.

**Vital** (Michel). Maison Henri de Lunaret, à Montpellier.

### Diplômes de Médaille d'argent.

**Abd el Kader Ould Rebib**. Maison Alb. Trotin, à Paris.

**Agnèse** (Constantin). Maison Grégoire Agnèse, à Tunis.

**Ambeau** (Mathurin). Maison Louis Ponthier, à Lignan.

**Arnaud** (N.). Maison Ew. Bennet, à Khanguet-el-Hadjadj.

**Aubaresey** (Ulysse). Maison Gaston Bouzanquet, à Vauvert.

**Bago** (André). Maison Maurice Crété et Cie, à Crété-ville.

**Bellefeau** (A.). Maison Fromy, Rogée et Cie, à Saint-Jean-d'Angely.

**Bergel** (Léon). Maison A. Brenot, à Savigny-les-Beaune.

**Bernom**. Maison Albert Cantegril, à Listrac.

**Bigé** (Julien). Maison Simpée, au Val-de-Mercy.

**Blanc** (Mathieu). Maison Francisque Dumas, à Villefranche-sur-Saône.

**Blancan** (Ulysse). Maison Fernand Gaubert, à Portets.

**Bokanga Mohamed Ould Aissa**. Maison Alb. Trotin, à Paris.

**Boué** (René). Maison Janneau et fils, à Condom.

**Boumier** (Pierre). Maison docteur Topart, à Angers.

**Branchereau** (Joseph). Maison Vavasseur, à Vouvray.

**Bretin** (Yvon). Comité international des vins, cidres, spiritueux et liqueurs, à Paris.

**Brunerie**. Maison comte de Mirard, à Bresse-sur-Grosne.

**Butôt** (Louis). Maison L. Jacquet et fils, à Libourne.

**Calamida** (Charles). Société anonyme du domaine de Mégrine.

**Cannard** (Jules). Maison M. Seguin, à Savigny-les-Beaune.

**Cassar** (Nicolao). Maison G. E. Licari, à Tunis.

**Cavalin** (Félix). Maison Maurice Crété et Cie, à Crété-ville.

**Chabbal** (Fernand). Maison F. Michel, à Montpellier.

**Chastaud** (Charles). Comité international des vins, cidres, spiritueux et liqueurs, à Paris.

**Chaumont** (Gaston). Maison J. Lafon et Cie, à Paris.

**Colas** (Raoul). Émile Karrer, à Saint-Denis (Seine).

**Comte** (Antonin). Maison Fabre, à Nîmes.

**Courtet** (Camille). Maison J. Dupré, à Auxerre.

**Cubry** (Mlle Marguerite). Maison Augustin Jouc, à Perpignan.

**Daurat** (Léopold). Maison Théodore Bellemer, à Macau.

**Debet**. Maison veuve Esther Rigaud, à Margaux.

**Descombes** (Michel). Chambre syndicale du commerce en gros des vins et spiritueux des arrondissements de Mâcon et Villefranche, à Belleville-sur-Saône.

**Devogel** (Émile). Maison Maurice Houbron, à Lille.

**Diligent** (Paul). Maison Édouard Prouvost, à M'Rira.

**Duclaud** (Pierre). Maison L.-A. Daniaud, à Césac.

**Duclaud** (Mme). Maison L.-A. Daniaud, à Césac.

**Esquerré** (Henri). Maison H. Gouin, à Paris-Bercy.

**Faure** (Jean). Maison Morel frères et Saulou, à Charenton.

**Faurie**. Maison veuve Dubourg, à Pomerol.

**Fédrier** (Augustin). Maison B. Solères, à Paris.

**Fillatreau** (G.). Maison Émile Landais (Maison Landais-Cathelineau), à Chacé.

**Floutier** (Alfred). Maison Gaston Bouzanquet, à Vauvert.

**Fouchard** (L.). Maison Émile Landais (Maison Landais-Cathelineau), à Chacé.

**Garangeat** (Albert). Syndicat national du commerce en gros des vins, cidres, spiritueux et liqueurs de France, à Paris.

**Garcin** (Victor). Société d'agriculture du Var, à Toulon.

**Garrobey** (Daniel). Maison A. de Mincy-Louys, à Saint-Julien-Beucheville.

**Gauthier**. Maison Émile Landais (Maison Landais-Cathelineau), à Chacé.

**Gœssens** (Franz). Maison Mercier et Cie, à Épernay.

Gouais (Léon), Maison Morel frères et Saulou, à Charenton.

Goudillot (Léon), Maison baron Thenard, à Paris.

Grondeau (E.), Maison Émile Landais (Maison Landais-Cathelineau), à Chacé.

Guichon, Société des domaines de Protville.

Guiraud (François), Maison Kœster et Cie, à Cette.

Hennecart (Arthur), Maison Maurice Fischel, à Tunis.

Jacoulot (Fernand), Maison V. Jacoulot, à Romanèche-
Thorins.

Lalande (Firmin), Maison Théodore Bellemer, à
Macau.

Laporte (Jean), Maison Francisque Dumas, à Villefranche-sur-Saône.

Lasserre (Jean-Ferdinand), Syndicat du commerce
en gros des vins et spiritueux de la Gironde, à
Bordeaux.

Laurent (J.-B.), Maison Mestrezat et Cie, à Bordeaux.

Leclerc (Émile), Maison P. Morache, à La Rochelle.

Lesvignes (Jean), Maison Henri Castaigna, à Quinsac.

Long (Pierre), Maison Léopold Bouchet, à Tunis.

Machet (Auguste), Maison Mestrezat et Cie, à Bordeaux.

Mahuet (Baptiste), Maison J. Pelletier, à Charenton.

Martinolle, Société coopérative de vinification et de
vente les Vignerons de la région de Lezignan,
à Lezignan.

Matray (Léon), Maison Marc Poncet, à Romanèche-
Thorins.

Mignot (Louis), Maison docteur Péraden, à Roche-
corbon.

Moniot (Jules), Maison Victor de Marisy, à Gevrey-
Chambertin.

Musey (Alfred), Maison Cotillon et Cie, à Paris-Bercy.

Mutin (Camille), Maison M. Seguin, à Savigny-les-
Beaune.

Nogues (Jacques), Maison Vilar et Sicre, à Perpignan.

Palmier (Maxime), Maison Janneau et fils, à Condom.

Paul (P.), Cave coopérative des vignerons de Maury,
à Maury.

Perraud (Julien), Maison Rignoux, à Surgères.

Perrier (Jean), Maison Georges Villeligoux, à Pauillac.

Pilotteau (Alexandre), Maison A. de Muicy-Lomys, à
Saint-Julien-Beuchevelle.

Pistre (Baptiste), Maison Louis-Pierre Lignières, à
Pilchérie.

Placide (Louis), Maison E. Robillard, à Commercy.

Pommerais (Mme), Maison Émile Landais (Maison
Landais-Cathelineau), à Chacé.

Priat (Albert), Maison Debaix frères, à Coulanges-la-
Vineuse.

Quenard (Jules), Maison Simonnet, à Chablis.

Rey (Paul), Maison Paul Lagarde, à Châtillon-en-
Diois.

Richard (René), Maison vicomte de Boissard, à
Saint-Germain-des-Prés.

Robin (Eugène), Maison Léon Garraud, à Beaune.

Robinson, Maison Fromy, Regée et Cie, à Saint-Jean-
d'Angely.

Roche (Marcel), Groupement des individualités de la
Chambre syndicale du commerce en gros des
vins et spiritueux de Paris et du département
de la Seine, à Paris.

Romagne (Gustave), Maison L. Jacquet et fils, à
Libourne.

Roualet (Ernest), Maison Gratien et Meyer, à Beau-
lieu-les-Saumur.

Rousseau (Maurice), Maison Albert Pic, à Chablis.

Roux (Pierre-Jacques), Syndicat du commerce en
gros des vins et spiritueux de la Gironde, à Bordeaux.

Saint-Sevin (Mme Marie), Maison F. et L. de Muret, à
Saint-Émilion.

Simonnot (Loisy), Maison Albert Pic, à Chablis.

Soulot, Maison Fabre, à Nimes.

Soustra, Maison C. Vacherot et E. Martin, à Maxula
Rades.

Tichané, Maison Janneau et fils, à Condom.

Tobaën (Eugène), Maison baron de Fontmagne, à
Castries.

Touron (J.), Maison Émile Landais (Maison Landais-
Cathelineau), à Chacé.

Tourrier (Marius), Maison F. Michel, à Montpellier.

Tremeau (Arthur), Maison Léon Garraud, à Beaune.

Truffot (Émile), Maison E. Robillard, à Commercy.

Turin (François), Syndicat national du commerce en
gros des vins, cidres, spiritueux et liqueurs de
France, à Paris.

Turpin (Charles), Maison comte Charles de Maupassant, à Cellier.

Vier (Claude), Maison Fabre, à Nimes.

Warmé (Émile), Maison veuve Ulysse Maurin, à
Narbonne.

## Diplômes de Médaille de bronze.

Baldarre (François), Maison Joseph Sisqueille, à
Rivesaltes.

Banaud, Maison baron Roger d'Anglejean, à Vergis-
sen, par Davayé.

Bellanger (Charles), Maison L. Jacquet et fils, à
Libourne.

**Billa** (Mutnel). Maison Georges Villeligoux, à Pauillac.

**Bories** (François). Cave coopérative des vignerons de Maury, à Maury.

**Bosch** (Alfred). Maison B. Solères, à Paris.

**Bouché** (Edgard). Maison L. Jacquet et fils, à Libourne.

**Boumot** (Adrien). Maison Pierre-Paul Lin-Millie, à Blaye.

**Brignaud** (Pierre). Maison Georges Villeligoux, à Pauillac.

**Caizergues**. Maison baronne de la Tournelle, Le Callar.

**Camo** (Martin). Maison Augustin Joué, à Perpignan.

**Carivenc** (Félix). Maison Charles Mazas, à Lavaur.

**Caron** (Raphaël). Maison Ch. Heidsieck, à Reims.

**Commingre** (Joseph). Maison Pierre Fournel, à Montferrier.

**Coudougnan** (Pierre). Maison F. Michel, à Montpellier.

**Couturié** (Louis). Maison Rignoux, à Surgères.

**Dalbeau** (Louis). Maison Paul Lorin, à Angers.

**Désiré** (M.). Maison Fromy Rogée et Cie, à Saint-Jean-d'Angely.

**Douat** (Jean). Maison Robert Martial et fils, à Margaux.

**Durou** (Jean). Maison Robin, à Villenave-de-Rions.

**Duvieilla** (Louis). Maison Ph. Audy père et fils, à Saint-Germain-du-Puch.

**Espeaux** (Léon). Maison Martin Joubert, à Saint-Savin-de-Blaye.

**Gerbaut**. Maison G. Clarenc, à Beaune.

**Gillard** (Gaston). Maison Joannès Loron, à Paris.

**Gilles-Deperrière** fils (André). Maison Gilles-Deperrière, à La Grange, par La Possonnière.

**Hervé** (Julien). Cave coopérative de Gaillac.

**Jacoulot** (Marcel). Maison V. Jacoulot, à Romanèche-Thorins.

**Lacaze** (Alcide). Maison Henri de Martin, à Narbonne.

**Lacaze** (Michel). Maison Henri de Martin, à Narbonne.

**Ladoux** (Antoine). Maison J. Lafon et Cie, à Paris.

**Laporte**. Société des domaines de Protville.

**Lefèvre** (Clovis). Maison Vavasseur, à Vouvray.

**Lesimple** (Alphonse). Maison Morel frères et Saulou, à Charenton.

**Marandat** (Marius). Maison Pierre Fournel, à Montferrier.

**Maubouché** (Auguste). Maison Morel frères et Saulou, à Charenton.

**Michel** (Abel). Maison veuve Esther Rigaud, à Margaux.

**Petitjean**. Maison Fromy, Rogée et Cie, à Saint-Jean-d'Angely.

**Pons** (Sébastien). Cave coopérative des vignerons de Maury, à Maury.

**Pratx** (Jean). Maison Pratx père et fils, à Maury.

**Puigsegur** (Jean). Maison Casimir Roche, à Rivesaltes.

**Retailleau** (Charles). Maison de Kerviler, à Angers.

**Rougeaud** (Mme Francisca). Maison Georges Villeligoux, à Pauillac.

**Sala** (Jacques). Maison Joseph Sisqueille, à Rivesaltes.

**Sartre** (G.). Maison Eugène Sauvy, à Perpignan.

**Scié** (Pierre). Maison Louis-Pierre Lignières, à Pilchérie.

**Tournier**. Maison Eugène Sauvy, à Perpignan.

**Videau** (Léonce). Maison Philippe Castaing, à Moulis.

**Vignier** (Albert). Maison Maurice Faydit, à Saint-Mérard.

**Villechenoux**. Maison J. Mauvigney, à Bordeaux.

### Diplôme de Mention.

**Chauvin** (Georges). Maison B. Solères, à Paris.

## COOPÉRATEURS

### Diplômes de Médaille de bronze.

**Avard** (G.). Maison Fromy, Rogée et Cie, à Saint-Jean-d'Angely.

**Bellegy** (Mme). Maison Fromy, Rogée et Cie, à Saint-Jean-d'Angely.

**Bizet** (André). Maison Ch. Cazalet, à La Bastide-Bordeaux.

**Bouché** (Abel). Maison L. Jacquet et fils, à Libourne.

**Bouin**. Maison J. Fougerat, à Levallois-Perret.

**Campistron** (Joseph). Maison Janneau et fils, à Condom.

**Chaigneau** (B.). Maison Fromy, Rogée et Cie, à Saint-Jean-d'Angely.

**Cornet** (Fernand). Maison Ch. Cazalet, à La Bastide-Bordeaux.

**Dulucq** (Émile). Maison Colin frères et fils, à Bordeaux.

**Faure** (Théodore). Établissements Richard et Muller, à Bordeaux.

**Favraud**. Maison J. Fougerat, à Levallois-Perret.

**Gergerès** (Georges). Maison Medeville-Numa, à Cadillac.

Gougaud (Mᵐᵉ). Maison Fromy, Rogée et Cⁱᵉ, à Saint-Jean-d'Angély.

Guichard. Maison J. Fougerat, à Levallois-Perret.

Hillairet (A.). Maison Fromy, Rogée et Cⁱᵉ, à Saint-Jean-d'Angély.

Lacoste (S.). Établissements Richard et Muller, à Bordeaux.

Levescot (A.). Maison Fromy, Rogée et Cⁱᵉ, à Saint-Jean-d'Angély.

Lugat (Delphin). Maison Janneau et fils, à Condom.

Marais. Maison J. Fougerat, à Levallois-Perret.

Marcon (Mᵐᵉ). Maison Fromy, Rogée et Cⁱᵉ, à Saint-Jean-d'Angély.

Monnier. Maison J. Fougerat, à Levallois-Perret.

Oustry. Cave coopérative de Gaillac.

Pascal (Pierre). Maison Koster et Cⁱᵉ, à Cette.

Pellegrin (Pierre). Maison Janneau et fils, à Condom.

Pillet (H.). Maison Fromy, Rogée et Cⁱᵉ, à Saint-Jean-d'Angély.

Pougnaud (Mᵐᵉ). Maison Fromy, Rogée et Cⁱᵉ, à Saint-Jean-d'Angély.

Schneider. Maison J. Fougerat, à Levallois-Perret.

Sicard (G.). Maison Fromy, Rogée et Cⁱᵉ, à Saint-Jean-d'Angély.

Tabza. Cave coopérative de Gaillac.

Talon. Maison J. Fougerat, à Levallois-Perret.

## Classe 61. — *Sirops et liqueurs, spiritueux divers, alcools d'industrie.*

### COLLABORATEURS

### Diplômes d'honneur.

Authier (Edmond). Société anonyme de la grande distillerie Cusenier, à Paris.

Cambon (Joseph). Maison Cazalis et Prats, à Cette.

Dunand (Raymond). Société anonyme de la grande distillerie Cusenier, à Paris.

Faynel (Jacques). Maison Francisque Bonnet, au Puy-en-Velay.

Laraud (Frédéric). Maison Dubonnet et Cⁱᵉ, à Paris.

Leduc (Charles). Maison Dubonnet et Cⁱᵉ, à Paris.

Liabeuf (Pierre). Maison Victor Pagès-Ribeyre, Le Puy.

Mary (Gaston). Maison Dubonnet et Cⁱᵉ, à Paris.

Maupaix (F.). Maison André Mandeix, Le Havre.

Platiet (Jacques). Maison Francisque Bonnet, au Puy-en-Velay.

Prevost (Paul). Maison Louis Debrise, à Paris.

Rieunier (Antoine). Maison Cazalis et Prats, à Cette.

Sauvage (Édouard). Maison F. Crémont-Mouquet, à Lille.

Toutain (Edmond). Maison André Mandeix, Le Havre.

Weill (Georges). Maison Mourre, Simon et L. Berlioux, à Marseille.

### Diplômes de Médaille d'or.

Amiot (Paul). Société anonyme de la grande distillerie Cusenier, à Paris.

Artus (Louis). Maison J. Aymard fils, à Lyon.

Chauvart (Joseph). Maison Louis Debrise, à Paris.

Ciotta (Joseph). Maison René Lavau, à Tunis.

Coulombu (René). Maison Louis Debrise, à Paris.

Dunard (Raymond). Société anonyme de la grande distillerie Cusenier, à Paris.

Ferrus. Maison Vivarès jeune, à Frontignan.

Giovesi (Louis). Maison Cazalis et Prats, à Cette.

Leclerc (Eugène). Maison Fremy fils, à Chalonnes-sur-Loire.

Schlecht (Joseph). Maison Louis Debrise, à Paris.

Souverain (Armand). Maison Picon et Cⁱᵉ, à Levallois.

Vaillard (François). Maison Dubonnet et Cⁱᵉ, à Paris.

### Diplômes de Médaille d'argent.

Fouraignan. Maison René Lavau, à Tunis.

Jourès (Joseph). Maison René Lavau, à Tunis.

Malige (André). Maison Vivarès jeune, à Frontignan.

Texier (Corentin). Société anonyme de la grande distillerie Cusenier, à Paris.

### COOPÉRATEURS

### Diplômes de Médaille de bronze.

Aubry (Léon). Maison Abel Bresson, à Fougerolles (Haute-Saône).

Bastard (Daniel). Maison Léopold Brugerolle, à Matha.

Bladbourg (de). Maison A. Coulon et Comère-Caille, à Bordeaux.

Bonche (Jean-Fr.). Maison P. Franc, à Monistrol-sur-Loire.

Bonfils. Maison Cazalis et Prats, à Cette.

Bonté (Mˡˡᵉ Jeanne). Maison Cointreau père et fils, à Angers.

Briançon (Constant). Maison Dubonnet et Cⁱᵉ, à Paris.

Cavet (Alexandre). Maison Dubonnet et Cⁱᵉ, à Paris.

Charmat (Pierre). Maison J.-P. Cherblanc, à Sainte-Foy-l'Argentière.

Douthaud (Gustave). Société anonyme de la grande distillerie Cusenier, à Paris.

**Duchemin** (Charles). Maison P.-M.-J. Pernier, à Fécamp.

**Duchet** (Aimé). Maison Abel Bresson, à Fougerolles (Haute-Saône).

**Gohet** (Eugène). Maison Louis Debrise, à Paris.

**Grimon** (Michel). Maison Dubonnet et Cⁱᵉ, à Paris.

**Gustin** (Frédéric). Maison Léopold Brugerolle, à Matha.

**Joly** (Louis). Maison Léonce Burgeat, à Saint-Dizier.

**Lamy** (Georges). Maison Louis Debrise, à Paris.

**L'Arvor** (Jean). Maison André Maudeix, Le Havre.

**Loiseau** (Victor). Maison Rossignol-Lefebvre fils, à Lille.

**Marconnet** (Jean). Maison Edmond Joanne, à Paris.

**Meslet** (Firmin). Maison Fremy fils, à Chalonnes-sur-Loire.

**Monnier** (Henri). Maison Rossignol-Lefebvre fils, à Lille.

**Oudot** (Georges). Maison Edmond Joanne, à Paris.

**Paymal** (Henri). Maison Léonce Burgeat, à Saint-Dizier.

**Péchalat** (Gustave). Maison les fils de P. Bardinet, à Bordeaux.

**Perruche** (Édouard). Société anonyme de la grande distillerie Cusenier, à Paris.

**Servais** (Eugène). Maison Cazalis et Prats, à Cette.

**Souquet** (Charles). Maison A. Coulon et Comère-Caille, à Bordeaux.

**Uteau** (Frédéric). Maison les fils de P. Bardinet, à Bordeaux.

**Van de Wæl** (Mˡˡᵉ Yvonne). Maison Cointreau père et fils, à Angers.

**Voute** (J.-M.). Maison Dubonnet et Cⁱᵉ, à Paris.

### Diplômes de Mention.

**Biscop** (Théoph.). Ph. Richard successeur d'Émile Schmidt, à Chambéry.

**Bosch** (Alfred). Maison Solères, à Paris.

**Chauvin** (Georges). Maison Solères, à Paris.

**Février** (Auguste). Maison Solères, à Paris.

**Parron.** Maison A. Coulon et Comère-Caille, à Bordeaux.

## CLASSE 62. — *Boissons diverses.*

### COLLABORATEURS

### Diplôme d'honneur.

**Daniel** (Simon). Maison Émile Lemonnier, à Beuzeville.

### Diplômes de Médaille d'or.

**Abraham** (Ernest). Brasserie Tourtel, à Tantonville.

**Beis** (Martial). Brasserie de l'Espérance (Alfred Schmidt), à Ivry-Port (Seine).

**Biedermann** (Louis). Maison Karcher et Cⁱᵉ, à Paris.

**Carlier** (Émile). Brasserie Charles Clerquin-Remy, à Onnaing.

**Corbisier** (Raphaël). Société anonyme de la nouvelle brasserie, à Savigny-sur-Orge.

**Deffay** (Claude). Maison Geslin, Manuel et Martin, à Paris.

**Dillon** (Émile). Grandes brasseries de Maxéville, à Maxéville.

**Guillaumot.** Brasserie alsacienne, Le Havre.

**Hétier** (Adrien). Maison G. Pain et E. Lecocq, à Caen.

**Jeanin** (Étienne). Grande brasserie *la Nouvelle Gallia*, à Paris.

**Lefrançois** (Georges). Maison Adolphe Guilbert, à Saint-Philbert-des-Champs.

**Mormentyn** (Édouard). Grande brasserie de l'Ouest (G. Billet et Cⁱᵉ), Le Havre.

**Reinhard** (Charles). Brasseries de la Meuse, à Paris.

**Richard** (Louis). Brasserie de l'Espérance (Alfred Schmidt), à Ivry-Port.

**Roger** (Henri). Maison Butruille et Cⁱᵉ, à Douai.

**Rollier** (Félix). Maison Dumesnil frères, à Paris.

**Trimbach** (Fritz). Grandes brasseries de Maxéville, à Maxéville.

**Vesseaux** (Pierre). Brasserie Jenné, à Sochaux.

**Viellard** (Gaston). Brasserie Masse-Meurice, à Lille.

### Diplômes de Médaille d'argent.

**Barthélémy** (Louis). Maison Heimerdinger et Lurck, à Arcueil.

**Donay** (Henri). Maison Cartegnie frères, à Solesmes (Nord).

**Georges** (Marie). Grande brasserie de l'Ouest (G. Billet et Cⁱᵉ), Le Havre.

**Grob.** Brasserie alsacienne, Le Havre.

**Guinepain** (Georges). Société anonyme de la brasserie de la cour royale, à Versailles.

**Leblanc** (Henri). Maison Karcher, à Paris.

**Lefèvre** (Désiré). Maison Octave Aupée, à Falaise.

**Mannenhent** (Louis). Maison Frédéric-Louis Turquet, à Pontaubault.

**Morin** (Albert). Maison Boudin et Bourné, à Lisieux.

**Plouviez** (Henri). Maison Doutremepuich frères, à Arras.

Ponsin (Auguste), Société anonyme des grandes brasseries et malteries de Champigneulles, à Champigneulles.
Sanglier (Émile), Maison Dumesnil frères, à Paris.

### Diplômes de Médaille de bronze.

Bastiaen (Julien), Maison Gouyion et Cie, à Fuzin.
Beaudoin (Émile), Maison Émile Lemonnier, à Beuzeville.
Durand (Louis), Maison Henri Trinquet, à Hérin.
Georget (Henri), Maison Delfosse frères, à Soissons.
Hersan (Gabriel), Maison Octave Aupée, à Falaise.
Jolinet (Léon), Maison Henri-Philippe Gaillard, à Danvou, par Saint-Jean-le-Blanc.
Milcent (Vital), Maison A. Després, à Rugle.
Pamart (Albert), Maison Cartegnie frères, à Solesmes (Nord).
Vaast (Raphaël), Maison M. Chiris-Delaporte, à Solesmes.

### Diplômes de Mention.

Chuat (Michel), Maison H. Le Bigot-Ruault et fils, à Mantilly.
Crésot (Gaston), Maison Em. Lemonnier, à Beuzeville.
Domien (Émile), Maison Aubry-Beaudoin, à Bonneval.

### COOPÉRATEURS
### Diplômes de Médaille de bronze.

Aubourg. Brasserie alsacienne, Le Havre.
Bonjut. Maison Petit frères, à Rochefort-sur-Mer.
Brice (Victor), Société anonyme des nouvelles brasseries, à Savigny-sur-Orge.
Delfosse (Norbert), Brasserie de l'Espérance (Alfred Schmidt), à Ivry-Port.
Derymacker (Léon), Société anonyme des nouvelles brasseries, à Savigny-sur-Orge.
Eglez (J.), Brasserie et malterie du Fort-Carré (M.-P. Diemer, à Saint-Didier.
Ehrenzeller (Paul), Maison Dumesnil frères, à Paris.
Frédéric (Paul), Brasseries de la Meuse, à Paris.
Hermann (Jacques), Maison Heimerdinger et Lurck, à Arcueil.
Hubert (Armand), Brasserie de l'Éclair, à Châteaudun (Eure-et-Loir).
Lecerf (Émile), Société anonyme des grandes brasseries et malteries de Champigneulles, à Champigneulles.

Leitz (J.), Brasserie et malterie du Fort-Carré (M. P. Diemer), à Saint-Dizier.
Levasseur. Brasserie alsacienne, Le Havre.
Machi (Alois), Maison Jean Gaillard, à Vienne.
Mahien (Oscar), Maison Edmond Steurs, à Givry.
Marzolff (Émile). Brasserie Tourtel, à Tantonville.
Masson (François), Maison Doutremepuich frères, à Arras.
Menager (E.), Brasserie de l'Espérance (Alfred Schmidt), à Ivry-Port.
Pagerie (Pierre), Société anonyme de la brasserie de la cour royale, à Versailles.
Pailhous (Jules), Maison Léopold Flad, à Albi.
Pegniez (Alfred), Maison Butruille et Cie, à Douai.
Perroche. Maison Petit frères, à Rochefort-sur-Mer.
Poirson. Grandes brasseries de Maxéville, à Maxéville.
Rothfritsch (Michel), Maison François Janjou, à Nîmes.
Rubbe (Henri), Maison Butruille et Cie, à Douai.
Soly (Joseph), Maison S.-C. Radisson, à Caluire-et-Cuire.
Steinmetz (Georges), Grande brasserie *la Nouvelle Gallia*, à Paris.
Stoll (René), Grande brasserie *la Nouvelle Gallia*, à Paris.
Sulc (Frédéric), Société anonyme de la brasserie de la cour royale, à Versailles.
Thonvenot (Joseph), Société anonyme des grandes brasseries et malteries de Champigneulles, à Champigneulles.
Vandaele (G.), Maison Masse-Meurisse, à Lille.
Weber (Jean), Maison Dumesnil frères, à Paris.

## GROUPE XI
## Mines. Métallurgie.

CLASSE 63. — *Exploitation des mines, minières et carrières.*

### COLLABORATEURS
### Diplômes d'honneur.

Bès de Berc. Service technique des carrières de la Seine, à Paris.
Bousquet (du). Société des mines de Lens, à Lens.
Bresson (L.), Compagnie des mines de Vicoigne et de Nœux, à Nœux-les-Mines.
Buisson (Dr). Compagnie des mines d'Aniche, à Aniche.

**Cauville.** Comité des houillères de France, à Paris.

**Clavelly** (Victor). Société anonyme des aciéries de France, à Paris.

**Conte** (Jules). Compagnie des mines de Bruay, à Bruay.

**Cuvelette** (Émile). Société des mines de Lens, à Lens.

**Fougerolles.** Société des mines de Lens, à Lens.

**Kopp** (Maurice). Société des mines de Dourges, à Hénin-Liétard.

**Malatray** (Antoine). Compagnie des mines de Béthune à Bully-les-Mines.

**Mercier.** Comité des forges et mines de fer de Meurthe-et-Moselle, à Nancy.

**Pirkhner** (Émile). Compagnie des mines de Béthune, à Bully-les-Mines.

**Robinet** (E.). Compagnie des mines de Vicoigne et de Nœux, à Nœux-les-Mines.

**Tannery.** Comité des forges et mines de fer de Meurthe-et-Moselle, à Nancy.

**Verney** (H.). Société des mines de Lens, à Lens.

**Verney** (Henri). Société de l'industrie minérale, à Saint-Étienne.

**Villet** (Adolphe). Chambre des houillères du Nord et du Pas-de-Calais, à Douai.

**Virely** (Paul). Compagnie des mines d'Aniche, à Aniche.

### Diplômes de Médaille d'or.

**Auzon** (Raoul d'). Compagnie des mines de Drocourt, à Hénin-Liétard.

**Berthelemy** (Gaston). Société des mines de Dourges, à Hénin-Liétard.

**Bertrand** (Paul). Chambre des houillères du Nord et du Pas-de-Calais, à Douai.

**Breton** (Gaston). Société des mines de Lens, à Lens.

**Cabassut** (Émile). Compagnie des mines d'Aniche, à Aniche.

**Callet** (Joseph). Compagnie française des mines de Bor, à Paris.

**Charles** (Arthur). Chambre des houillères du Nord et du Pas-de-Calais, à Douai.

**Dalmais** (Jean). Compagnie des mines d'Aniche, à Aniche.

**Desportes de la Fosse.** Chambre syndicale des mines de fer de France, à Paris.

**Didier** (Léon). Compagnie des mines de Bruay, à Bruay.

**Dupont** (Charles). Compagnie des mines d'Aniche, à Aniche.

**Fenzy** (E.). Station d'essais de Liévin, à Liévin.

**Foucart** (Charles). Chambre des houillères du Nord et du Pas-de-Calais, à Douai.

**Gerards** (E.-C.). Service technique des carrières de la Seine, à Paris.

**Greland** (Louis). Compagnie du Boléo, à Paris.

**Guillemot.** Chambre syndicale française des mines métalliques, à Paris.

**Jourdan** (C.). Compagnie des mines de Vicoigne et de Nœux, à Nœux-les-Mines.

**Lavie** (Henri). Compagnie des mines d'Ouasta et de Mesloula, à Paris.

**Lecul** (Fulgence). Société des mines de Lens, à Lens.

**Le Floch.** Station d'essais de Liévin, à Liévin.

**Méplain.** Comité central des houillères de France, à Paris.

**Munier** (A.). Compagnie des mines de Vicoigne et de Nœux, à Nœux-les-Mines.

**Orieulx de la Porte.** Compagnie des mines de Vicoigne et de Nœux, à Nœux-les-Mines.

**Peiffert** (Firmin). Société des mines de Lens, à Lens.

**Petiet** (Émile). Société anonyme des aciéries de France, à Paris.

**Place** (Étienne de). Société des mines de Lens, à Lens.

**Poteau** (Paul). Compagnie des mines d'Aniche, à Aniche.

**Raynal.** Société anonyme des aciéries de Micheville, à Micheville.

**Risbourg.** Société anonyme des aciéries de Micheville, à Micheville.

**Sohm** (Charles). Compagnie des mines de Bruay, à Bruay.

**Thornes** (Charles). Maison Jules Munier et Cⁱᵉ, à Frouard-Nancy-Longwy.

**Vallet** (Émile-J.). Service technique des carrières de la Seine, à Paris.

**Verrier** (Simon). Société des mines de Lens, à Lens.

### Diplômes de Médaille d'argent.

**Allemand** (G.). Société des mines d'or du Chatelet, à Paris.

**Bardon.** Comité central des houillères de France, à Paris.

**Bayle** (Hilaire). Société nouvelle des mines de La Lucette, à Paris.

**Berthelot** (Ch.). Société lorraine de carbonisation, à Auby.

**Bonhomme.** Société anonyme des aciéries de Micheville, à Micheville.

**Boudin.** P. J. Maison Jules-Munier et C⁴, à Frouard-Nancy-Longwy.

**Chotiez** (Georges). Société des mines de Dourges, à Hénin-Liétard.

**Collignon.** Chambre syndicale des mines de fer de France, à Paris.

**Dardès** (Adolphe). Compagnie française des mines de Bor, à Paris.

**Demont** (René). Compagnie des mines d'Ostricourt, à Oignies.

**Descours** (Joseph). Compagnie des mines de Drocourt, à Hénin-Liétard.

**Goguet** (Henri). Compagnie des mines de Bruay, Bruay.

**Grand** (Ernest). Société anonyme des aciéries de France, à Paris.

**Grimaud** (A.). Compagnie des mines d'Aniche, à Aniche.

**Hurez** (Eugène). Compagnie des mines d'Aniche, à Aniche.

**Jean.** Comité des forges et mines de fer de Meurthe-et-Moselle, à Nancy.

**Lafont.** Comité des houillères de la Loire, à Saint-Étienne.

**Laporte** (Marcel). Société anonyme des aciéries de France, à Paris.

**Lebrun** (R.). Compagnie des mines de Vicoigne et de Nœux, à Nœux-les-Mines.

**Leroux** (Ernest). Société des mines de Lens, à Lens.

**Lesplingard.** Société lorraine de carbonisation, à Auby.

**Magniez.** Société anonyme des aciéries de Micheville, à Micheville.

**Montaigne** (Gustave). Société des mines de Lens, à Lens.

**Montaigne** (Louis). Chambre des houillères du Nord et du Pas-de-Calais, à Douai.

**Nebinger** (J.). *La Revue noire*, à Lille.

**Perrin** (P.). Station d'essais de Liévin, à Liévin.

**Perrond.** Chambre syndicale française des mines métalliques, à Paris.

**Pruvost** (Pierre). Chambre des houillères du Nord et du Pas-de-Calais, à Douai.

**Richer** (Lucien). Société anonyme des aciéries de France, à Paris.

**Rousset** (Pierre). Société anonyme des aciéries de France, à Paris.

**Saffrey** (A.). Société nouvelle des mines de La Lucette, à Paris.

**Salamon** (E.). Société des mines de Soumont, à Paris.

**Sauvet** Jules. Compagnie des mines d'Aniche, à Aniche.

**Werquin** (H.). Société des mines de Dourges, à Hénin-Liétard.

### Diplômes de Médaille de bronze.

**Caruel** (Georges). Compagnie des mines de Bruay, à Bruay.

**Chevauche.** Société anonyme des mines d'or du Chatelet, à Paris.

**Citerne** (A.-C.). Service technique des carrières de la Seine, à Paris.

**Deligne** (Ed.). Société anonyme des mines d'or du Chatelet, à Paris.

**Dubois** (Albert). Société des mines de Lens, à Lens.

**Germié** (François). Société nouvelle des mines de La Lucette, à Paris.

**Long.** Société anonyme des mines d'or du Chatelet, à Paris.

**Pentel** (Abel). Compagnie des mines de Bruay, à Bruay.

**Wattier** (Edmond). Société des mines de Lens, à Lens.

### Diplômes de Mention.

**Carrière** (Paul). Société des mines de Lens, à Lens.

**Danel** (Maurice). Société des mines de Lens, à Lens.

**Deligny** (Émile). Société des mines de Lens, à Lens.

**Fresneau** (Paul). Société des mines de Lens, à Lens.

## COOPÉRATEURS

### Diplômes de Médaille de bronze.

**Altaserre** (Louis). Société anonyme des aciéries de France, à Paris.

**Costérisant.** Société des mines de Soumont, à Paris.

**Guérard** (Louis). Maison Jules-Munier et C⁴, à Frouard-Nancy-Longwy.

**Labitte** (Paul). Compagnie des mines de Drocourt, à Hénin-Liétard.

**Lagarrigue** (A.). Société anonyme des aciéries de France, à Paris.

**Miguel** (Marcellin). Société anonyme des aciéries de France, à Paris.

## CLASSE 64. — *Grosse métallurgie. Electro-métallurgie et industries électrochimiques.*

## COLLABORATEURS

### Diplômes d'honneur.

**Arnould** (Victor). Société électro-métallurgique française, à Froges.

**Bajard.** Établissements Arbel, à Paris.

**Bonnaud** (A.). Organisation de la classe.

**Chatel** (Louis). Compagnie française du bi-métal. à Paris.

**Debas**. Société des carbures métalliques. à Paris.

**Desouche** (Jules). Société des aciéries de Longwy. à Mont-Saint-Martin.

**Divary** (Édouard). Société métallurgique de Pont-à-Vendin, à Wingles.

**Dreux** (Édouard). Société des aciéries de Longwy, à Mont-Saint-Martin.

**Dubruel** (P.-W.). Organisation de la classe.

**Frilley** (Maxime). Société des aciéries de Longwy. à Mont-Saint-Martin.

**Grelaud** (Louis). Compagnie du Boléo. à Paris.

**Guénivet** (Alfred). Société électro-métallurgique française. à Froges.

**Guise** (François). Société d'électro-chimie. à Paris.

**Hugon**. Compagnie des forges et aciéries de la marine et d'Homécourt. à Paris.

**Kirmann** (Georges). Compagnie des forges et aciéries de la marine et d'Homécourt. à Paris.

**Labriolle** (de). Comptoir d'exportation des produits métallurgiques. à Paris.

**Lesur**. Comité des forges de France. à Paris.

**Lhonneur** (Louis). Maison Ed. Delattre et Cie. à Ferrière-la-Grande.

**Pernot** (Eugène). Compagnie des forges et aciéries de la marine et d'Homécourt. à Paris.

**Perrin**. Chambre syndicale des forces hydrauliques. de l'électro-métallurgie, de l'électro-chimie et des industries qui s'y rattachent. à Paris.

**Perruchot** (François). Maison Le Soufaché et Félix. à Paris.

**Petithuguenin** (Henri). Société d'électro-chimie. à Paris.

**Piélin**. Société de Commentry. Fourchambault et Decazeville. à Paris.

**Pillon**. Établissements Arbel. à Paris.

**Ramas** (Émile). Société française métallurgique (procédés Grillin), à Paris.

**Reuter** (Edmond). Société des aciéries de Longwy, à Mont-Saint-Martin.

**Robert** (Eugène). Société anonyme des aciéries de Micheville, à Micheville, par Villerupt.

**Roland** (Gonzalès). Société anonyme des aciéries de France, à Paris.

**Sépulchre** (Joseph). Société des hauts fourneaux de Maxéville, à Maxéville.

**Toussaint** (Paul). Société électro-métallurgique française, à Froges.

**Tribot-Laspiere**. Chambre syndicale des forces hydrauliques. de l'électro-métallurgie, de l'électrochimie et des industries qui s'y rattachent. à Paris.

**Trillon**. Société électro-chimique du Giffre. à Saint-Jeoire.

### Diplômes de Médaille d'or.

**Arbel** (Lucien). Établissements Arbel. à Paris.

**Baudin** (Louis). Société des forces motrices et usines de l'Arve. à Paris.

**Berg** (Sigvard). Société métallurgique de Pont-à-Vendin. à Wingles.

**Berrod**. Société de Commentry. Fourchambault et Decazeville, à Paris.

**Biclet** (Joseph). Société des produits électro-chimiques et métallurgiques des Pyrénées. à Paris.

**Binnert** (Julien). Maison Ed. Delattre et Cie. à Ferrière-la-Grande.

**Bornand** (Ernest). Société électro-chimique du Giffre. à Saint-Jeoire.

**Botrel**. Société anonyme des aciéries de France. à Paris.

**Bourgeois** (Émile). Compagnie des forges et aciéries de la marine et d'Homécourt, à Paris.

**Cerclet** (Marius). Société française métallurgique (procédés Grillin). à Paris.

**Chalon** (Joseph). Compagnie des forges et aciéries de la marine et d'Homécourt. à Paris.

**Charnacé** (de). Comité des forges de France. à Paris.

**Chatel** (Pierre). Société des hauts fourneaux de Maxéville. à Maxéville.

**Chaude** (Paul-Émile). Maison Ch.-M. Stein et Cie. à Paris.

**Chaumet** (Louis). Société d'électro-chimie. à Paris.

**Coindet** (Alfred). Établissements Arbel. à Paris.

**Collin** (Arthur). Société métallurgique de Pont-à-Vendin. à Wingles.

**Coureur** (Pierre). Société anonyme des aciéries de Micheville. à Micheville, par Villerupt.

**Delay** (François). Compagnie des forges et aciéries de la marine et d'Homécourt. à Paris.

**Detanger**. Compagnie des forges et aciéries de la marine et d'Homécourt. à Paris.

**Gallonnier** (Augustin). Établissements Arbel. à Paris.

**Goujon** (J.-M.). Compagnie des forges et aciéries de la marine et d'Homécourt. à Paris.

**Guérard** (Charles-Paul). Maison Jules Munier et Cie. à Frouard-Nancy-Longwy.

**Guillot** (Alphonse). Société des aciéries de Longwy à Mont-Saint-Martin.

Haniu (Georges). Société *l'Aluminium français*, à Paris.

Henaut (Ferdinand de). Société des forces motrices et usines de l'Arve, à Paris.

Joie (Louis). Société métallurgique de Pont-à-Vendin, à Wingles.

Lacombe (Pol). Société d'électro-métallurgie de Dives, à Paris.

Laroche (Félix). Société des produits chimiques et métallurgiques des Pyrénées, à Paris.

Louinet (Joannès). Compagnie des forges et aciéries de la marine et d'Homécourt, à Paris.

Maillard (Louis). Compagnie des forges et aciéries Paul Girod, à Ugine.

Many (René). Société métallurgique de Pont-à-Vendin, à Wingles.

Marthoud (Mathieu). Compagnie des forges et aciéries de la marine et d'Homécourt, à Paris.

Martinès (Gaston). Compagnie universelle d'acétylène et d'électro-métallurgie, à Paris.

Meeüs (de). Société métallurgique de Montbard-Aulnoye, à Paris.

Mercier. Compagnie des forges et aciéries de la marine et d'Homécourt, à Paris.

Pelkès. Compagnie des forges et aciéries de la marine et d'Homécourt, à Paris.

Pommier. Compagnie des forges et aciéries de la marine et d'Homécourt, à Paris.

Richarme (Émile). Société métallurgique de Pont-à-Vendin, à Wingles.

Rosicki. Compagnie des forges et aciéries de la marine et d'Homécourt, à Paris.

Royal (Sévère). Maison Ed. Delattre et C^ie, à Ferrière-la-Grande.

Tallerie (Lucien). Société d'électro-métallurgie de Dives, à Paris.

Tranchart (André). Société anonyme des aciéries de Micheville, à Micheville, par Villerupt.

Traversaz. Société des carbures métalliques, à Paris.

Sabouret. Compagnie des forges et aciéries de la marine et d'Homécourt, à Paris.

Sejournet (Jean). Société *l'Aluminium français*, à Paris.

Urbain (Armand). Maison Ed. Delattre et C^ie, à Ferrière-la-Grande.

Van Achte (Gustave). Société française pour la fabrication des tubes, à Louvroil.

Vanney (Henri). Compagnie des forges et aciéries de la marine et d'Homécourt, à Paris.

Verdière (de). Compagnie des forges et aciéries de la marine et d'Homécourt, à Paris.

Verrier (Maurice). Société des aciéries de Longwy, à Mont-Saint-Martin.

Villeneuve (Georges). Établissements Arbel, à Paris.

Wittemberg (Alexandre). Maison Ed. Delattre et C^ie, à Ferrière-la-Grande.

## Diplômes de Médaille d'argent.

Allier (Louis). Établissements Arbel, à Paris.

Assier. Société des carbures métalliques, à Paris.

Bachmann (Alexandre). Société électro-métallurgique Paul Girod, à Ugines.

Baume (Alphonse). Maison Ed. Delattre et C^ie, à Ferrière-la-Grande.

Belliot (Julien). Société électro-métallurgique française, à Froges.

Biarne (Émile). Société d'électro-chimie, à Paris.

Bich. Société de Commentry, Fourchambault et Decazeville, à Paris.

Blondeau (Claudius). Maison Brunon et Valette, à Rive-de-Gier.

Bonche (Jean). Compagnie des forges et aciéries de la marine et d'Homécourt, à Paris.

Bonnerot (Adolphe). Compagnie des forges et aciéries de la marine et d'Homécourt, à Paris.

Boudin (Jules-Théophile). Maison Jules Munier et C^ie, à Frouard-Nancy-Longwy.

Bouffard (Henri). Société des établissements Keller-Leleux, à Paris.

Bouloin. Compagnie des forges et aciéries de la marine et d'Homécourt, à Paris.

Bouvard (Charles). Maison Ch.-M. Stein et C^ie, à Paris.

Brassart (Émile). Établissements Arbel, à Paris.

Brossier (Joseph). Compagnie des forges et aciéries de la marine et d'Homécourt, à Paris.

Caillot (Auguste). Établissements Arbel, à Paris.

Caucal. Comité des forges et mines de fer de Meurthe-et-Moselle, à Nancy.

Chauré (Gustave). Société d'électro-métallurgie de Dives, à Paris.

Chavanne (Antoine). Compagnie des forges et aciéries de la marine et d'Homécourt, à Paris.

Chenu (Adrien). Compagnie des forges et aciéries de la marine et d'Homécourt, à Paris.

Chevenard. Société de Commentry, Fourchambault et Decazeville, à Paris.

Cinille (Henri). Établissements Arbel, à Paris.

Courtecuisse. Compagnie des forges et aciéries de la marine et d'Homécourt, à Paris.

Curé (Albert). Société des aciéries de Longwy, à Mont-Saint-Martin.

**Deboher**. Société de Commentry. Fourchambault et
Decazeville, à Paris.

**Duffosset**. Société des aciéries de Longwy, à Mont-
Saint-Martin.

**Dupont** (Gérard). Société pour la fabrication des
cylindres de laminoirs, à Frouard.

**Foch** (Joseph). Société des produits électro-chimiques
et métallurgiques des Pyrénées, à Paris.

**Franck** (Martin). Société française pour la fabrication des tubes, à Louvroil.

**Fundt** (Théodore). Société des aciéries de Longwy, à
Mont-Saint-Martin.

**Gaudot** (Maurice). Société des établissements Keller-
Leleux, à Paris.

**Ghys**. Compagnie des forges et aciéries de la marine
et d'Homécourt, à Paris.

**Gilardin** (Émile). Société des aciéries de Longwy, à
Mont-Saint-Martin.

**Gottreau (de)**. Compagnie universelle d'acétylène et
d'électro-métallurgie, à Paris.

**Hannequart** (Albert). Maison Ed. Delattre et Cie, à
Ferrière-la-Grande.

**Honsel**. Société de Commentry. Fourchambault et
Decazeville, à Paris.

**Huss** (J.-B.). Compagnie des forges et aciéries de la
marine et d'Homécourt, à Paris.

**Lagardette** (Paul). Maison Le Soufaché et Félix, à
Paris.

**Lantz**. Compagnie des forges et aciéries de la marine
et d'Homécourt, à Paris.

**Latour** (Joseph). Société des aciéries de Longwy, à
Mont-Saint-Martin.

**Lesage** (Gabriel). Société d'électro-chimie, à Paris.

**Lestras** (Charles). Comptoir métallurgique de Longwy
et comptoir d'exportation des fontes de Meurthe-
et-Moselle, à Longwy.

**Letourneur**. Comité des forges de France, à Paris.

**Mahieu** (Camille). Société des aciéries de Longwy, à
Mont-Saint-Martin.

**Mioque** (Émile). Société d'électro-métallurgie de
Dives, à Paris.

**Montméat** (Claude). Maison Brunon et Valette, à
Rive-de-Gier.

**Moulin** (Marius). Établissements Arbel, à Paris.

**Pasquin**. Société électro-chimique de Giffre, à Saint-
Jeoire.

**Payerne** (Daniel). Société électro-métallurgique française, à Froges.

**Peraldo** (Joseph). Société électro-métallurgique française, à Froges.

**Poirson**. Société des carbures métalliques, à Paris.

**Pubellier** (Marcel). Société d'électro-métallurgie de
Dives, à Paris.

**Querillac** (Fernand). Maison Le Soufaché et Félix, à
Paris.

**Rambaud** (Jean). Compagnie des forges et aciéries
de la marine et d'Homécourt, à Paris.

**Richard** (Claude). Compagnie des forges et aciéries
de la marine et d'Homécourt, à Paris.

**Rival**. Compagnie des forges et aciéries de la marine
et d'Homécourt, à Paris.

**Romain**. Société de Commentry. Fourchambault et
Decazeville, à Paris.

**Rozier** (Anatole). Société des aciéries de Longwy, à
Mont-Saint-Martin.

**Styczynski** (Henri de). Compagnie des forges et aciéries Paul Girod, à Ugine.

**Théate** (Alphonse). Société des aciéries de Longwy,
à Mont-Saint-Martin.

**Thomas** (Achille). Établissements Arbel, à Paris.

**Thuriot** (J.-P.). Compagnie des forges et aciéries de
la marine et d'Homécourt, à Paris.

### Diplômes de Médaille de bronze.

**André** (Georges). Société des établissements Keller-
Leleux, à Paris.

**Choisel** (Paul). Maison Gustave Thuillier, à Lon-
guyon.

**Cordier** (Paul). Société des hauts fourneaux de Maxéville, à Maxéville.

**Mangeot** (Modeste). Maison Gustave Thuillier, à Lon-
guyon.

**Vandenbergh** (Jean). Société des aciéries de Longwy,
à Mont-Saint-Martin.

## COOPÉRATEURS

### Diplômes de Médaille de bronze.

**Andrivot** (Louis). Maison Ch.-M. Stein et Cie, à Paris.

**Bard** (Théophile). Société des aciéries de Longwy, à
Mont-Saint-Martin.

**Bardin**. Société de Commentry. Fourchambault et
Decazeville, à Paris.

**Berand** (Célestin). Société électro-métallurgique
française, à Froges.

**Berard** (Boniface). Société électro-métallurgique
française, à Froges.

**Berdal** (Alexandre). Société française pour la fabrication des tubes, à Louvroil.

Bertone (Pierre). Société électro-métallurgique française, à Froges.

Biancotto (Joseph). Société électro-métallurgique française, à Froges.

Biche (Adrien). Société française métallurgique (procédés Griffin), à Paris.

Blandin (Alfred). Maison Le Soufaché et Félix, à Paris.

Boiron. Etablissements Arbel, à Paris.

Bonin. Société électro-chimique du Giffre, à Saint-Jeoire.

Bonnard. Etablissements Arbel, à Paris.

Bonneville (Lucien). Société des hauts fourneaux de Maxéville, à Maxéville.

Boschetti (Joseph). Société des aciéries de Longwy, à Mont-Saint-Martin.

Boudin (Jules). Compagnie des forges et aciéries Paul Girod, à Ugine.

Bourg (Émile). Société électro-métallurgique française, à Froges.

Bourne (Séraphin). Société électro-métallurgique Paul Girod, à Ugines.

Bruyère (Barthélemy). Compagnie des forges et aciéries de la marine et d'Homécourt, à Paris.

Bucaille (Arthur). Société d'électro-métallurgie de Dives, à Dives.

Carlier (Émile). Maison Ed. Delattre et Cie, à Ferrière-la-Grande.

Cassiot. Société de Commentry, Fourchambault et Decazeville, à Paris.

Castellano (Dao). Société électro-métallurgique française, à Froges.

Chaineau (Alcide). Société d'électro-métallurgie de Dives, à Paris.

Chéront (Ernest). Maison Ed. Delattre et Cie, à Ferrière-la-Grande.

Chiaffredo (Antoine). Société électro-métallurgique française, à Froges.

Collomb (Pierre). Société électro-métallurgique française, à Froges.

Couplet (François). Société électro-métallurgique Paul Girod, à Ugines.

Delcroix (Camille). Société anonyme des aciéries de Micheville, à Micheville, par Villerupt.

Delepine. Compagnie des forges et aciéries de la marine et d'Homécourt, à Paris.

Deprez (Maximilien). Société des aciéries de Longwy, à Mont-Saint-Martin.

Didier (Joseph). Société électro-métallurgique française, à Froges.

Faura (Auguste). Société électro-métallurgique française, à Froges.

Feuillien (Richard). Société des aciéries de Longwy, à Mont-Saint-Martin.

Fontvieille (Francis). Compagnie des forges et aciéries de la Marine et d'Homécourt, à Paris.

Foulaz (François). Compagnie universelle d'acétylène et d'électro-métallurgie, à Paris.

Fournel (Narcisse). Société française métallurgique (procédés Griffin), à Paris.

Francois (Lucien). Maison Ch.-M. Stein et Cie, à Paris.

Gallino (Gaëtan). Société des aciéries de Longwy, à Mont-Saint-Martin.

Gerbore (Eugène). Société électro-métallurgique française, à Froges.

Gilson (Louis). Société des aciéries de Longwy, à Mont-Saint-Martin.

Giraud (Élie). Société électro-métallurgique française, à Froges.

Guillaume (Charles). Société des aciéries de Longwy, à Mont-Saint-Martin.

Guillaume (Xavier). Société des aciéries de Longwy, à Mont-Saint-Martin.

Haas (Charles). Société des aciéries de Longwy, à Mont-Saint-Martin.

Hildenbrand (René). Société française métallurgique (procédés Griffin), à Paris.

Hubert (Jules). Société française pour la fabrication des tubes, à Louvroil.

Jacquet (Jules). Société électro-métallurgique française, à Froges.

Laffard (Albert). Compagnie des forges et aciéries de la marine et d'Homécourt, à Paris.

Lahur (Henri). Société des aciéries de Longwy, à Mont-Saint-Martin.

Lamotte (J.-B.). Société des aciéries de Longwy, à Mont-Saint-Martin.

Lebrun. Etablissements Arbel, à Paris.

Leclercq (Lucien). Maison Le Soufaché et Félix, à Paris.

Lecorché. Société des hauts fourneaux de Maxéville, à Maxéville.

Lengelé (Camille). Société française pour la fabrication des tubes, à Louvroil.

Lhotel (Joseph). Société des aciéries de Longwy, à Mont-Saint-Martin.

Marcon (Théodule). Société des aciéries de Longwy, à Mont-Saint-Martin.

Marcon (Victor). Société des aciéries de Longwy, à Mont-Saint-Martin.

Mareschal. Société électro-chimique du Giffre, à Saint-Jeoire.

Martin (Thomas-Eugène). Maison Jules Munier et Cie, à Frouard-Nancy-Longwy.

Martinet (Maximilien). Maison Le Soufaché et Félix, à Paris.

Mathieu (Albert). Maison Ed. Delattre et Cie, à Ferrière-la-Grande.

Miot (Eugène). Société des aciéries de Longwy, à Mont-Saint-Martin.

Monnot (Louis). Société d'électro-métallurgie de Dives, à Paris.

Mougeot (Léon). Société pour la fabrication des cylindres de laminoirs, à Frouard.

Nardon (Antoine). Maison Le Soufaché et Félix, à Paris.

Nehl (J.-B.). Société des aciéries de Longwy, à Mont-Saint-Martin.

Paccalier (Claudius). Compagnie des forges et aciéries de la marine et d'Homécourt, à Paris.

Paget (Auguste). Société des aciéries de Longwy, à Mont-Saint-Martin.

Pagnier (Louis). Société française pour la fabrication des tubes, à Louvroil.

Pépin (Jean-Claude). Compagnie des forges et aciéries Paul Girod, à Ugine.

Peyrude. Établissements Arbel, à Paris.

Picot. Société de Commentry, Fourchambault et Decazeville, à Paris.

Pierre (Isidore). Société anonyme des aciéries de Micheville, à Micheville, par Villerupt.

Ranger. Société de Commentry, Fourchambault et Decazeville, à Paris.

Raymond (Claudius). Compagnie des forges et aciéries de la marine et d'Homécourt, à Paris.

Reffay (Eugène). Société des aciéries de Longwy, à Mont-Saint-Martin.

Régérat. Société de Commentry, Fourchambault et Decazeville, à Paris.

Reitin (Adolphe). Société des aciéries de Longwy, à Mont-Saint-Martin.

Rettmann (Mathias). Société des aciéries de Longwy, à Mont-Saint-Martin.

Richard (Cyrille). Société électro-métallurgique française, à Froges.

Robin (Amédée). Société des aciéries de Longwy, à Mont-Saint-Martin.

Schmitt (Jean). Société anonyme des aciéries de Micheville, à Micheville, par Villerupt.

Steinfels (Alexandre). Société anonyme des aciéries de Micheville, à Micheville, par Villerupt.

Stephano (Guillaume). Société des aciéries de Longwy, à Mont-Saint-Martin.

Tauveron (André). Société des aciéries de Longwy, à Mont-Saint-Martin.

Tauveron (Jean). Société des aciéries de Longwy, à Mont-Saint-Martin.

Thevenot. Société de Commentry, Fourchambault et Decazeville, à Paris.

Thiel (Albert). Société française métallurgique (procédés Griffin), à Paris.

Thonneyrieux (Antoine). Établissements Arbel, à Paris.

Verger (Louis). Société électro-métallurgique Paul Girod, à Ugines.

Vichette (Jean-Baptiste). Société électro-métallurgique française, à Froges.

Villette (François). Compagnie des forges et aciéries de la marine et d'Homécourt, à Paris.

Violin (Sébastien). Société électro-métallurgique française, à Froges.

Wéry (Constant). Société des aciéries de Longwy, à Mont-Saint-Martin.

### Diplômes de Mention.

Carpentier (Alcide). Établissements Arbel, à Paris.

Delehaye. Établissements Arbel, à Paris.

Dell'Are (Ignazio). Société des établissements Keller-Leleux, à Paris.

Dru (Jean-Pierre). Établissements Arbel, à Paris.

Jego. Société des établissements Keller-Leleux, à Paris.

Meley (Gabriel). Établissements Arbel, à Paris.

Thonneyrieux. Établissements Arbel, à Paris.

## CLASSE 65. — *Petite métallurgie.*

### COLLABORATEURS

### Diplômes d'honneur.

Bauchet. Chambre syndicale des fabricants d'articles métalliques pour toutes confections, à Paris.

Breuval (Albert). Société anonyme des établissements Crépel-Hardy, à Nouzon.

Chevalier (Arthur). Maison Émile Grodet, à Paris.

Fischer. Chambre syndicale des fabricants d'articles métalliques pour toutes confections, à Paris.

Guerlince (Victor). Société anonyme des usines du Pied-Selle, à Fumay.

Richard (Georges). Forges et fonderies de Sougland
et Pas-Bayard, à Sougland.

Thomas (Léon). Les fils de A. Piat et Cie, à Paris.

Wessbecher (Emile). Maison Wessbecher père et fils,
à Paris.

### Diplômes de Médaille d'or.

Alamonce. Établissements Bar et ses fils, à Paris.

Barthelemy (Henri). Maison Emile Louyot, à Paris.

Botté (Henri). Société anonyme des usines du Pied-
Selle, à Fumay.

Buissière (Joanny). Maison A. Raymond, à Grenoble.

Canuet fils. Chambre syndicale des fabricants d'articles métalliques pour toutes confections, à Paris.

Désaga (Léon). Société anonyme des établissements
Crépel-Hardy, à Nouzon.

Guillot (Alfred). Maison A. Raymond, à Grenoble.

Hermaut (Emile). Société anonyme des usines du
Pied-Selle, à Fumay.

Jauot (Abel). Maison A. Raymond, à Grenoble.

Leconte (Georges). Compagnie des clous *Au Soleil*,
à Paris.

Levy. Chambre syndicale des fabricants d'articles
métalliques pour toutes confections, à Paris.

Liefquin. Chambre syndicale des fabricants d'articles
métalliques pour toutes confections, à Paris.

Marchand. Société anonyme des forges et aciéries de
Commercy, à Commercy.

Martin (Victor). Société anonyme des usines du Pied-
Selle, à Fumay.

Mérot (Henri). Maison Benjamin Bohin fils, à Saint-
Sulpice-sur-Rille.

Mettetal (Auguste). Maison Florian Mettetal, à Paris.

Picard (Charles). Acétylène dissous et applications
de l'acétylène, à Paris.

Vian. Maison A. Raymond, à Grenoble.

Zivy. Acétylène dissous et applications de l'acétylène,
à Paris.

### Diplômes de Médaille d'argent.

Ardin (Jules). Maison Lucien Marquis, à Rugles.

Aubourg (Octave). Maison Alfred Stofft, à Paris.

Billiot (Romain). Maison Benjamin Bohin fils, à
Saint-Sulpice-sur-Rille.

Blain (Léon). Maison Emmanuel Chatillon, à
Brioude.

Bouveron. Maison Daudé et Cie, à Paris.

Brosset (Joseph). Maison Benjamin Bohin fils, à
Saint-Sulpice-sur-Rille.

Clément (Henri). Maison Emile Louyot, à Paris.

Coiffier (Jean). Société anonyme des usines du Pied-
Selle, à Fumay.

Daniel (Emile). Société anonyme des établissements
Crépel-Hardy, à Nouzon.

Ducœur (Claudius). Maison Lucien Charpentier, à
Paris.

Dupeyron (René). Maison Auguste Dupeyron, à Paris.

Evrard (Henri). Maison Charles Sebin et fils, à
Paris.

Faucheur (Maurice). Maison A. Canuet, à Paris.

Fournier (René). Maison Jaquemet, Mesnet et Cie, à
Paris.

Fressonnet (Henri). Maison Benjamin Bohin fils, à
Saint-Sulpice-sur-Rille.

Galloy (Eugène). Société anonyme des usines du
Pied-Selle, à Fumay.

Goffart (Camille). Société anonyme des usines du
Pied-Selle, à Fumay.

Grange (Ernest). Maison Florian Mettetal, à Paris.

Huguet (Paul). Société anonyme de publications
industrielles, à Paris.

Laurain (Henry). Forges et fonderies de Sougland et
Pas-Bayard, à Sougland.

Lebrun. Soudure autogène française, à Paris.

Le Rouge (Auguste). Société *l'Air liquide*, à Paris.

Marchais (Gustave). Maison Jaquemet, Mesnet et Cie,
à Paris.

Martin (Joseph). Maison Jules Cary fils, à Deville.

Martz (Charles). Maison Nouvion et Cie, à Cham-
pagne.

Merie (Jean). Maison Emmanuel Chatillon, à
Brioude.

Schirer (Henri). Maison Gaillard et Mignot, à Paris.

Thomas. Soudure autogène française, à Paris.

Zimansky. Maison Emile Louyot, à Paris.

### Diplômes de Médaille de bronze.

Aubourg (Georges). Maison Stofft, à Paris.

Coppée (Paul). Société anonyme des usines du Pied-
Selle, à Fumay.

Deflorence (Jules). Société anonyme des établissements Crépel-Hardy, à Nouzon.

Dormoy (Lucien). Forges et fonderies de Sougland
et Pas-Bayard, à Sougland.

Faucheur (Mlle Marie). Maison A. Canuet, à Paris.

Fleuret (Henri). Société anonyme des usines de Sainte-
Marie de Gravigny, à Saint-Dizier.

Guerlince (Eugène). Société anonyme des usines du
Pied-Selle, à Fumay.

Linke (François). Société des établissements J. Gantois, à Saint-Dié.

**Michaud** (Alfred). Maison Émile Grodet, à Paris.

**Roulet** (Georges). Maison Auguste Dupeyron, à Paris.

**Robin** (Paul). Maison Benjamin Bohin fils, à Saint-Sulpice-sur-Rille.

### Diplômes de Mention.

**Hesse**. Maison Lunot, à Paris.

**Jacquet**. Maison Lunot, à Paris.

**Maucort** (Victor). Société anonyme des usines, à Pied-Selle, à Fumay.

**Riché** (Léon). Société anonyme des usines du Pied-Selle, à Fumay.

**Robinet** (Paulin). Société anonyme des usines du Pied-Selle, à Fumay.

**Weintzemen** (Alphonse). Maison A. Coindet, à Paris.

## COOPÉRATEURS

### Diplômes de Médaille de bronze.

**Armenier** (Émile). Maison Florian Mettétal, à Paris.

**Barlet**. Maison A. Raymond, à Grenoble.

**Bauer**. Maison Florian Mettétal, à Paris.

**Béguin** (Henri). Forges et fonderies de Sougland et Pas-Bayard, à Sougland.

**Blanchard** (Léon). Maison Émile Grodet, à Paris.

**Bois** (Joseph). Maison A. Raymond, à Grenoble.

**Bolliet**. Société française des métaux ouvrés, à Paris.

**Boucher**. Acétylène dissous et applications de l'acétylène, à Paris.

**Bruslon** (Fernand). Société l'*Air liquide*, à Paris.

**Camus**. Société anonyme des établissements Crépel-Hardy, à Nouzon.

**Collard** (Joseph). Société anonyme des usines du Pied-Selle, à Fumay.

**Conin** (Henri). Maison Florian Mettétal, à Paris.

**Conrad** (Émile). Maison Émile Louyot, à Paris.

**Courtois** (Auguste). Maison Émile Louyot, à Paris.

**Dabat**. Maison A. Raymond, à Grenoble.

**Dauty** (A.). Forges et fonderies de Sougland et Pas-Bayard, à Sougland.

**Deiber**. Société des établissements J. Gantois, à Saint-Dié.

**Delage** (Louis). Maison A. Coindet, à Paris.

**Demeulling**. Acétylène dissous et applications de l'acétylène, à Paris.

**Deuley** (Fernand). Maison Benjamin Bohin fils, à Saint-Sulpice-sur-Rille.

**Dromzée** (Georges). Forges et fonderies de Sougland et Pas-Bayard, à Sougland.

**Fostier** (Arthur). Forges et fonderies de Sougland et Pas-Bayard, à Sougland.

**Fraschebois** (Léon). Maison Florian Mattétal, à Paris.

**Friche** (Louis). Maison Benjamin Bohin fils, à Saint-Sulpice-sur-Rille.

**Froissard** (Jules). Maison A. Canuet, à Paris.

**Girard** (Émile). Maison Wessbecher père et fils, à Paris.

**Godin** (Edmond). Maison Lucien Charpentier, à Paris.

**Gourdelier** (Julien). Maison E. Monin, L. Durandeau et Cie, à Paris.

**Guitel**. Soudure autogène française, à Paris.

**Herveleu** (Julien). Maison Wessbecher père et fils, à Paris.

**Hordequin** (Jules). Forges et fonderies de Sougland et Pas-Bayard, à Sougland.

**Jouannigot** (Désiré). Compagnie des clous *Au Soleil*, à Paris.

**Lafosse**. Maison A. Raymond, à Grenoble.

**Lejour** (Georges). Maison Florian Mettétal, à Paris.

**Lemonier** (Charles). Maison Florian Mettétal, à Paris.

**Marchal**. Société des établissements J. Gantois, à Saint-Dié.

**Marique** (Auguste). Maison A. Canuet, à Paris.

**Maucort-Sohet**. Société anonyme des usines du Pied-Selle, à Fumay.

**Millard** (Albert). Maison Stoffl, à Paris.

**Muelle**. Société française des métaux ouvrés, à Paris.

**Orbichon** (Léon). Maison Émile Grodet, à Paris.

**Paré** (Ambroise). Maison Benjamin Bohin fils, à Saint-Sulpice-sur-Rille.

**Payen**. Forges et fonderies de Sougland et Pas-Bayard, à Sougland.

**Perret** (Auguste). Maison A. Raymond, à Grenoble.

**Perret** (Mme Clémence). Maison A. Raymond, à Grenoble.

**Petit** (Marius). Maison Émile Louyot, à Paris.

**Pigeon** (Alfred). Maison Émile Louyot, à Paris.

**Portal** (Antoine). Maison Emmanuel Chatillon, à Brioude.

**Poulard** (Théodore). Forges et fonderies de Sougland et Pas-Bayard, à Sougland.

**Prusse** (Émile). Forges et fonderies de Sougland et Pas-Bayard, à Sougland.

Ramus (M** Victorine). Maison A. Raymond, à Grenoble.

Richebourg (Zephyrin). Maison A. Canuet, à Paris.

Saillaut. Soudure autogène française, à Paris.

Sengelin (Émile). Société anonyme de publications industrielles, à Paris.

Sorrel (Charles). Maison A. Raymond, à Grenoble.

Stoquer (Léon). Maison A. Coindet, à Paris.

Tisseron. Maison Danxin, Fribourg et Cie, à Paris.

Vigier (Paul). Maison Jacquemet, Mesnet et Cie, à Paris.

Witz (Jules). Société anonyme de publications industrielles, à Paris.

### Diplômes de Mention.

Anciaux (Désiré). Maison Jules Cury fils, à Deville.

Barras (Joseph). Société anonyme des usines du Pied-Selle, à Fumay.

Barras (Louis). Société anonyme des usines du Pied-Selle, à Fumay.

Bouttin (Léon). Maison Benjamin Bohin fils, à Saint-Sulpice-sur-Rille.

Dallevet. Maison A. Raymond, à Grenoble.

Dardel (Jules). Société française des métaux ouvrés, à Paris.

Dardouillet (Désiré). Maison Jaquemet, Mesnet et Cie, à Paris.

Daruet (Auguste). Maison A. Coindet, à Paris.

Dumont (Émile). Maison Jaquemet, Mesnet et Cie, à Paris.

Finat (Louis). Maison Florian Mettétal, à Paris.

Girard (Édouard). Maison Lucien Charpentier, à Paris.

Gervaise (Émile). Maison Jules Cury fils, à Deville.

Humery (Eugène). Maison Benjamin Bohin fils, à Saint-Sulpice-sur-Rille.

Husson (Gustave). Société anonyme des usines du Pied-Selle, à Fumay.

Hyon (Émile). Société anonyme des usines du Pied-Selle, à Fumay.

Kœhl (Charles). Maison Benjamin Bohin fils, à Saint-Sulpice-sur-Rille.

Laroche (Eugène). Société anonyme des usines du Pied-Selle, à Fumay.

Létang (Edmond). Société *l'Air liquide*, à Paris.

Levasseur (Léon). Maison Benjamin Bohin fils, à Saint-Sulpice-sur-Rille.

Mazille (Maria). Maison A. Canuet, à Paris.

Milot (Eugène). Maison A. Canuet, à Paris.

Pellegrin (M**). Maison A. Raymond, à Grenoble.

Sacrez (Alfred). Société anonyme des usines du Pied-Selle, à Fumay.

Sacrez (M** Zoé). Société anonyme des usines du Pied-Selle, à Fumay.

Simon (Marcellin). Société anonyme des usines du Pied-Selle, à Fumay.

Thibout (Georges). Maison Lucien Charpentier, à Paris.

Tissot. Maison A. Raymond, à Grenoble.

# GROUPE XII

## Décoration et Mobilier des édifices publics et des habitations.

CLASSE 66. — *Décoration fixe des édifices publics et des habitations.*

### COLLABORATEURS

### Diplômes d'honneur.

Armand (René). Société anonyme des établissements A. Schwartz et Meurer, à Paris.

Bonnenfaut. Direction des services d'architecture et des promenades et plantations de la Ville de Paris.

Bonnier (Louis). Service d'organisation et d'installation de l'exposition de la Ville de Paris.

Carlhion et Cie. Service d'organisation et d'installation de l'exposition de la Ville de Paris.

Deguilhem (M** Berthe). Maison Louis Bigaux, à Paris.

Gottvallès (Pierre-Joseph). Société d'encouragement à l'art et à l'industrie, à Paris.

Koller (René). Maison Louis Bigaux, à Paris.

Lucas (Albert). Société anonyme des établissements A. Schwartz et Meurer, à Paris.

Mazoyer (C.-M.). Service d'organisation et d'installation de l'exposition de la Ville de Paris.

Miroux (Clément). Maison Charles Stoullig, à Paris.

Nénot. Direction des services d'architecture et des promenades et plantations de la Ville de Paris.

Peltier (Charles). Société anonyme des établissements G. Vinant, à Paris.

Ruffin (Paul). Maison Louis-Jules Bergeotte, à Paris.

Vincent (Hippolyte). Société anonyme des établissements A. Schwartz et Meurer, à Paris.

## Diplômes de Médaille d'or.

**Bassompierre-Sewrin.** Direction des services d'architecture et des promenades et plantations de la Ville de Paris.

**Blavette.** Direction des services d'architecture et des promenades et plantations de la Ville de Paris.

**Brianchon** (Eugène). Service d'organisation et d'installation de l'exposition de la Ville de Paris.

**Claës.** Direction des services d'architecture et des promenades et plantations de la Ville de Paris.

**Debrue** (Paul). Maison Edmond Pachy, à Paris.

**Dupuis** (Albert). Maison Paul Larue, à Paris.

**Dupuy** (Léon). Maison Charles Brot, à Paris.

**Foucault.** Direction des services d'architecture et des promenades et plantations de la Ville de Paris.

**Laurens** (Paul-Justin). Pavillon de la Ville de Paris.

**Lefol.** Direction des services d'architecture et des promenades et plantations de la Ville de Paris.

**Lefrançois** (Émile). Service d'organisation et d'installation de l'exposition de la Ville de Paris.

**Maison** (G.). Maison H. Guillaume, à Paris.

**Megniez** (Henri). Société d'encouragement à l'art et à l'industrie, à Paris.

**Michel** (Edgard). Maison Edmond Pachy, à Paris.

**Millet.** Direction des services d'architecture et des promenades et plantations de la Ville de Paris.

**Noguès** (Maurice). Maison Léon-Pierre Raynaud, à Paris.

**Novara** (Carlo). Maison Alexandre Passéga, à Paris.

**Passéga** (Ernando). Maison Alexandre Passéga, à Paris.

**Pollet** (Théodore). Maison Edmond Pachy, à Paris.

**Quillay** (Jules). Maison Victor-Antoine Dutocq, à Paris.

**Redont** (Jules). Maison Édouard Redont, à Paris.

**Redont** (Léon). Maison Édouard Redont, à Paris.

**Redont** (Louis). Maison Édouard Redont, à Paris.

**Romanet** (Albert). Maison Albert Besdel, à Paris.

**Sestac** (Louis). Maison Félix Fournery, à Paris.

## Diplômes de Médaille d'argent.

**Béguet** (Lucien). Maison A. Imbert, à Paris.

**Beuchot** (Auguste). Maison Albert Besdel, à Paris.

**Breton** (Henri). Maison Édouard Redont, à Paris.

**Burgade** (Joseph). Maison Antoine Chonion, à Paris.

**Chauvet** (Marcel). Maison Léonce-Louis Chauvet, à Paris.

**Crampon** (Anatole). Service d'organisation et d'installation de l'exposition de la Ville de Paris.

**Cullot** (Georges). Maison Charles Brot, à Paris.

**Cuyaubère** (Jean). Maison A. Imbert, à Paris.

**Dupré** (Adrien). Représentant de la classe 66.

**Eaton** (Victor). Maison Gustave Lauzanne, à Paris.

**Fockenberghe.** Direction des services d'architecture et des promenades et plantations de la Ville de Paris.

**Gircourt** (René). Service d'organisation et d'installation de l'exposition de la Ville de Paris.

**Hennequin** (G.). Maison Charles Letrosne, à Paris.

**Housset** (David). Maison Édouard Redont, à Paris.

**Lebrun** (Frédéric). Maison Edmond Pachy, à Paris.

**Passot.** Pavillon de la Ville de Paris.

**Philippick.** Pavillon de la Ville de Paris.

**Spehner** (Édouard). Maison Charles Brot, à Paris.

**Vard** (Georges). Maison Édouard Redont, à Paris.

## Diplômes de Médaille de bronze.

**Beffral** (Charles). Maison André Narjoux, à Paris.

**Chappe.** Société d'organisation et d'installation de l'exposition de la Ville de Paris.

**Coulon.** Maison Léonce-Louis Chauvet, à Paris.

**Desneux** (Marcel). Maison Maurice Quef, à Paris.

**Fèvre** (Paul). Maison Fèvre et Cie, à Paris.

**Godefroy** (Félix). Maison Charles Brot, à Paris.

**Gouteur.** Direction des services d'architecture et des promenades et plantations de la Ville de Paris.

**Halley** (Henri). Maison Georges Legros, à Paris.

**Imbert.** Service d'organisation et d'installation de l'exposition de la Ville de Paris.

**Jamet** (André). Maison Charles Stoullig, à Paris.

**Mathieu** (Arsène). Maison Fèvre et Cie, à Paris.

**Perrin** (Arsène). Maison Fèvre et Cie, à Paris.

**Pieron** (Émile). Maison Georges Guenne, à Paris.

**Reblum** (Mme Marie). Maison Charles Brot, à Paris.

**Schlæpfer** (Gustave). Maison Paul Larue, à Paris.

**Serrier** (Paul). Maison Georges Guenne, à Paris.

**Viard** (Valéry). Maison Charles Letrosne, à Paris.

**Wilhelm.** Pavillon de la Ville de Paris.

## Diplôme de Mention.

**Baudouin** (Charles). Maison Gentil, Bourdet et Cie, à Billancourt.

**Beyer** (José). Maison Gentil, Bourdet et Cie, à Billancourt.

Bonte (Charles). Maison Gentil. Bourdet et C⁰, à Billancourt.
Caillaud (René). Maison Gentil. Bourdet et C⁰, à Billancourt.
Drouot (Gaston). Maison Fèvre et C⁰, à Paris.
Lossaint (Auguste). Maison Fèvre et C⁰, à Paris.
Petit (Mᵐᵉ). Maison Léonce-Louis Chauvet, à Paris.
Plantade (Jacques). Maison Fèvre et C⁰, à Paris.
Trevisan (Camille). Maison Gentil. Bourdet et C⁰, à Billancourt.
Verdier (Mˡˡᵉ Suzanne). Maison Gentil. Bourdet et C⁰, à Billancourt.

### COOPÉRATEURS

### Diplômes de Médaille de bronze.

Dupouy. Pavillon de la Ville de Paris.
Fadeuille. Pavillon de la Ville de Paris.

## CLASSES 67 ET 68 RÉUNIES. — *Vitraux. Papiers peints.*

### COLLABORATEURS

### Diplôme d'honneur.

Jullien (Émile). Maison Desfossé (Société anonyme des anciens établissements Desfossé et Karth), à Paris.

### Diplômes de Médaille d'or.

Fauconnier (Eugène). Maison Desfossé (Société anonyme des anciens établissements Desfossé et Karth), à Paris.
Marlin (Auguste). Maison Ch. Follot, à Paris.

### Diplômes de Médaille d'argent.

Bosselut (Robert). Maison Ch. Follot, à Paris.
Moulin (Léon). Maison Ch. Follot, à Paris.

### Diplômes de Médaille de bronze.

Chassaigne (Pierre-G.). Maison M. Gruin, à Paris.
Fetel (Émile). Maison Ch. Follot, à Paris.
Graillet (Charles). Maison M. Gruin, à Paris.

### COOPÉRATEURS

### Diplômes de Médaille de bronze.

Hert (Cyrille). Maison M. Gruin, à Paris.
Sablon (Victor). Maison M. Gruin, à Paris.
Vignard (Étienne). Maison M. Gruin, à Paris.

### Diplôme de Mention.

Peter (Charles). Maison M. Gruin, à Paris.

## CLASSE 69. — *Meubles à bon marché et meubles de luxe.*

### COLLABORATEURS

### Diplômes d'honneur.

Chaleyssin (Francis). Maison Mercier frères, à Paris.
Chaleyssin (Joseph). Maison Mercier frères, à Paris.
Lafortune (Jules). Maison Remlinger et Vinet, à Paris.
Lécuyer (Émile). Maison Darras (Albert), à Paris.
Lucet (Maurice). Maison Rigaut (Mᵐᵉ Louis), à Paris.
Parin (Edmond). Maison Rey (Georges), à Paris.
Perret (Salvador). Maison Mercier frères, à Paris.
Wyters. Maison Schmit et C⁰, à Paris.

### Diplômes de Médaille d'or.

Barbier (Louis-Gustave). Maison Schmit et C⁰, à Paris.
Chauvière (Maurice). Maison Schmit et C⁰, à Paris.
Collantier. Maison Mercier frères, à Paris.
Dubois (Mᵐᵉ Eugénie). Maison Rey (Georges), à Paris.
Leuck (Jean). Maison Rigaut (Mᵐᵉ Louis), à Paris.
Rousseau (Louis). Maison Rey (Georges), à Paris.

### Diplômes de Médaille d'argent.

Bonnard. Maison Mioland et Lelogeais, à Paris.
Casse. Maison Remlinger et Vinet, à Paris.
Charlot. Maison Remlinger et Vinet, à Paris.
Firquet. Maison Remlinger et Vinet, à Paris.
Schiller (Jules). Maison Codoni (Gaston), à Paris.
Sébert (Henri). Maison Remlinger et Vinet, à Paris.

## Diplômes de Médaille de bronze.

**Bordier** (M^me Léontine). Maison Clair (Maxime). et ses fils, à Paris.

**Carpon** (Eugène). Maison Clair (Maxime). et ses fils. à Paris.

**Cherpin** (Eugène). Maison Clair (Maxime). et ses fils. à Paris.

**Collet** (Julien). Maison Clair (Maxime). et ses fils. à Paris.

**Corneille** (Louis). Maison Rigaut (M^me Louis). à Paris.

**Delcépé** (Georges). Maison Rey (Georges), à Paris.

**Domange** (Julien). Maison Veuve E. Briotet. à Paris.

**Dujourdy** (Victor). Maison Clair (Maxime). et ses fils. à Paris.

**Finck** (Georges). Maison Veuve E. Briotet. à Paris.

**Grandjean**. Maison Gouffé jeune. à Paris.

**Jubert** (Jules). Maison Épeaux (Vincent). à Paris.

**Legrand** (Léopold). Maison Clair (Maxime). et ses fils. à Paris.

**Pezé** (Armand). Maison Clair (Maxime). et ses fils. à Paris.

**Tellier** (Louis). Maison Codoni (Gaston). à Paris.

**Thérond** (Léon). Maison Arnavielhe (Paul). à Montpellier.

**Tixier** (Marcel). Maison Épeaux (Vincent). à Paris.

CLASSE 70. — *Tapis, tapisseries et autres tissus d'ameublement.*

### COLLABORATEURS

## Diplômes d'honneur.

**Cart**. Maison Lucien Bouix. à Paris.

**Chaffanel** (Aimé). Maison Alb. Tronc. à Paris.

**Debiesse** (Albert). Maison Henri Chanée et C^ie. à Paris.

**Duquenne** (Raymond). Maison E. Parmentier. à Tourcoing.

**Legendre** (Henri). Maison Henri Chanée et C^ie. à Paris.

**Legrand** (Charles). Maison Henri Chanée et C^ie. à Paris.

**Maigre**. Maison Lucien Bouix. à Paris.

**Moreau** (Adolphe). Maison Nicolas Piquée et ses fils. à Paris.

**Pansu fils**. Maison Jules Pansu. à Paris.

**Pauw** (de) (François). Maison Henri Chanée et C^ie. à Paris.

**Rousset**. Maison Lucien Bouix. à Paris.

**Vandenbussche** (Camille). Maison Albert Chanée. à Paris.

## Diplômes de Médaille d'or.

**Audoin**. Maison Jules Pansu. à Paris.

**Barbat** (M^lle Gabrielle). Maison Braquenié et C^ie. à Paris.

**Barbat** (M^lle Jeanne). Maison Braquenié et C^ie. à Paris.

**Canecas** (Fernand). Maison Ridel-Lagrenée (M^me Marie-Léonie). à Chaonat.

**Chatard** (Prosper). Maison Braquenié et C^ie. à Paris.

**Chatenet** (Pierre). Maison Jules Pansu. à Paris.

**Crausat** (Auguste). Maison Albert Chanée. à Paris.

**Enfer** (Armand). Maison Henri Chanée et C^ie. à Paris.

**Gadenne**. Maison Lucien Bouix, à Paris.

**Grand** (Honoré). Maison Henri Chanée. à Paris.

**Knecht** (Ed.). Maison Jules Pansu. à Paris.

**Knockært** (F.). Maison E. Parmentier. à Tourcoing.

**Lecomte** (Eugène). Maison Albert Chanée. à Paris.

**Lemasson** (Firmin). Maison Braquenié et C^ie. à Paris.

**Lonjani** (M^me Maria). Maison Braquenié et C^ie. à Paris.

**Martin** (Anthime). Maison Henri Chanée. à Paris.

**Molinier** (Annot). Maison Braquenié et C^ie. à Paris.

**Nantré** (Charles). Maison A. Tronc. à Paris.

**Paturel** (Pierre). Maison A. Tronc. à Paris.

**Randy** (Antoine). Maison A. Tronc. à Paris.

**Salle** (J.). Maison E. Parmentier. à Tourcoing.

## Diplômes de Médaille d'argent.

**Bessette** (M^me Amélie). Maison Braquenié et C^ie. à Paris.

**Boutin** (André). Maison Albert Chanée. à Paris.

**Devaux** (Stéphane). Maison Braquenié et C^ie. à Paris.

**Gaspary** (Henri). Maison Braquenié et C^ie. à Paris.

**Houbani** (Moïse). Maison Boccara père et fils. à Tunis.

**Pangaud** (Alexandre). Maison F. Danton. à Aubusson.

**Sauveur** (Cohen). Maison Boccara père et fils. à Tunis.

### COOPÉRATEURS

## Diplômes de Médaille de bronze.

**Bocquet**. Maison Nicolas Piquée et ses fils. à Paris.

**Carlier**. Maison Jean-Marc Schenk. à Paris.

**Carret** (Louis). Maison Jean-Marc Schenk. à Paris.

**Cent Cheikh Mahomed ben** (M^lle Halima). Manufacture de tapis à Kairouan.

**Delporte** (Gustave). Maison Émile Parmentier. à Tourcoing.

Essaghaïn Khelifi. Manufacture de tapis à Kairouan.

Fanton (Mme Marie). Maison Jean-Marc Schenk, à Paris.

Fisseaux (Octave). Maison Nicolas Piquée et ses fils, à Paris.

Ganet. Maison F. Danton, à Aubusson.

Garaud. Maison F. Danton, à Aubusson.

Hœf (Joseph de). Maison Braquenié et Cie, à Paris.

Kassem Khechine. Manufacture de tapis à Kairouan.

Kickx (Zabulan). Maison Braquenié et Cie, à Paris.

Leman (Jules). Maison Émile Parmentier, à Tourcoing.

Meimessier (Mme). Maison Ridel-Lagrenée (Mme Marie-Léonie), à Chaumat.

Michiels (Jean). Maison Braquenié et Cie, à Paris.

Ossona (David). Maison Boccara père et fils, à Tunis.

Pluys (Romain). Maison Braquenié et Cie, à Paris.

Prins (Jean de). Maison Braquenié et Cie, à Paris.

Prouvost (Étienne). Maison Émile Parmentier, à Tourcoing.

Sassi ben Ali. Maison Boccara père et fils, à Tunis.

Sibton (Youssef). Maison Boccara père et fils, à Tunis.

Van Balberghe (François). Maison Braquenié et Cie, à Paris.

Van Berghen (Désiré). Maison Braquenié et Cie, à Paris.

Vandeville (François). Maison E. Parmentier, à Tourcoing.

Verbrugge (Léonard). Maison Braquenié et Cie, à Paris.

CLASSE 71. — *Décoration mobiles et ouvrages du tapissier.*

COLLABORATEURS

### Diplômes d'honneur.

Dole (Edouard). Maison Colin et Courcier, à Paris.

Hus (Charles). Maison Nelson (Henri), à Paris.

Juven. Maison Laguionie et Cie, Grands-Magasins du Printemps, à Paris.

### Diplômes de Médaille d'or.

Bourdin. Maison Laguionie et Cie, Grands Magasins du Printemps, à Paris.

Brossard. Maison Laguionie et Cie, Grands Magasins du Printemps, à Paris.

Cazalet. Maison Laguionie et Cie, Grands Magasins du Printemps, à Paris.

Collet (Charles). Maison Nelson (Henri), à Paris.

Dardare (Léon). Maison F. et P. Soubrier, à Paris.

Ligneul (Louis). Maison Colin et Courcier, à Paris.

Nicolas (Charles). Maison Nelson (Henri), à Paris.

Sénéchal (Henri). Maison Colin et Courcier, à Paris.

Sollier (Francis). Maison Nelson (Henri), à Paris.

Vidal (Léon). Maison Kohl (Fernand), à Paris.

### Diplômes de Médaille d'argent.

Aubry (Alexandre). Maison Laguionie et Cie, Grands-Magasins du Printemps, à Paris.

Benoit (Ch.). Maison Laguionie et Cie, Grands Magasins du Printemps, à Paris.

Fleming (Maurice). Maison Laguionie et Cie, Grands Magasins du Printemps, à Paris.

### Diplômes de Médaille de bronze.

Artus (Gustave). Maison Colin et Courcier, à Paris.

Baudet (Louis). Maison Colin et Courcier, à Paris.

Bouquet (Louis). Maison Colin et Courcier, à Paris.

Charrette (Lucien). Maison Kohl (Fernand), à Paris.

Deflorenne (Louis). Maison Nelson (Henri), à Paris.

Delettre (Edmond). Maison Nelson (Henri), à Paris.

Dubois. Maison Majorelle frères et Cie, à Nancy.

Gosse (Jean). Maison Colin et Courcier, à Paris.

Heim (Antoine). Maison Colin et Courcier, à Paris.

Jung (Charles). Maison Majorelle frères et Cie, à Nancy.

Le Bihan (Émile). Maison Colin et Courcier, à Paris.

Lévy (Alfred). Maison Majorelle frères et Cie, à Nancy.

Lognon. Maison Majorelle frères et Cie, à Nancy.

Monnehay (Lucien). Maison F. et P. Soubrier, à Paris.

Rocher (Georges). Maison Colin et Courcier, à Paris.

Steiner (Frédéric). Maison Majorelle frères et Cie, à Nancy.

CLASSE 72. — *Céramique.*

COLLABORATEURS

### Diplômes d'honneur.

Gobled (Jules). Maison Gentil, Bourdet et Cie, à Billancourt.

Hehn (Joseph). Maison Jules Loebnitz, à Paris.

Keller (Raymond). Maison Janin et Guérineau (Ch. Guérineau et Cie), à Paris.

### Diplômes de Médaille d'or.

**Borne-Bonnet.** Société des produits céramiques réfractaires de Boulogne-sur-Mer. à Boulogne-sur-Mer.

**Chedeau** (Alfred). Maison Gentil, Bourdet et Cie. à Billancourt.

**Duriez** (Gustave). Société des produits céramiques réfractaires de Boulogne-sur-Mer. à Boulogne-sur-Mer.

**Fritsch-Lang.** Maison Gentil. Bourdet et Cie. à Billancourt.

**Hartard** (Auguste). Maison Janin et Guérineau (Ch. Guérineau et Cie), à Paris.

**Lacroix** (Adolphe). Maison A. Lacroix et Cie, à Paris.

**Lacroix** (Jean). Maison A. Lacroix et Cie, à Paris.

**Ladoubée** (Félix). Maison Toisoul. Fradet et Cie. à Paris.

**Lebeau** (Charles). Société anonyme des grandes tuileries Perrusson et Desfontaines, à Écuisses.

**Lefèvre** (Florentin). Maison Toisoul, Fradet et Cie. à Paris.

**Mercusot** (Jules). Maison Jules Lœbnitz. à Paris.

**Rifflard** (Louis). Maison Gardaire. à Paris.

**Roux** (Paul). Société des établissements Pierre Sacoman, à Saint-Henri.

**Roux** (Raoul). Société des établissements Pierre Sacoman, à Saint-Henri.

### COOPÉRATEURS

### Diplômes de Médaille de bronze.

**Arnoux** (André). Maison H. Boulenger et Cie. à Paris.

**Arnoux** (Jules). Maison H. Boulenger et Cie. à Paris.

**Cavalere.** Société des établissements Pierre Sacoman. à Saint-Henri.

**Duchesne** (Eugène). Maison Janin et Guérineau (Ch. Guérineau et Cie), à Paris.

**Février** (Mlle). Maison A. Lacroix et Cie. à Paris.

**Garnier** (Mme). Maison A. Lacroix et Cie. à Paris.

**Gilot** (Pierre). Société anonyme des grandes tuileries Perrusson et Desfontaines. à Écuisses.

**Goulet** (Fernand). Maison Toisoul. Fradet et Cie. à Paris.

**Hulmel** (Gustave). Maison Jules Morlent. à Bayeux.

**Jayet** (Aimé). Maison Jules Morlent. à Bayeux.

**Jovenet** (Henri). Société anonyme des grandes tuileries Perrusson et Desfontaines. à Écuisses.

**Pelhate** (Pierre). Maison Jules Morlent. à Bayeux.

**Pourre** (Charles). Société des produits céramiques et réfractaires de Boulogne-sur-Mer. à Boulogne-sur-Mer.

---

CLASSE 73. — *Verres et cristaux.*

### COLLABORATEURS

### Diplômes d'honneur.

**Barrez** (Lucien). Maison Charles Barrez (Verreries Edard), à Paris.

**Bonnefoy** (Léopold). Cristalleries de Choisy-le-Roi (Houdaille et Triquet). à Paris.

**Brunet** (Achille). Maison René Martin et Cie. à Saint-Denis.

**Crochet** (Henry). Manufacture des glaces et produits chimiques de Saint-Gobain. Chauny et Cirey. à Paris.

**Defroyenne** (Arthur). Maison Charles Barrez (Verreries Edard), à Paris.

**Didier** (André). Cristalleries de Choisy-le-Roi (Houdaille et Triquet). à Paris.

**Hœffinger** (Léon). Maison Appert frères. à Clichy-La-Garenne.

**Millet** (Paul). Manufacture des glaces et produits chimiques de Saint-Gobain. Chauny et Cirey. à Paris.

**Rigaux** (J.-B.). Maison Eugène Houtart et ses fils. à Denain.

**Roball** (Paul). Manufacture des glaces et produits chimiques de Saint-Gobain. Chauny et Cirey. à Paris.

**Serrus** (Auguste). Maison Charles Barrez (Verreries Edard), à Paris.

**Tissot** (Étienne). Maison J. et B. Millet et Cie. à Masnières.

**Vecchis** (Ernest de). Maison René Martin et Cie. à Saint-Denis.

**Warnier** (Hector). Maison Eugène Houtart et ses fils. à Denain.

### Diplômes de Médaille d'or.

**Artaud** (Noël). Société anonyme des verreries de Dorignies. à Dorignies.

**Bertin** (Victor). Cristalleries de Choisy-le-Roi (Houdaille et Triquet). à Paris.

**Boudin** (Louis). Manufacture des glaces et produits chimiques de Saint-Gobain. Chauny et Cirey. à Paris.

**Fouesnel** (Léon). Maison René Martin et Cie. à Saint-Denis.

**Fromont** (Hippolyte). Maison Charles Barrez (Verreries Edard), à Paris.

**Guillou**. Maison Harant et Guignard, à Paris.

**Herbert**. Maison Harant et Guignard, à Paris.

**Houtart** (Charles). Société anonyme des verreries de Dorignies, à Dorignies.

**Jacquemin** (Jean-B.). Maison René Martin et Cie, à Saint-Denis.

**Lahournève** (Alphonse). Maison Charles Barrez (Verreries Edard), à Paris.

**Lemaire** (Jean). Compagnies réunies des glaces et verres spéciaux du Nord de la France, à Jeumont.

**Pannier** (Maurice). Société anonyme des verreries de Dorignies, à Dorignies.

**Place** (Désiré). Maison Eugène Houtart et ses fils, à Denain.

**Saintoyen** (Antoine). Maison Charles Barrez (Verreries Edard), à Paris.

**Salmon** (Antoine). Maison J. et A. Millet et Cie, à Masnières.

**Thiaucourt** (Émile). Maison Harant et Guignard, à Paris.

**Ulibari** (Gimenez). Compagnie française pour l'industrie de la perle, à Chauny.

### Diplômes de Médaille d'argent.

**Bornemann** (Ed.). Maison Georges Chappuy, à Frais-Marais, près Douai.

**Bris** (Émile). Maison Frédéric Arent et Cie, à Paris.

**Chautard** (Joseph). Manufacture des glaces et produits chimiques de Saint-Gobain, Chauny et Cirey, à Paris.

**Delorme** (Émile). Verreries de Bagneaux, à Bagneaux, près Nemours.

**Eutzmann** (Émile). Maison Joseph Declère, à Paris.

**Fluies** (Paul de). Compagnies réunies des glaces et verres spéciaux du Nord de la France, à Jeumont.

**Gérard** (Georges). Maison Charles Barrez (Verreries Edard), à Paris.

**Granger** (Albéric). Manufacture des glaces et produits chimiques de Saint-Gobain, Chauny et Cirey, à Paris.

**Lallemand** (Henri). Cristalleries de Choisy-le-Roi (Houdaille et Triquet), à Paris.

**Leboucq** (Fernand). Maison Eugène Houtart et ses fils, à Denain.

**Lecocq** (Alfred). Maison Charles Barrez (Verreries Edard), à Paris.

**Locque** (Paul). Cristalleries de Choisy-le-Roi (Houdaille et Triquet), à Paris.

**Parisot** (Henri). Maison Charles Barrez (Verreries Edard), à Paris.

**Pinault** (Joseph). Manufacture des glaces et produits chimiques de Saint-Gobain, Chauny et Cirey, à Paris.

**Rigaux** (Paul). Maison Eugène Houtart et ses fils, à Denain.

**Surelle** (Edmond). Manufacture des glaces et produits chimiques de Saint-Gobain, Chauny et Cirey, à Paris.

**Weissembacher**. Société anonyme des verreries de Romilly-sur-Andelle, à Romilly-sur-Andelle.

**Wender** (Gabriel). Maison Robert Gosselin, à Paris.

### Diplôme de Médaille de bronze.

**Cauvé** (Auguste). Maison René Martin et Cie, à Paris.

### COOPÉRATEURS

### Diplômes de Médaille de bronze.

**André** (Georges). Verreries de Bagneaux, à Bagneaux, près Nemours.

**Azelvandre** (Michel). Verreries de Bagneaux, à Bagneaux, près Nemours.

**Baudhuy**. Manufacture des glaces et produits chimiques de Saint-Gobain, Chauny et Cirey, à Paris.

**Beaurain** (Jules). Maison Eugène Houtart et ses fils, à Denain.

**Bernard** (Pierre). Maison Appert frères, à Clichy-La-Garenne.

**Berthet** (Antoine). Maison René Martin et Cie, à Saint-Denis.

**Boccaci** (Joseph). Maison René Martin et Cie, à Saint-Denis.

**Bolette** (Louis). Verreries de Bagneaux, à Bagneaux, près Nemours.

**Bouvety** (Joseph). Verreries de Bagneaux, à Bagneaux, près Nemours.

**Canivet** (Alphonse). Maison Eugène Houtart et ses fils, à Denain.

**Capaldi** (Alexandre). Maison René Martin et Cie, à Saint-Denis.

**Caron** (Georges). Société anonyme des verreries de Romilly-sur-Andelle, à Romilly-sur-Andelle.

**Chanteloube** (Henri). Compagnie française pour l'industrie de la perle, à Chauny.

**Chardon** (Désiré). Société anonyme des verreries de Dorignies. à Dorignies.

**Cogez** (Oscar). Société anonyme des verreries de Dorignies, à Dorignies.

**Culot** (Constant). Maison Eugène Houtart et ses fils. à Denain.

**Cuvellier** (Jules). Maison Charles Barrez (Verreries Edard), à Paris.

**Degand** (Louis). Société anonyme des verreries de Dorignies, à Dorignies.

**Delacôte** (Charles). Manufacture des glaces et produits chimiques de Saint-Gobain. Chauny et Cirey, à Paris.

**Devaux** (Charles). Maison Appert frères. à Clichy-la-Garenne.

**Devillers** (Charles). Maison Appert frères. à Clichy-la-Garenne.

**Diot** (Omer). Verreries de Bagneaux. à Bagneaux. près Nemours.

**Duverger** (Fernand). Maison Robert Gosselin. à Paris.

**Faidherbe** (Joseph). Maison Charles Barrez (verreries Edard). à Paris.

**Faidherbe** (Léon). Maison Charles Barrez (verreries Edard), à Paris.

**Fallot** (Louis). Maison Charles Barrez (verreries Edard), à Paris.

**Flœrchinger** (Jacques). Manufacture des glaces et produits chimiques de Saint-Gobain. Chauny et Cirey. à Paris.

**Foucault** (A.). Société anonyme des verreries de Romilly-sur-Andelle. à Romilly-sur-Andelle.

**Garçon** (Louis). Société anonyme des verreries de Dorignies. à Dorignies.

**Génin** (Louis). Maison Eugène Houtart et ses fils. à Denain.

**Gergès** (Hubert). Maison Appert frères. à Clichy-la-Garenne.

**Gilles** (A.). Manufacture des glaces et produits chimiques de Saint-Gobain. Chauny et Cirey. à Paris.

**Gobert** (Alfred). Maison Eugène Houtart et ses fils. à Denain.

**Gorillot** (Jules). Maison Charles Barrez (verreries Edard), à Paris.

**Grillon** (Maurice). Manufacture des glaces et produits chimiques de Saint-Gobain. Chauny et Cirey. à Paris.

**Hanguel** (Louis). Maison Appert frères. à Clichy-la-Garenne.

**Hossin** (Raymond). Société anonyme des verreries de Romilly-sur-Andelle. à Romilly-sur-Andelle.

**Huguet** (Auguste). Maison Eugène Houtart et ses fils, à Denain.

**Lobry** (Joseph). Société anonyme des verreries de Dorignies, à Dorignies.

**Lauprêtre** (Louis). Maison Charles Barrez (verreries Edard). à Paris.

**Lempérier** (Albert). Société anonyme des verreries de Dorignies. à Dorignies.

**Lindre** (Édouard). Société anonyme des verreries de Dorignies, à Dorignies.

**Lenne** (Alfred). Société anonyme des verreries de Dorignies, à Dorignies.

**Maillot** (Léon). Maison Charles Barrez (verreries Edard). à Paris.

**Malmonte** (Clément). Société anonyme des verreries de Dorignies, à Dorignies.

**Marion** (Émile). Verreries de Bagneaux. à Bagneaux. près Nemours.

**Monnier** (Toussaint). Maison Eugène Houtart et ses fils. à Denain.

**Noël** (Charles). Maison Charles Barrez (verreries Edard). à Paris.

**Optat** (Albert). Maison Appert frères. à Clichy-la-Garenne.

**Platel** (Jules). Maison Charles Barrez (verreries Edard), à Paris.

**Pourchaux** (Louis). Maison Charles Barrez (verreries Edard). à Paris.

**Regnier** (Julien). Manufacture des glaces et produits chimiques de Saint-Gobain, Chauny et Cirey. à Paris.

**Saint-Antoine** (Romain). Verreries de Bagneaux. à Bagneaux. près Nemours.

**Saintoyen** (Louis). Maison Charles Barrez (verreries Edard). à Paris.

**Sénéchal** (Aimable). Maison J. et A. Millet et Cⁱᵉ. à Masnières.

**Sénocq** (Hector). Maison Charles Barrez (verreries (Edard). à Paris.

**Tersin** (Auguste). Maison Eugène Houtart et ses fils. à Denain.

**Thévenin**. Manufacture des glaces et produits chimiques de Saint-Gobain. Chauny et Cirey. à Paris.

**Thouvenot** (Odile). Société anonyme des verreries de Romilly-sur-Andelle. à Romilly-sur-Andelle.

**Veiccheider** (Paul). Manufacture des glaces et produits chimiques de Saint-Gobain, Chauny et Cirey. à Paris.

**Vieillard** (Lnios). Maison Charles Barrez (verreries Edard). à Paris.

Walter (François). Maison Appert frères, à Clichy-
la-Garenne.
Wolwert (Philippe). Maison Appert frères, à Clichy-
la-Garenne.

CLASSE 74. — *Appareils et procédés
du chauffage et de la ventilation.*

COLLABORATEURS

### Diplômes d'honneur.

Daubray (Jean-Marie). Société anonyme des établis-
sements Egrot, à Paris.
Guerlince (Victor). Usines du Pied-Selle, Société ano-
nyme, à Fumay.
Pirre (Émile). Société anonyme des établissements
Egrot, à Paris.
Rosenfeld (Charles). Maison J. Cubain et ses fils, à
Paris.
Weiss (Robert). Maison J. Cubain et ses fils, à Paris.

### Diplômes de Médaille d'or.

Botte (Henri). Usines du Pied-Selle, Société anonyme,
à Fumay.
Cellot (Georges). Société anonyme des établissements
Leroy, à Paris.
Cuinet (Claude). Maison Pierre Arnould, à Paris.
Durand (Émile). Maison J. Cubain et ses fils, à Paris.
Hart (Georges). Société anonyme des établissements
Leroy, à Paris.
Hermant (Émile). Usines du Pied-Selle, Société ano-
nyme, à Fumay.
Lavoignat (Alexis). Maison Pierre Arnould, à Paris.
Martin (Victor). Usines du Pied-Selle, Société anonyme,
à Fumay.

### Diplômes de Médaille d'argent.

Coiffier (Jean). Usines du Pied-Selle, Société anonyme,
à Fumay.
Cretaine (Auguste). Société anonyme des établisse-
ments Leroy, à Paris.
Galloy (Eugène). Usines du Pied-Selle, Société ano-
nyme, à Fumay.
Goffart (Camille). Usines du Pied-Selle, Société ano-
nyme, à Fumay.
Moreau (Henri). Société anonyme des établissements
Leroy, à Paris.

### Diplômes de Médaille de bronze.

Coppée (Paul). Usines du Pied-Selle, Société anonyme,
à Fumay.
Guerlince (Eugène). Usines du Pied-Selle, Société
anonyme, à Fumay.
Martinot (Mlle Émilie). Société anonyme des établissements Egrot, à Paris.
Ménétrier (Mlle Jeanne). Société anonyme des établissements Leroy, à Paris.
Moreau (Jacques). Maison Charles-Élie Cabanes, Paris.

### Diplômes de Mention.

Maucourt (Victor). Usines du Pied-Selle, Société anonyme, à Fumay.
Pfaendler (Walter). Maison Brun et Pfaendler, à Lyon.
Riché (Léon). Usines du Pied-Selle, Société anonyme,
à Fumay.
Robinet (Paulin). Usines du Pied-Selle, Société anonyme, à Fumay.

COOPÉRATEURS

### Diplômes de Médaille de bronze.

Chonion (Jacques). Maison J. Cubain et ses fils, à Paris.
Collard (Joseph). Usines du Pied-Selle, Société ano-
nyme, à Fumay.
Daulon (Étienne). Maison J. Cubain et ses fils, à Paris.
Dubois (Ernest). Société anonyme des établissements
Egrot, à Paris.
Julien (Prosper). Maison Edmond Chaboche, à Paris.
Lagarde (Pierre). Maison Edmond Chaboche, à Paris.
Langlois (Ferdinand). Société anonyme des établissements
Egrot, à Paris.
Maret (François). Société anonyme des établissements
Egrot, à Paris.
Martin (Pierre). Société anonyme des établissements
Egrot, à Paris.
Maucort-Sohet. Usines du Pied-Selle, Société ano-
nyme à Fumay.
Randou (Alexandre). Maison J. Cubain et ses fils, à
Paris.
Riva (Jean). Société anonyme des établissements
Egrot, à Paris.

### Diplômes de Mention.

Aubert (Pierre). Société anonyme des établissements
Egrot, à Paris.
Bachelot (Louis). Maison Edmond Chaboche, à Paris.

Barras (Joseph). Usines du Pied-Selle. Société anonyme, à Fumay.

Barras (Louis). Usines du Pied-Selle. Société anonyme, à Fumay.

Brunier (Albert). Maison Edmond Chaboche, à Paris.

Corbelet (Achille). Maison J. Cubain et ses fils, à Paris.

Desmarest (Jean). Maison Charles-Élie Cabanes, à Paris.

Froget (Alfred). Maison J. Cubain et ses fils, à Paris.

Husson (Gustave). Usines du Pied-Selle. Société anonyme, à Fumay.

Hyon (Émile). Usines du Pied-Selle. Société anonyme, à Fumay.

Laroche (Eugène). Usines du Pied-Selle. Société anonyme, à Fumay.

Lieble (Léon). Maison Edmond Chaboche, à Paris.

Priqueler (Victor). Maison J. Cubain et ses fils, à Paris.

Sacrez (Alfred). Usines du Pied-Selle. Société anonyme, à Fumay.

Sacrez (M<sup>lle</sup> Zoé). Usines du Pied-Selle. Société anonyme, à Fumay.

Simon (Marcellin). Usines du Pied-Selle. Société anonyme, à Fumay.

### Classe 75. — *Appareils et procédés d'éclairage non électrique.*

#### COLLABORATEURS

#### Diplômes d'honneur.

Auberton-Carafa (d'). Compagnie du gaz de Lyon, à Lyon.

Baralle (de). Société d'éclairage, chauffage et force motrice, à Paris.

Chervet. Compagnie du gaz de Lyon, à Lyon.

David (Marcel). Société du gaz de Paris, à Paris.

Decluy (Henry). Comité central des cokes de France, à Paris.

Lædlein. Société du gaz de Paris, à Paris.

Maréchal. Compagnie du gaz de Lyon, à Lyon.

#### Diplômes de Médaille d'or.

Béguin. Société du gaz de Paris, à Paris.

Chartier (Théodule). Société anonyme des établissements Allez frères, à Paris.

Degrand. Société du gaz de Paris, à Paris.

Delaporte (Jos.). Comité central des cokes de France, à Paris.

Despinoy (Ildefonse-Joseph). Société d'éclairage, chauffage et force motrice, à Paris.

Francois. Compagnie du gaz de Lyon, à Lyon.

Martinaud (Ernest). Maison Théodore Vautier, à Lyon.

Moreau (Auguste). Société française de chaleur et lumière, à Levallois-Perret.

Thibeault. Société du gaz de Paris, à Paris.

#### Diplômes de Médaille d'argent.

Chaude (Paul-Émile). Maison Ch.-M. Stein et C<sup>ie</sup>, à Paris.

Cocu. Société du gaz de Paris, à Paris.

Munch. Société du gaz de Paris, à Paris.

Odie (Louis). Maison Jacques Visseaux, à Lyon.

#### Diplômes de Médaille de bronze.

Fleury. Société du gaz de Paris, à Paris.

Gorvel. Société du gaz de Paris, à Paris.

Lagneau. Société du gaz de Paris, à Paris.

Leprince-Ringuet. Société du gaz de Paris, à Paris.

Mouden. Société du gaz de Paris, à Paris.

Perrin. Société du gaz de Paris, à Paris.

Senrot. Société du gaz de Paris, à Paris.

Thomas (Henri-Eugène). Maison Ch.-M. Stein et C<sup>ie</sup>, à Paris.

#### COOPÉRATEURS

#### Diplômes de Médaille de bronze.

Berger. Société du gaz de Paris, à Paris.

Boulnois. Société française de chaleur et lumière, à Levallois-Perret.

Fleury. Compagnie du gaz de Lyon, à Lyon.

Francois (Lucien). Maison Ch.-M. Stein et C<sup>ie</sup>, à Paris.

Gaspard. Société du gaz de Paris, à Paris.

Giroux. Société du gaz de Paris, à Paris.

Lattrelize (Pierre). Société anonyme des établissements Allez frères, à Paris.

Simon (Henri). Maison Maurice Devinat, à Paris.

Zambeaux. Compagnie du gaz de Lyon, à Lyon.

#### Diplômes de Mention.

Andrivot (Louis). Maison Ch.-M. Stein et C<sup>ie</sup>, à Paris.

Cartier. Société du gaz de Paris, à Paris.

Dubost. Société du gaz de Paris, à Paris.

Lacroix (Michel). Société française de chaleur et lumière, à Levallois-Perret.

Vert. Société du gaz de Paris, à Paris.

# GROUPE XIII

## Fils. Tissus. Vêtements.

CLASSES 76. 77. 78 ET 79 RÉUNIES. — *Matériel et procédés de la filature et de la
corderie. — Matériel et procédés de la
fabrication des tissus. — Matériel et procédés du blanchiment, de la teinture, de
l'impression et de l'apprêt des matières
textiles à leurs divers états. — Matériel
et procédés de la couture et de la confection
de l'habillement.*

### COLLABORATEURS

### Diplômes d'honneur.

**Barbier** (Gaston). Blanchisserie et teinturerie de
Cambrai, à Cambrai.

**Benard** (Georges). Anciens établissements Albert
Ricbourg, à Paris.

**Boucherie** (Adolphe). Maison Verhaeghe-Vandewyne-
kele, à Halluin.

**Cerbeland** (Gaston). Maison Drin et Longepied, à
Courbevoie.

**Charles** (Samuel). Maison H. Drossner (raison sociale :
Drossner et Cie, à Paris.

**Daffir** (Louis). Maison Drin et Longepied, à Courbevoie.

**Hubaut** (Alfred). Maison Drin et Longepied, à Courbevoie.

**Jourdin** (Auguste). Société anonyme de teinture et
d'impression V. Gaydet et fils, à Roubaix.

**Mairesse** (Georges). Maison Lesaché, Virvaire et Cie,
à Paris.

**Moreillon** (Henri). Blanchisserie et teinturerie de
Thaon, à Thaon.

**Morelle** (Georges). Blanchisserie et teinturerie de
Cambrai, à Cambrai.

**Morelle** (Maurice). Blanchisserie et teinturerie de
Cambrai, à Cambrai.

**Pagniez** (André). Blanchisserie et teinturerie de
Cambrai, à Cambrai.

**Soudan** (Alfred). Anciens établissements Albert Ricbourg, à Paris.

### Diplômes de Médaille d'or.

**Auzannet** (Joseph). Maison Drin et Longepied, à
Courbevoie.

**Banzet** (P.). Blanchisserie et teinturerie de Thaon,
à Thaon.

**Bilbaut** (Jules). Blanchisserie et teinturerie de Cambrai, à Cambrai.

**Buisson** fils (J.). Blanchisserie et teinturerie de
Thaon, à Thaon.

**Boucherie** (Charles). Maison Verhaeghe-Vandewyne-
kele, à Halluin.

**Boucherie** (Gustave). Maison Verhaeghe-Vandewyne-
kele, à Halluin.

**Dehon** (Jules). Blanchisserie et teinturerie de Cambrai, à Cambrai.

**Delfolie** (Lucien). Blanchisserie et teinturerie de
Cambrai, à Cambrai.

**Fletcher** (Ed.). Blanchisserie et teinturerie de Thaon,
à Thaon.

**Gilliatt** (James). United Shoe Machinery Company
de France, à Paris.

**Grünewald** (Jos.). Blanchisserie et teinturerie de
Thaon, à Thaon.

**Hinaut** (Félix). Blanchisserie et teinturerie de Cambrai, à Cambrai.

**Lederlin** (Henry). Blanchisserie et teinturerie de
Thaon, à Thaon.

**Ort** (Anton). Maison H. Drossner (raison sociale :
Drossner et Cie, à Paris.

**Petitjean** (Jules). Blanchisserie et teinturerie de
Thaon, à Thaon.

**Pirron** (Victor). Maison Grosselin père et fils, à
Sedan.

**Sauvalle** (Mme Augustine). *La Mode illustrée*, à Paris.

**Silbereisen**. Blanchisserie et teinturerie de Thaon, à
Thaon.

**Urth** (André). Maison Grosselin, père et fils, à
Sedan.

**Weber** (Jos.). Blanchisserie et teinturerie de Thaon,
à Thaon.

### Diplômes de Médaille d'argent.

**Beck** (Georges). Maison Amédée Gombault, à Grenoble.

**Boucherie** (Victor). Maison Verhaeghe-Vandewyne-
kele, à Comines.

**Boulay** (Léon). Blanchisserie et teinturerie de Thaon,
à Thaon.

Discher (Georges). Blanchisserie et teinturerie de Thaon, à Thaon.

Giély (Marcel). United Shoe Machinery Company de France, à Paris.

Knœpflin (Xavier). Blanchisserie et teinturerie de Thaon, à Thaon.

Labitte (Georges). United Schoe Machinery Company de France, à Paris.

Legay (Ch.). Blanchisserie et teinturerie de Thaon, à Thaon.

Mayet (Charles). Maison Lesaché, Virvaire et Cie, à Paris.

Resch (Jos.). Blanchisserie et teinturerie de Thaon, à Thaon.

Van Hoff (Mlle Alice-Germaine). La Mode illustrée, à Paris.

## COOPÉRATEURS

### Diplômes de Médaille de bronze.

Bègue (Louis). Blanchisserie et teinturerie de Cambrai, à Cambrai.

Bétrancourt (Georges). Blanchisserie et teinturerie de Cambrai, à Cambrai.

Bolusset (Léon). Anciens établissements Albert Ricbourg, à Paris.

Boucherie (Polydore). Maison Verhæghe-Vandewynekele, à Comines.

Colaris (Mlle Clara). Anciens établissements Albert Ricbourg, à Paris.

Dhooge (Théophile). Blanchisserie et teinturerie de Cambrai, à Cambrai.

Discher (Albert). Blanchisserie et teinturerie de Thaon, à Thaon.

Grandmougin (P.). Blanchisserie et teinturerie de Thaon, à Thaon.

Greibill (Mlle Honorine). La Mode illustrée, à Paris.

Jacquemart (Henri). Blanchisserie et teinturerie de Cambrai, à Cambrai.

Kirchhoffer (Félix). Blanchisserie et teinturerie de Thaon, à Thaon.

Læbens (Henri). Maison Verhæghe-Vandewynckele, à Comines.

Lebrun (Gustave). Blanchisserie et teinturerie de Cambrai, à Cambrai.

Lefebvre (Armand). Blanchisserie et teinturerie de Cambrai, à Cambrai.

Loquey (Eug.). Maison Drin et Longepied, à Courbevoie.

Louis (Maurice). Maison Grosselin père et fils, à Sedan.

Mathieu (Prosper). Blanchisserie et teinturerie de Thaon, à Thaon.

Mathieux (Gustave). Blanchisserie et teinturerie de Cambrai, à Cambrai.

Milliot (Alphonse). Blanchisserie et teinturerie de Cambrai, à Cambrai.

Morel (Victor). Blanchisserie et teinturerie de Thaon, à Thaon.

Prost (Jules). Maison Grosselin père et fils. à Sedan.

Renard (Albert). Blanchisserie et teinturerie de Thaon, à Thaon.

Rothenborg (Ange). Maison H. Drossner (raison sociale : Drossner et Cie), à Paris.

Rothiot (Benj.). Blanchisserie et teinturerie de Thaon, à Thaon.

Spérisse (Ruffin). Blanchisserie et teinturerie de Thaon, à Thaon.

Thomas (Émile). Anciens établissements Albert Ricbourg, à Paris.

Vandeputte (Henri). Maison Verhæghe-Vandewynekele, à Halluin.

Véglia (Victor). Maison Eug. Collon, à Cannes.

Vogelweid. Blanchisserie et teinturerie de Thaon. à Thaon.

Wéber (Valentin). Blanchisserie et teinturerie de Thaon. à Thaon.

CLASSE 80. — *Fils et tissus de coton.*

## COLLABORATEURS

### Diplômes d'honneur.

Baudouin (Alphonse). Maison David. Maigret et Donon, à Paris.

Booth (John). Société anonyme la Cotonnière lilloise. à Canteleu-Lille.

Bygodt (Achille). Société anonyme la Cotonnière lilloise, à Canteleu-Lille.

Damez (Alfred). Association des filateurs de coton de Roubaix, à Roubaix.

Deblonde (Charles). Maison Motte-Bossut fils, Roubaix.

Erny (Télesphore). Maison les fils d'Emanuel Lang. à Paris.

Fearn (M.-G.). Maison Motte-Bossut fils et Mengers, à Roubaix.

Giroy (Fritz). Maison M. Jalla et Cie, à Paris.

Guéroult (William). Maison A. Badin et fils, à Barentin.

Guldemann (L.). Société anonyme des établissements Georges Kœchlin, à Belfort.

Hanhart (Lucien). Maison les fils d'Emanuel Lang. à Paris.

Huette (Jules). Maison David, Maigret et Donon, à Paris.

Hugueny (X.). Syndicat cotonnier de l'Est, à Épinal.

Joubin (Daniel). Syndicat cotonnier de l'Est, à Épinal.

Loisel (Charles). Maison Barbet-Massin, Popelin et Cie. à Paris.

Oberreiner (J.). Société anonyme des établissements Georges Kœchlin, à Belfort.

Robiquet (Henri). Maison M. Jalla et Cie. à Paris.

Thomas (Louis). Maison A. Badin et fils, à Barentin.

### Diplômes de Médaille d'or.

Bertheloot (J.-B.). Maison Alexandre Joire, à Tourcoing.

Binder (Pierre). Maison M. Jalla et Cie. à Paris.

Bloquet (Edouard). Maison M. Jalla et Cie. à Paris.

Bonnet. Maison M. Jalla et Cie. à Paris.

Bottard (Félix). Maison Kahn, Lang et Cie. à Paris.

Boutonnet (Gaston). Maison M. Jalla et Cie. à Paris.

Creusot (Benjamin). Société anonyme des tissus de laine des Vosges, Le Thillot.

Debæne (Alfred). Société anonyme *la Cotonnière lilloise*, à Canteleu-Lille.

Deforges (Almire). Maison David, Maigret et Donon. à Paris.

Gibert (Ernest). Maison David. Maigret et Donon, à Paris.

Giroy (Léon). Maison M. Jalla et Cie. à Paris.

Godel. Maison Kahn. Lang et Cie. à Paris.

Honore (Léon). Association des filateurs de coton de Roubaix. à Roubaix.

Labadie. Maison M. Jalla et Cie. à Paris.

Legleye (Gustave). Maison Alexandre Joire. à Tourcoing.

Lemoine (Louis). Maison A. Badin et fils. à Barentin.

Lesage (Émile). Maison Léon Crépy fils et Cie. à Lille.

Mahieu (Auguste). Maison Motte-Bossut fils, à Roubaix.

Marchal (Mme Napoléon). Maison Napoléon Marchal. à Saint-Amé.

Masset (Auguste). Maison M. Jalla et Cie. à Paris.

Montémont (Adrien). Maison Edouard Pinot, à Rupt-sur-Moselle.

Oberreiner (Aimé). Maison Edouard Pinot, à Rupt-sur-Moselle.

Pavie (Eugène). Maison David. Maigret et Donon, à Paris.

Pierrot (Henri). Maison David. Maigret et Donon, à Paris.

Prouvot (Émile). Maison Motte, Bossut fils et Menzers, à Roubaix.

Rossel. Société anonyme des établissements Georges Kœchlin, à Belfort.

Tille (Arthur). Maison David, Maigret et Donon, à Paris.

Vanlande (Marcel). Société anonyme *la Cotonnière lilloise*, à Canteleu-Lille.

Voiret (Ernest). Maison David, Maigret et Donon, à Paris.

Weiss (Adrien). Maison Deguerre frères et Cie, à Remiremont.

### Diplômes de Médaille d'argent.

Barbry (Edmond). Maison Léon Crépy fils et Cie, à Lille.

Bon (Ferdinand). Maison M. Jalla et Cie, à Paris.

Brettman (Henri). Maison David, Maigret et Donon, à Paris.

Calydonius (Auguste). Maison David. Maigret et Donon, à Paris.

Fuchs (Armand). Maison Napoléon Marchal, à Saint-Amé.

Grosjean (Alfred). Société anonyme des tissus de laine des Vosges, Le Thillot.

Honoré (Fernand). Maison Alexandre Joire, à Tourcoing.

Humbert (Mme Léonie). Maison M. Jalla et Cie, à Paris.

Joly (Alfred). Maison David. Maigret et Donon, à Paris.

Louart (Horace). Maison David, Maigret et Donon, à Paris.

Maurice (Victor). Société anonyme des tissus de laine des Vosges, Le Thillot.

Pillot (Charles). Maison Deguerre frères et Cie, à Remiremont.

Souvay (Joseph). Société anonyme des tissus de laine des Vosges, Le Thillot.

Van Costenoble (Paul). Maison Léon Crepy fils et Cie. à Lille.

### COOPÉRATEURS

### Diplômes de Médaille de bronze.

Anceye (Mme Germaine). Maison Alexandre Joire, à Tourcoing.

Barbe (Alphonse). Maison Alexandre Joire, à Tourcoing.

Castelin (Jules). Maison Alexandre Joire, à Tourcoing.

Charles (Louis). Maison David, Maigret et Donon, à Paris.

**Charles** (Maurice). Maison David. Maigret et Donon. à Paris.

**Delspause** (Désiré). Maison Alexandre Joire. à Tourcoing.

**Destauvages** (M<sup>lle</sup> Augustine). Maison Alexandre Joire. à Tourcoing.

**Duclos** (Pierre). Maison A. Badin et fils. à Barentin.

**Dugaucquier** (Émile). Maison Alexandre Joire. à Tourcoing.

**Foos** (M.). Société anonyme des établissements Georges Kœchlin, à Belfort.

**Granderie** (Amédée). Maison A. Badin et fils, à Barentin.

**Hernould** (Paul). Maison David. Maigret et Donon. à Paris.

**Herry** (Jean). Maison David. Maigret et Donon, à Paris.

**Lassaigne** (Joseph). Maison David. Maigret et Donon. à Paris.

**Legrand** (Émile). Maison les fils d'Emanuel Lang. à Paris.

**Leiber** (Georges). Société anonyme des tissus de laine des Vosges, Le Thillot.

**Letscher**. Maison les fils d'Emanuel Lang. à Paris.

**Librecht** (Désiré). Maison Alexandre Joire, à Tourcoing.

**Louis** (Albert). Société anonyme des tissus de laine des Vosges, Le Thillot.

**Perry** (Émile). Société anonyme des tissus de laine des Vosges, Le Thillot.

**Philippe** (Félix). Société anonyme des tissus de laine des Vosges. Le Thillot.

**Pypers** (M<sup>lle</sup> Jeanne). Maison Alexandre Joire. à Tourcoing.

**Pypers** (M<sup>lle</sup> Marie). Maison Alexandre Joire. à Tourcoing.

**Steux** (M<sup>lle</sup> Marie). Maison Alexandre Joire, à Tourcoing.

**Vermant** (Denis). Maison Alexandre Joire. à Tourcoing.

CLASSE 81. — *Fils et tissus de lin,*
*de chanvre, etc. — Produits de la corderie.*

COLLABORATEURS

### Diplômes d'honneur.

**Baucheron** (Auguste). Maison G.-S. Vancauwenberghe. Davenport et C<sup>ie</sup>, à Saint-Pol-sur-Mer.

**Bissat** (Albert). Maison E. Mascré. à Paris.

**Cayeux** (Camille). Société des établissements Deneux frères. à Paris.

**Cousin** (Désiré). Maison Cousin frères, à Comines.

**Duthoit** (Alexandre). Maison André Huet et C<sup>ie</sup>. à Lille.

**Guérin** (Albert). Comptoir de l'industrie linière (Guérin, Véret. Bessière et C<sup>ie</sup>), à Paris.

**Henriot** (Eugène). Maison Saint frères, à Paris.

**Iker** (Georges). Maison Simonnot-Godard, à Paris.

**Leport** (Cyrille). Maison A. Badin et fils. à Barentin.

**Leroy-Béague** (Albert). Maison Louis Nicolle, à Canteleu-Lomme.

**Picard** (Alfred). Chambre de commerce avec le concours du Syndicat des fabricants de toile d'Armentières, Houplines et localités environnantes. à Armentières.

**Prevost** (Gérard). Maison Cl. Guillemaud aîné et C<sup>ie</sup>. à Seclin.

**Prevost** (Léopold). Maison Cl. Guillemaud aîné et C<sup>ie</sup>. à Seclin.

**Rillardon**. Maison Saint frères. à Paris.

**Sevin**. Maison Saint frères. à Paris.

**Weeksteen** (Auguste). Chambre de commerce avec le concours du Syndicat des fabricants de toiles d'Armentières. Houplines et localités environnantes. à Armentières.

**Wicquart**. Société des établissements Deneux frères. à Paris.

### Diplômes de Médaille d'or.

**Baudu** (Georges). Maison A. Badin et fils. à Barentin.

**Bouvier**. Maison Saint frères. à Paris.

**Delattre** (Victor). Maison André Huet et C<sup>ie</sup>. à Lille.

**Duboquet**. Maison Louis Nicolle. à Canteleu-Lomme.

**Durand** (Albert). Syndicat des filateurs de lin. de chanvre et d'étoupes de France. à Lille.

**Duvosquel** (Victor). Maison Cousin frères. à Comines.

**Hebert** (Hippolyte). Maison A. Badin et fils. à Barentin.

**Ithier** (Georges). Société des établissements Deneux frères. à Paris.

**Laurent** (Auguste). Comptoir de l'industrie linière (Guérin, Véret, Bessière et C<sup>ie</sup>). à Paris.

**Loste** (Claudius). Maison E. Mascré. à Paris.

**Macron**. Maison Saint frères. à Paris.

**Mascart** (Myrtil). Maison Simonnot-Godard, à Paris.

**Mazuet** (Octave). Société des établissements Deneux frères. à Paris.

**Milhomme** (François). Maison E. Mascré, à Paris.

Monpetit. Maison Saint frères, à Paris.
Perry (Guillaume). Maison Boutemy frères, à Lannoy-du-Nord.
Smith (Eugène). Maison H. et G. Drieux, à Seclin.
Thiberghien (Georges). Maison André Huet et Cie, à Lille.
Vandenbosche (Ernest). Maison G.-S. Vancauwenberghe, Davenport et Cie, à Saint-Pol-sur-Mer.
Vanschorisse (Jules). Maison G.-S. Vancauwenberghe, Davenport et Cie, à Saint-Pol-sur-Mer.
Vast (Édouard). Maison Saint frères, à Paris.

### Diplômes de Médaille d'argent.

Becvort (Jules). Société des établissements Deneux frères, à Paris.
Bricque. Maison Saint frères, à Paris.
Brillant (Victor). Société des établissements Deneux frères, à Paris.
Brocart (Paul). Maison Henri Chas, à Armentières.
Cavillon. Maison Saint frères, à Paris.
Chauvin. Maison Saint frères, à Paris.
Chocholle. Maison Saint frères, à Paris.
Darroux. Maison Saint frères, à Paris.
Decottignier (Paul). Comptoir de l'industrie linière (Guérin, Véret, Bessière et Cie), à Paris.
Degay (Ernest). Maison G.-S. Vancauwenberghe, Davenport et Cie, à Saint-Pol-sur-Mer.
Delannoy (Victor). Maison H. et G. Drieux, à Seclin.
Deneux (Émile). Société des établissements Deneux frères, à Paris.
Deneux (Émilien). Société des établissements Deneux frères, à Paris.
Detrez (Jean). Maison André Huet et Cie, à Lille.
Fogt. Maison Saint frères, à Paris.
Fourquer. Maison Saint frères, à Paris.
Guérin. Maison Saint frères, à Paris.
Henrion (Alfred). Maison Henri Chas, à Armentières.
Henriot (Léon). Maison Saint frères, à Paris.
Hordequin. Maison Saint frères, à Paris.
Joly. Maison Saint frères, à Paris.
Lepers (Ferdinand). Maison Boutemy frères, à Lannoy-du-Nord.
Leroy (Pierre). Maison André Huet et Cie, à Lille.
Leroy (Jules). Société des établissements Deneux frères, à Paris.
Louail (Gustave). Maison A. Badin et fils, à Barentin.
Marin. Maison Saint frères, à Paris.
Mathon. Maison Saint frères, à Paris.
Morel. Maison Saint frères, à Paris.
Noyelle. Maison André Huet et Cie, à Lille.

Pellorce. Maison Saint frères, à Paris.
Petit. Maison Saint frères, à Paris.
Rispal (Georges). Maison Simonnot-Godard, à Paris.
Teneur (Émile). Maison G.-S. Vancauwenberghe, Davenport et Cie, à Saint-Pol-sur-Mer.
Triplet. Maison Henri Chas, à Armentières.
Vallart. Maison Saint frères, à Paris.
Vast (Alfred). Maison Saint frères, à Paris.

### Diplômes de Médaille de bronze.

Allaire. Maison Saint frères, à Paris.
Beauvois (Arthur). Maison G.-S. Vancauwenberghe, Davenport et Cie, à Saint-Pol-sur-Mer.
Blanchard. Maison Saint frères, à Paris.
Bourgeois (Gustave). Maison E. Mascré, à Paris.
Calmon. Maison Saint frères, à Paris.
Clément (Hector). Maison H. et G. Duriez, à Seclin.
Darras (Charles). Société des établissements Deneux frères, à Paris.
Dotte (Georges). Maison veuve C. Crespel et fils, à Lille.
Duquesnoy. Société des établissements Deneux frères, à Paris.
Duriez (Charles). Maison veuve C. Crespel et fils, à Lille.
Het (Gustave). Maison A. Crespel, à Lille.
Legros. Maison Saint frères, à Paris.
Lemesre (Edm.). Maison Cousin frères, à Comines.
Leroy. Maison Saint frères, à Paris.
Lezy. Maison Saint frères, à Paris.
Peckre (Lucien). Maison Vandenbosch et Cie, à Wambrechies.
Poissonnier (François). Maison H. et G. Drieux, à Seclin.
Sapelier (Georges). Maison G.-S. Vancauwenberghe, Davenport et Cie, à Saint-Pol-sur-Mer.
Thieullez (Léonide). Maison E. Mascré, à Paris.
Vallard. Maison Saint frères, à Paris.

### Diplômes de Mention.

Bacquet (Léonce). Société des établissements Deneux frères, à Paris.
Bodelle (Alphonse). Maison G.-S. Vancauwenberghe, Davenport et Cie, à Saint-Pol-sur-Mer.
Duhamel (Maurice). Maison A. Crespel, à Lille.
Hornez (Louis). Maison Cousin frères, à Comines.
Joly. Société des établissements Deneux frères, à Paris.
Lemesre (Edm.). Maison Cousin frères, à Comines.

Pilate (Louis). Maison Cousin frères, à Comines.
Pilate (Lucien). Maison Cousin frères, à Comines.
Royon (M<sup>lle</sup> Clara). Société des établissements Deneux frères, à Paris.
Savoye. Maison Saint frères, à Paris.
Sévin (Georges). Maison Saint frères, à Paris.
Trystram (Gaston). Maison A. Crespel, à Lille.

## COOPÉRATEURS

### Diplômes de Médaille de bronze.

Abraham (M<sup>me</sup> Pauline). Maison André Huet et C<sup>ie</sup>, à Lille.
Bailly (Jules). Maison Saint frères, à Paris.
Barotte (J.-B.). Maison Vandenbosch et C<sup>ie</sup>, à Wambrechies.
Baussy (Émile). Maison Saint frères, à Paris.
Bellac (Paul). Maison H. et G. Drieux, à Seclin.
Bellanger. Maison Saint frères, à Paris.
Bellard (Adolphe). Maison Saint frères, à Paris.
Berger (M<sup>me</sup>). Société des établissements Deneux frères, à Paris.
Billet (Jules). Maison Saint frères, à Paris.
Binet (Joseph). Maison Saint frères, à Paris.
Boucher (Arthur). Maison Saint frères, à Paris.
Boursin (Éliacin). Maison Saint frères, à Paris.
Boussy. Maison Saint frères, à Paris.
Boutillier (Albert). Maison Saint frères, à Paris.
Brailly (Oct.). Maison Saint frères, à Paris.
Braut (Louis). Société anonyme des établissements Deneux frères, à Paris.
Cailleux (Florentin). Maison Saint frères, à Paris.
Candas (Ambroise). Maison Saint frères, à Paris.
Canot. Maison Saint frères, à Paris.
Carle (Théodule). Maison Saint frères, à Paris.
Carlier (Adolphe). Maison Henri Chas, à Armentières.
Castelain (Alphonse). Maison André Huet et C<sup>ie</sup>, à Lille.
Cauet (Alfred). Maison Saint frères, à Paris.
Comptare (M<sup>lle</sup> Louise). Maison Henri Chas, à Armentières.
Coquelle (Victor). Maison Saint frères, à Paris.
Cornet (M<sup>me</sup> Marie). Maison Saint frères, à Paris.
Cossin (Jean). Maison Saint frères, à Paris.
Darras (Anatole). Maison Saint frères, à Paris.
Darroux (Octave). Maison Saint frères, à Paris.
Dedeyne (Paul). Maison André Huet et C<sup>ie</sup>, à Lille.
Delassalle (René). Maison Saint frères, à Paris.
Deldicque (M<sup>me</sup> Sophie). Maison Vandenbosch et C<sup>ie</sup>, à Wambrechies.

Delebecque (M<sup>lle</sup> Maria). Maison Louis Nicolle, à Canteleu-Lomme.
Desmarest (Clovis). Maison Saint frères, à Paris.
Devauchelle. Maison Saint frères, à Paris.
Dion (Henri). Maison veuve C. Crespel et fils, à Lille.
Dourlent (M<sup>me</sup>). Maison Saint frères, à Paris.
Dufossé. Maison Saint frères, à Paris.
Duminil (Fulgence). Maison Saint frères, à Paris.
Duriez. Maison Henri Chas, à Armentières.
Duthilleul (Hector). Maison H. et G. Duriez, à Seclin.
Duval (Oscar). Maison Saint frères, à Paris.
Farcy (Amédée). Maison Saint frères, à Paris.
Farcy (Arthur). Maison Saint frères, à Paris.
Fauquet (Joseph). Maison Saint frères, à Paris.
Flandre (Émile). Maison Saint frères, à Paris.
François (Alphonse). Maison Saint frères, à Paris.
Fricot (Adéodat). Maison Saint frères, à Paris.
Froidure (Émile). Maison Saint frères, à Paris.
Fuiret (François). Maison Saint frères, à Paris.
Gellé (Camille). Maison Saint frères, à Paris.
Gillouard. Maison Saint frères, à Paris.
Gourguechon (M<sup>me</sup> Félicie). Maison Saint frères, à Paris.
Gruson (Émile). Maison Henri Chas, à Armentières.
Guilbert (Ernest). Maison Saint frères, à Paris.
Guillouard (Constant). Maison Saint frères, à Paris.
Hardy (Henri). Maison Saint frères, à Paris.
Helewaut (J.-B.). Maison H. et G. Drieux, à Seclin.
Helluin (Eugène). Maison Saint frères, à Paris.
Henri (Georges). Maison Henri Chas, à Armentières.
Hutin (Louis). Maison Saint frères, à Paris.
Jolibois (Jules). Maison Saint frères, à Paris.
Jouy (M<sup>me</sup> Félicie). Maison Saint frères, à Paris.
Jouy (Pierre). Maison Saint frères, à Paris.
Langlet (Ferdinand). Maison Saint frères, à Paris.
Langlet (Léon). Maison Saint frères, à Paris.
Lasserre (M<sup>me</sup>). Société anonyme des établissements Deneux frères, à Paris.
Laurent (Charles). Maison A. Crespel, à Lille.
Legrand (Palmire). Maison Saint frères, à Paris.
Letailleur (Eugène). Maison Saint frères, à Paris.
Louette (Émilien). Maison Saint frères, à Paris.
Lourdel (Benoît). Maison Saint frères, à Paris.
Loyer (Alph.). Maison Saint frères, à Paris.
Loyer (Louis). Maison Saint frères, à Paris.
Lucas (Arthur). Société anonyme des établissements Deneux frères, à Paris.
Maillard (Diogène). Maison Saint frères, à Paris.
Maillard (Silvère). Société anonyme des établissements Deneux frères, à Paris.
Malherbe (Zéphir). Maison Saint frères, à Paris.

Malot (Jules). Maison Saint frères, à Paris.
Masson (Albert). Maison Saint frères, à Paris.
Michaut (Florimond). Société anonyme des établissements Deneux frères, à Paris.
Michaut (H.). Société anonyme des établissements Deneux frères, à Paris.
Monpetit (Théophile). Maison Saint frères, à Paris.
Moy (Albert). Maison Saint frères, à Paris.
Noisette (Henri). Maison Simonnot-Godard, à Paris.
Parmentier (Joseph). Maison Saint frères, à Paris.
Patry (Fernand). Maison Saint frères, à Paris.
Payen (M¹¹ᵉ Marie). Maison Henri Chas, à Armentières.
Poire (Désiré). Maison Saint frères, à Paris.
Poiré (Louis). Maison Saint frères, à Paris.
Pruvost (Jean). Maison Saint frères, à Paris.
Quignon (Anatole). Maison Saint frères, à Paris.
Quint (Octave). Maison Saint frères, à Paris.
Rivillon (Théophile). Maison Saint frères, à Paris.
Rouzé (César). Maison A. Crespel, à Lille.
Sainte (Alfred). Maison Saint frères, à Paris.
Sauval (Prudent). Maison Saint frères, à Paris.
Sellier (Désiré). Maison Saint frères, à Paris.
Sinoquet. Maison Saint frères, à Paris.
Tallet (André). Maison Saint frères, à Paris.
Tellier (Albert). Maison Saint frères, à Paris.
Tellier (Alfred). Maison Saint frères, à Paris.
Théry (Alphonse). Maison André Huet et Cⁱᵉ, à Lille.
Thibaron (Augustin). Maison Saint frères, à Paris.
Thuillier (Émile). Maison Saint frères, à Paris.
Tripier (Victor). Maison Saint frères, à Paris.
Truyen (Arthur). Maison André Huet et Cⁱᵉ, à Lille.
Vanandruel (Louis). Maison Henri Chas, à Armentières.
Vaudenbusche (Henri). Maison André Huet et Cⁱᵉ, à Lille.
Van den Briessche (Oscar). Maison Drieux et fils, à Lille.
Vauchelle (Louis). Maison Saint frères, à Paris.
Verdoncq (J.-B.). Maison H. et G. Duriez, à Seclin.
Wasse (Gédéon). Maison Saint frères, à Paris.
Withoucq (Charles). Maison André Huet et Cⁱᵉ, à Lille.

### Diplômes de Mention.

Bailleul (Fénelon). Maison Simonnot-Godard, à Paris.
Ballet (Jérôme). Maison H. et G. Duriez, à Seclin.
Bara (Louis). Maison Simonnot-Godard, à Paris.
Bouffaux (Alphonse). Société anonyme des établissements Deneux frères, à Paris.

Brasseur (Théodule). Maison Saint frères, à Paris.
Delacloye (Jean). Maison Saint frères, à Paris.
Demazure (Jules). Société anonyme des établissements Deneux frères, à Paris.
Deneux (Alfred). Maison Saint frères, à Paris.
Devisme (Ferdinand). Maison Saint frères, à Paris.
Devisme (Théodule). Maison Saint frères, à Paris.
Ducrocq (Alphonse). Maison Saint frères, à Paris.
Ducrotoy (Paul). Maison Saint frères, à Paris.
Dulin (Philogène). Maison Saint frères, à Paris.
Édouard (Adolphe). Société anonyme des établissements Deneux frères, à Paris.
Guillaume (Mᵐᵉ). Maison Simonnot-Godard, à Paris.
Godefroy (Louis). Maison André Huet et Cⁱᵉ, à Lille.
Grognet (Albert). Maison Saint frères, à Paris.
Hericotte (Paul). Maison Saint frères, à Paris.
Lefebvre (Anatole). Maison Saint frères, à Paris.
Leroy (Clément). Société anonyme des établissements Deneux frères, à Paris.
Maillard (Arthur). Maison Saint frères, à Paris.
Minet (Constant). Maison H. et G. Duriez, à Seclin.
Ponchel (Jules). Maison Saint frères, à Paris.
Racine (Michel). Maison Saint frères, à Paris.
Résédat (Joseph). Société anonyme des établissements Deneux frères, à Paris.
Rivet. Maison Saint frères, à Paris.
Robert (Louis). Maison Saint frères, à Paris.
Sannier (Lazare). Maison Saint frères, à Paris.
Savoye (François). Maison Saint frères, à Paris.
Tesseron (Henri). Maison Saint frères, à Paris.
Toullier (Gaston). Maison Saint frères, à Paris.

CLASSE 82. — *Fils et tissus de laine.*

### COLLABORATEURS

### Diplômes d'honneur.

Bretting (Hermann). Maison Lemaire-Dillies, à Roubaix.
Caille (Félix). Maison Alfred Motte et Cⁱᵉ, à Roubaix.
Carbon (Achille). Maison César et Joseph Pollet, à Roubaix.
Catteau (Léon). Maison César et Joseph Pollet, à Roubaix.
Champier (Victor). École nationale des arts industriels, à Roubaix.
Copejans (Arthur). Maison César et Joseph Pollet, à Roubaix.
Coutsier (Paul). Maison César et Joseph Pollet, à Roubaix.

**Craveri** (Annibal). Maison Alfred Motte et Cⁱᵉ. à Roubaix.

**Crothers** (Norman H.). Maison Isaac Holden et fils. limited. à Croix.

**Cuvelier** (Paul). Maison Henry Ternynck et fils. à Roubaix.

**Decoyère** (Henri). Maison E. Mathon et Dubrulle fils. à Tourcoing.

**Decrane** (Émile). Maison Alfred Motte et Cⁱᵉ. à Roubaix.

**Delcroix** (Joseph). Maison César et Joseph Pollet. à Roubaix.

**Delescluse** (Louis). Maison César et Joseph Pollet. à Roubaix.

**Desrousseaux** (J.-B.). Maison Félix Desurmont. à Tourcoing.

**Devillers** (Victor). Établissements F. Masurel frères. à Tourcoing.

**Duhamel** (Élisée). Compagnie générale des industries textiles. à Roubaix.

**Duterte** (Gustave). Maison Achille et Pierre Pollet, à Tourcoing.

**Duthoit** (Albert). Syndicat des peigneurs de laine de Croix, Roubaix. Tourcoing, à Roubaix.

**Duthoit** (Léon). Société anonyme de peignage (anciens établissements Amédée Prouvost et Cⁱᵉ). à Roubaix.

**Flévet** (Louis). Société anonyme des établissements Wibaux-Florin. à Roubaix.

**Fluhr** (Paul). Maison Leclercq-Dupire, à Roubaix.

**Fouquet** (Charles). Maison Klein fils ainé. à Sedan.

**Froidure** (André). Société anonyme de peignage (anciens établissements Amédée Prouvost et Cⁱᵉ). à Roubaix.

**Gemmell** (John). Maison Isaac Holden et fils limited. à Croix.

**Géva** (Victor). Maison Félix Desurmont. à Tourcoing.

**Guerin** (Jules). Maison Gamand-Caziez et Cⁱᵉ. à Amiens.

**Gurné** (Émile). Maison Alloend. Bessand et Cⁱᵉ. à Caudebec-lès-Elbeuf.

**Hausser** (Georges). Maison Frænckel-Blin. à Elbeuf.

**Hurpet** (Edmond). Maison Klein fils ainé. à Sedan.

**Jardez** (Henri). Maison François Roussel père et fils. à Roubaix.

**Lagarde** (Paul). Maison Leclercq-Dupire. à Roubaix.

**Leclercq** (Jules). Maison Alfred Motte et Cⁱᵉ. à Roubaix.

**Lefebvre** (Victor). Maison Isaac Holden et fils limited. à Croix.

**Lepers** (Charles). Maison Achille et Pierre Pollet. à Tourcoing.

**Lothé** (Albert). Organisation de la classe.

**Malard** (Georges). Maison Albert Malard et Cⁱᵉ. à Tourcoing.

**Margueritte** (Louis). Maison César et Joseph Pollet, à Roubaix.

**Ménart** (Théodore). Maison François Roussel père et fils. à Roubaix.

**Metcalfe** (Thomas). Maison Isaac Holden et fils limited. à Croix.

**Mirlier** (Alfred). Maison Isaac Holden et fils limited. à Croix.

**Moulin** (Louis). Société anonyme de peignage (anciens établissements Amédée Prouvost et Cⁱᵉ). à Roubaix.

**Overall** (Fred.). Maison Isaac Holden et fils limited. à Croix.

**Poppe** (Louis). Maison César et Joseph Pollet, à Roubaix.

**Rasseneur** (Henri). Maison François Roussel père et fils, à Roubaix.

**Rocq** (Jules). Société anonyme des établissements Wibaux-Florin, à Roubaix.

**Ségard** (Gustave). Maison Alfred Motte et Cⁱᵉ. à Roubaix.

**Vandendriessche** (Georges). Société anonyme des établissements Wibaux-Florin. à Roubaix.

**Vandeputte** (Charles). Société anonyme de peignage (anciens établissements Amédée Prouvost et Cⁱᵉ), à Roubaix.

**Vincent** (Jean). Maison Alfred Motte et Cⁱᵉ, à Roubaix.

### Diplômes de Médaille d'or.

**Allart** (Georges). Société anonyme des établissements Wibaux-Florin, à Roubaix.

**Bacquart** (Omer). Maison E. Mathon et Dubrulle fils, à Tourcoing.

**Barbier** (Albert). Maison Gamand. Cazier et Cⁱᵉ. à Amiens.

**Basseville** (Jules). Maison Isaac Holden et fils limited. à Croix.

**Béague** (Julien). Maison César et Joseph Pollet, à Roubaix.

**Béal** (Michel). Société anonyme de peignage (anciens établissements Amédée Prouvost et Cⁱᵉ, à Roubaix.

**Beuscart** (Léon). Maison Alfred Motte et Cⁱᵉ, à Roubaix.

**Blary** (Gaston). Maison E. Mathon et Dubrulle fils, à Tourcoing.

Bouqueniaux (Paul). Maison E. Mathon et Dubrulle fils, à Tourcoing.

Broux (Maurice). Établissements F. Masurel frères, à Tourcoing.

Capelle (Louis). Compagnie générale des industries textiles, à Roubaix.

Carlier (Charles). Maison Albert Malard et Cie, à Tourcoing.

Charlet (Constant). Maison François Roussel père et fils, à Roubaix.

Cocheteux (Henri). Maison César et Joseph Pollet, à Roubaix.

Defollin (Léon). Société anonyme de peignage (anciens établissements Amédée Prouvost et Cie), à Roubaix.

Delescluse (Léon). Maison César et Joseph Pollet, à Roubaix.

Delfosse (Louis). Société anonyme de peignage (anciens établissements Amédée Prouvost et Cie), à Roubaix.

Demeer (Louis). Maison Charles Tiberghien et fils, à Tourcoing.

Depœnn (Néry). Société anonyme de peignage (anciens établissements Amédée Prouvost et Cie), à Roubaix.

Desbouvries (Albert). Maison Alfred Motte et Cie, à Roubaix.

Descamps (Alphonse). Maison César et Joseph Pollet, à Roubaix.

Desrumau (Désiré). Société anonyme de peignage (anciens établissements Amédée Prouvost et Cie), à Roubaix.

Dessauvages (Jules). Maison Charles Tiberghien et fils, à Tourcoing.

Desurmont (Henri). Maison Alfred Motte et Cie, à Roubaix.

Devred (Louis). Maison Achille et Pierre Pollet, à Tourcoing.

Dhalluin (François). Maison César et Joseph Pollet, à Roubaix.

Dochy (Cyrille). Maison Lemaire et Dillies, à Roubaix.

Dubus (Achille). Maison César et Joseph Pollet, à Roubaix.

Dumont (Charles). Maison Isaac Holden et fils limited, à Croix.

Dupire (Auguste). Société anonyme de peignage (anciens établissements Amédée Prouvost et Cie), à Roubaix.

Ernst (Xavier). Maison Charles Tiberghien et fils, à Tourcoing.

Flament (Jules). Établissements F. Masurel frères, à Tourcoing.

Flourens (Victor). Compagnie générale des industries textiles, à Roubaix.

Frenkel (Rodolphe). Maison E. Mathon et Dubrulle fils, à Tourcoing.

Gadenne (Auguste). Maison César et Joseph Pollet, à Roubaix.

Gadenue (Paul). Maison Charles Tiberghien et fils, à Tourcoing.

Glorieux (Jules). Maison César et Joseph Pollet, à Roubaix.

Gobinaud (Eugène). Société anonyme de peignage (anciens établissements Amédée Prouvost et Cie), à Roubaix.

Gosset (Isaïe). Maison Isaac Holden et fils limited, à Croix.

Grémont (Henri). Maison Fraenckel-Blin, à Elbeuf.

Hardæn (Henri). Maison Achille et Pierre Pollet, à Tourcoing.

Hazebroucq (Désiré). Maison E. Mathon et Dubrulle fils, à Tourcoing.

Henry (Émile). Société anonyme des tissus de laine des Vosges, Le Thillot.

Henrion (Joseph). Maison Lemaire et Dillies, à Roubaix.

Inglebert (Henri). Maison Charles Tiberghien et fils, à Tourcoing.

Ketels (Pierre). Compagnie générale des industries textiles, à Roubaix.

Labriffe (Charles). École nationale des arts industriels, à Roubaix.

Lagache (Henri). École nationale des arts industriels, à Roubaix.

Lagayse (Auguste). Maison César et Joseph Pollet, à Roubaix.

Lambrecht (Eugène). Maison Charles Tiberghien et fils, à Tourcoing.

Lecomte (Laurent). Maison Alfred Motte et Cie, à Roubaix.

Lecry (Georges). Société anonyme des établissements Wibaux-Florin, à Roubaix.

Lefebvre (Armand). Maison Achille et Pierre Pollet, à Tourcoing.

Lejeune (Bertrand). Maison Leclercq-Dupire, à Roubaix.

Leleu (Louis). Maison Charles Tiberghien et fils, à Tourcoing.

Lorthioir (Victor). Maison Henry Ternynck et fils, à Roubaix.

Louchet (Edmond). Maison Alfred Motte et Cie, à Roubaix.

Mathieu (Adolphe). Maison Charles Tiberghien et fils, à Tourcoing.

Milliard (Léopold). Maison Frænckel-Blin, à Elbeuf.

Mouton (Alphonse). Société anonyme des établissements Wibaux-Florin, à Roubaix.

Odit (Victor). Peignage de la Tossée, à Tourcoing.

Ozeré (Albert). Maison Frænckel-Blin, à Elbeuf.

Pinet (Louis). Maison Albert Malard et Cⁱᵉ, à Tourcoing.

Pollie (Georges). Maison Charles Tiberghien et fils, à Tourcoing.

Poulet (Charles). Société anonyme des tissus de laine des Vosges, Le Thillot.

Robert (Camille). Maison Lemaire et Dillies, à Roubaix.

Samson (Rodolphe). Maison Alfred Motte et Cⁱᵉ, à Roubaix.

Schmidt (Charles). Maison Frænckel-Blin, à Elbeuf.

Simon (Nicolas). Maison Isaac Holden et fils limited, à Croix.

Tison (Armand). Maison E. Mathon et Dubrulle fils, à Tourcoing.

Vambenette (Louis). Établissements F. Masurel frères, à Tourcoing.

Van de Walle (Florent). Maison Isaac Holden et fils limited, à Croix.

Voisart (Louis). Maison Alfred Motte et Cⁱᵉ, à Roubaix.

Warhem (Jules). Maison Charles Tiberghien et fils, à Tourcoing.

Willem (Jules). Maison Leclercq-Dupire, à Roubaix.

### Diplômes de Médaille d'argent.

Bachelet (Mᵐᵉ). Maison Allœnd, Bessand et Cⁱᵉ, à Caudebec-les-Elbeuf.

Batteur (Léon). Maison Leurent frères, à Tourcoing.

Benoist (Louis). Maison Charles Tiberghien et fils, à Tourcoing.

Bernard (Auguste). Maison Henry Ternynck et fils, à Roubaix.

Bidault (Mᵐᵉ Alice). Maison Frænckel-Blin, à Elbeuf.

Boitel (Antonin). Maison Gamand, Caziez et Cⁱᵉ, à Amiens.

Bourdon (Georges). Maison Gamand, Caziez et Cⁱᵉ, à Amiens.

Catteau (Pierre). École nationale des arts industriels, à Roubaix.

Caucheteux (Gustave). Maison César et Joseph Pollet, à Roubaix.

Caullier (Oscar). Peignage de la Tossée, à Tourcoing.

Decavel (Arthur). Maison Leurent frères, à Tourcoing.

Delbrouck (Alphonse). Maison César et Joseph Pollet, à Roubaix.

Delobel (Pierre). Maison César et Joseph Pollet, à Roubaix.

Derly (Charles). Syndicat des peigneurs de laine de Croix, Roubaix, Tourcoing, à Roubaix.

Dervaux (Émile). Établissements F. Masurel frères, à Tourcoing.

Devos (Jules). Maison Charles Tiberghien et fils, à Tourcoing.

Duforest (Jean). Maison E. Mathon et Dubrulle fils, à Tourcoing.

Duhamel. École nationale des arts industriels, à Roubaix.

Farvacque (Georges). Maison F. Ferlié et Cⁱᵉ, à Roubaix.

Flamant (Paul). Maison J. Betz et Cⁱᵉ, à Roubaix.

Fournier (Joseph). Maison E. Mathon et Dubrulle fils, à Tourcoing.

Fuzellier (Albert). Maison Gamand, Caziez et Cⁱᵉ, à Amiens.

Gautier. École nationale des arts industriels, à Roubaix.

Glesser (Mᵐᵉ). Maison Frænckel-Blin, à Elbeuf.

Guiot (Mˡˡᵉ Marie). Syndicat des peigneurs de laines de Croix, Roubaix, Tourcoing, à Roubaix.

Haquette (Jérôme). Maison Leurent frères, à Tourcoing.

Hennebise (Elmire). Maison Charles Tiberghien et fils, à Tourcoing.

Hermant (Daniel). Maison Lemaire et Dillies, à Roubaix.

Jaune (Hippolyte). Maison Albert Pollet et Cⁱᵉ, à Tourcoing.

Kœnig (Louis). Maison Frænckel-Blin, à Elbeuf.

Lebret. Maison Frænckel-Blin, à Elbeuf.

Lecomte (Maurice). Maison Lecomte-Lequenne fils et Cⁱᵉ, à Tourcoing.

Lefebvre (Henri). Maison Frænckel-Blin, à Elbeuf.

Lietær (Charles). Maison Charles Tiberghien et fils, à Tourcoing.

Loncke (Mᵐᵉ Berthe). Maison E. Mathon et Dubrulle frères, à Tourcoing.

Mæs (Henri). Maison Charles Tiberghien et fils, à Tourcoing.

Molinary (Severin). Maison veuve Herlem et fils, à Pontfaverger.

Molossis (Lucien). Maison Edmond Dreyfus et frère, à Paris.

**Petit** (Charles), Maison César et Joseph Pollet, à Roubaix.

**Plouvier** (Jules), Maison François Roussel et fils, à Roubaix.

**Polderman** (Jean), Maison J. Betz et Cie, à Roubaix.

**Porisse** (Louis), Maison Alfred Motte frères et Jules Porisse, à Roubaix.

**Prouvost** (Joseph), Maison J. Betz et Cie, à Roubaix.

**Rault** (Édouard), Maison César et Joseph Pollet, à Roubaix.

**Roussel** (Émile), Maison F. Ferlié et Cie, à Roubaix.

**Schmidt** (Eugène), Maison Fraenkel-Blin, à Elbeuf.

**Sœnen** (Achille), Maison Leclercq-Dupire, à Roubaix.

**Suant** (Georges), Maison E. Mathon et Dubrulle fils, à Tourcoing.

**Tavenaux** (Léopold), Maison E. Mathon et Dubrulle fils, à Tourcoing.

**Théate** (Pierre), Maison Rime, Renard et fils, à Orléans.

**Vaudebeuque** (Grégoire), Compagnie générale des industries textiles, à Roubaix.

**Vandeputte** (Anatole), Établissements F. Masurel frères, à Tourcoing.

**Vandeputte** (Léonard), Maison Charles Tiberghien et fils, à Tourcoing.

**Vanderkamer** (Charles), Maison Charles Tiberghien et fils, à Tourcoing.

**Werrebrouck** (Louis), Maison Alfred Motte frères et Jules Porisse, à Roubaix.

### Diplômes de Médaille de bronze.

**Allard** (Charles), Maison E. Mathon et Dubrulle fils, à Tourcoing.

**Breicheissen** (Louis), Maison Fraenkel-Blin, à Elbeuf.

**Brun** (Edmond), Maison J. Betz et Cie, à Roubaix.

**Catry** (Louis), Établissements F. Masurel frères, à Tourcoing.

**Christiæns** (Théodule), Maison J. Betz et Cie, à Roubaix.

**Clayes** (Arthur), Maison César et Joseph Pollet, à Roubaix.

**Cliqueteux** (Louis), Maison E. Mathon et Dubrulle fils, à Tourcoing.

**Cornille** (Jean-Baptiste), Maison E. Mathon et Dubrulle fils, à Tourcoing.

**Cuvelier** (Joseph), Maison Henry Ternynck et fils, à Roubaix.

**Declercq**, École nationale des arts industriels, à Roubaix.

**Declercq** (Maurice), Maison César et Joseph Pollet, à Roubaix.

**Delahousse** (Louis), Maison E. Mathon et Dubrulle fils, à Tourcoing.

**Delbart** (Henri), Établissements F. Masurel frères, à Tourcoing.

**Denape** (Alfred), Maison Fraenckel-Blin, à Elbeuf.

**Desmettre** (Henri), Maison Charles Tiberghien et fils, à Tourcoing.

**Desrousseaux** (Georges), Maison Charles Tiberghien et fils, à Tourcoing.

**Desvenin** (Henri), Maison Alfred Motte frères et Jules Porisse, à Roubaix.

**Dhalluin** (Léon), Maison Charles Tiberghien et fils, à Tourcoing.

**Dhey** (Émile), Maison César et Joseph Pollet, à Roubaix.

**Doutreligne** (Albert), Maison E. Mathon et Dubrulle fils, à Tourcoing.

**Drieu** (Étienne), Maison Lemaire et Dillies, à Roubaix.

**Duhamel** (Mlle Céline), Syndicat des peigneurs de laine de Croix, Roubaix, Tourcoing, à Roubaix.

**Dumortier** (Alphonse), Maison Charles Tiberghien et fils, à Tourcoing.

**Fievet** (Georges), Maison E. Mathon et Dubrulle fils, à Tourcoing.

**Florin** (Ernest), Maison J. Betz et Cie, à Roubaix.

**Frélier** (Désiré), Maison Charles Tiberghien et fils, à Tourcoing.

**Gislain** (Camille), Maison Lemaire et Dillies, à Roubaix.

**Gladieux** (Albert), Maison Charles Tiberghien et fils, à Tourcoing.

**Hage** (Albert), Maison E. Mathon et Dubrulle fils, à Tourcoing.

**Hœgstæl** (Édouard), Maison Charles Tiberghien et fils, à Tourcoing.

**Koenig** (Émile), Maison Fraenckel-Blin, à Elbeuf.

**Laudon**, Maison Fraenckel-Blin, à Elbeuf.

**Leblanc** (Alphonse), Établissements F. Masurel frères, à Tourcoing.

**Leclercq** (Paul), Maison E. Mathon et Dubrulle fils, à Tourcoing.

**Lemaire** (Mlle Hélène), Maison César et Joseph Pollet, à Roubaix.

**Letellier** (Léon), Maison Fraenckel-Blin, à Elbeuf.

**Loncke** (Alfred), Maison E. Mathon et Dubrulle fils, à Tourcoing.

**Mæs** (Augustin), Établissements F. Masurel frères, à Tourcoing.

**Masure** (Edmond), Maison J. Betz et Cie, à Roubaix.

**Mayor** (Louis), Maison Charles Tiberghien et fils, à Tourcoing.

Percq (Albert). Établissements F. Masurel frères, à
Tourcoing.

Tavernier (Henri). Maison Leclercq-Dupire, à Roubaix.

Terry (Albert). Établissements F. Masurel frères. à
Tourcoing.

Turbelin (Louis). Maison Lemaire et Dillies, à Roubaix.

Vanicutte (Henri). Maison Charles Tiberghien et fils,
à Tourcoing.

Voreux (Georges). Maison E. Mathon et Dubrulle fils.
à Tourcoing.

Wierre (Joseph). Maison veuve Herlem et fils. à
Pontfaverger.


## COOPÉRATEURS

### Diplômes de Médaille de bronze.

Avermate (Alphonse). Maison E. Mathon et Dubrulle
fils, à Tourcoing.

Benoit (Ernest). Établissements F. Masurel frères, à
Tourcoing.

Bischoff (Adolphe). Établissements F. Masurel frères,
à Tourcoing.

Bodin (Jules). Peignage de la Tossée, à Tourcoing.

Campaigne (Léon). Maison Leurent frères, à Tourcoing.

Cornille (Henri). Société anonyme des établissements
Wibaux-Florin, à Roubaix.

Cruypeninck (Julien). Maison E. Mathon et Dubrulle
fils, à Tourcoing.

Dannel (Cyrille). Établissements F. Masurel frères,
à Tourcoing.

Decalonne (Mme Marie). Maison Alfred Motte frères et
Jules Porisse, à Roubaix.

Delbecque (Charles). Établissements F. Masurel
frères, à Tourcoing.

Demarteau (Jean). Maison Klein fils aîné, à Sedan.

Demunck (Henri). Peignage de la Tossée, à Tourcoing.

Deprez (Auguste). Établissements F. Masurel frères.
à Tourcoing.

Deretz (Mme Pauline). Établissements F. Masurel
frères, à Tourcoing.

Derick (Charles). Maison E. Mathon et Dubrulle fils,
à Tourcoing.

Desbonnets (Émile). Syndicat des peigneurs de laine
de Croix, Roubaix, Tourcoing, à Roubaix.

Desbouvries (Hector). Maison Henry Ternynck et fils.
à Roubaix.

Desmettre (Alfred). Établissements F. Masurel frères.
à Tourcoing.

Desrousseaux (Adolphe). Établissements F. Masurel
frères, à Tourcoing.

Desrumeau (Augustin). Maison Albert Malard et Cie.
à Tourcoing.

Destombes (Kléber). Établissements F. Masurel
frères, à Tourcoing.

Dubois (Camille). Maison Klein fils aîné. à Sedan.

Duforeaux (Alphonse). Établissements F. Masurel
frères, à Tourcoing.

Duhamel (Jean). Maison Leurent frères, à Tourcoing.

Dujardin (Clément). Maison Félix Desurmont, à
Tourcoing.

Dupont (Jules). Peignage de la Tossée, à Tourcoing.

Dupreelle (Arthur). Établissements F. Masurel frères.
à Tourcoing.

Dussart (Mme Eugénie). Établissements F. Masurel
frères, à Tourcoing.

Dutton (Herbert). Maison Isaac Holden et fils limited.
à Croix.

Faillié (Alexandre). Maison E. Mathon et Dubrulle
fils. à Tourcoing.

Flament (Mme Marie). Établissements F. Masurel
frères, à Tourcoing.

Fontaine (Jules). Compagnie générale des industries
textiles, à Roubaix.

Fourmeau (Mme Céline). Établissements F. Masurel
frères, à Tourcoing.

Gillespie (John-William). Maison Isaac Holden et
fils limited, à Croix.

Herbin (Léon). Maison veuve Herlem fils, à Pontfaverger.

Hocquideul. Maison Gamand-Caziez et Cie, à Amiens.

Jouy (Georges). Maison E. Mathon et Dubrulle fils,
à Tourcoing.

Kleutghem (Georges). Établissements F. Masurel
frères, à Tourcoing.

Kruze (Arthur). Compagnie générale des industries
textiles, à Roubaix.

Labreuche (Mme Rosalie). Société anonyme des tissus
de laine des Vosges, Le Thillot.

Lauwers (Gustave). Établissements F. Masurel frères.
à Tourcoing.

Laval (Simon). Maison Klein fils aîné. à Sedan.

Lebbreck (Émile). Maison François Ferlié et Cie. à
Roubaix.

Lefebvre (Paul). Maison Isaac Holden et fils limited,
à Croix.

Lelong (Émile). Maison Isaac Holden et fils limited.
à Croix.

Lestivet (Alphonse), Compagnie générale des industries textiles, à Roubaix.

Leveugle (Louis), Maison Henry Ternynck et fils, à Roubaix.

Lothon (Florentin), Maison Allœnd, Bessand et Cie, à Caudebec-lès-Elbeuf.

Louis (Mlle Marie), Société anonyme des tissus de laine des Vosges, Le Thillot (Vosges).

Mac Grégor (John), Maison Isaac Holden et fils limited, à Croix.

Mafille (Auguste), Maison Isaac Holden et fils limited, à Croix.

Marécaille (Ibrahim), Maison J. Betz et Cie, à Roubaix.

Masson (Charles), Maison Klein fils aîné, à Sedan.

Mercier (Jean-Baptiste), Maison François Ferlié et Cie, à Roubaix.

Metcalfe (Fréd.-B.-F.), Maison Isaac Holden et fils limited, à Croix.

Miet (Edgar), Maison Klein fils aîné, à Sedan.

Mignotte (Bernard), Établissements F. Masurel frères, à Tourcoing.

Moens (Paul), Maison E. Mathon et Dubrulle fils, à Tourcoing.

Noël (Émile), Société anonyme des tissus de laine des Vosges, Le Thillot (Vosges).

Œsterlinck (Auguste), Peignage de la Tossée, à Tourcoing.

Opsommer (Mme Eulalie), Établissements F. Masurel frères, à Tourcoing.

Ramsden (Walter), Maison Isaac Holden et fils limited, à Croix.

Roussel (Paul), Maison E. Mathon et Dubrulle fils, à Tourcoing.

Simon (Mme Jeanne), Établissements F. Masurel frères, à Tourcoing.

Synave (Émile), Société anonyme des établissements Wibaux-Florin, à Roubaix.

Truffaut (César), Établissements F. Masurel frères, à Tourcoing.

Vandebrouck (Henri), Maison E. Mathon et Dubrulle fils, à Tourcoing.

Vandecaveye (Mlle Hermance), Société anonyme des établissements Wibaux-Florin, à Roubaix.

Vandekamer (Alphonse), Maison E. Mathon et Dubrulle fils, à Tourcoing.

Vandevorde (Gaston), Établissements F. Masurel frères, à Tourcoing.

Vanlære (Arthur), Établissements F. Masurel frères, à Tourcoing.

Vaucamps (Achille), Maison Henry Ternynck et fils, à Roubaix.

Warhem (Arthur), Maison Félix Desurmont, à Tourcoing.

Wattel (Mme Élise), Maison Alfred Motte frères et Jules Porisse, à Roubaix.

Waugermée (Théodore), Compagnie générale des industries textiles, à Roubaix.

Woutters (Henri), Maison Alfred Motte frères et Jules Porisse, à Roubaix.

## Diplômes de Mention.

Carette (Pierre), Établissements F. Masurel frères, à Tourcoing.

Deboosère (Mme Léonie), Établissements F. Masurel frères, à Tourcoing.

Descamps (Arthur), Établissements F. Masurel frères, à Tourcoing.

Desobrie (Mme Félicie), Établissements F. Masurel frères, à Tourcoing.

Flament (Auguste), Établissements F. Masurel frères, à Tourcoing.

Santy (Pierre), Établissements F. Masurel frères, à Tourcoing.

Terry (Louis), Établissements F. Masurel frères, à Tourcoing.

Vanduynslager (Camille), Établissements F. Masurel frères, à Tourcoing.

CLASSE 83. — *Soies et tissus de soie.*

COLLABORATEURS

## Diplômes d'honneur.

Blum (Émile), Maison Brach et Blum, à Paris.

Brest (Joseph), Maison S. Jallade et J. Gendre, à Lyon.

Chamard (Charles), Maison V. Mathieu et Cie, à Villeurbanne.

Chenouf (Joannès), Maison Giron frères, à Saint-Étienne.

Desaintjean (Vincent), Maison Aimé Baboin et Cie, à Lyon.

Dussort (Claude), Maison Henry Bertrand, à Lyon.

Four (André), Maison S. Jallade et J. Gendre, à Lyon.

Juvenet (François), Maison Henry Bertrand, à Lyon.

Lacroix (Marius), Maison V. Mathieu et Cie, à Villeurbanne.

Lapouze (Paul), Maison Raimon, à Paris.

Moncharmont (Hugues). Maison Henry Bertrand. à Lyon.

Pagnon (Pierre). Maison Chabrières, Morel et Cie. à Lyon.

Perrin (Émile). Maison H. Genin fils. à Lyon.

Wottling (Paul). Maison les successeurs de G. Montessuy, à Lyon.

## Diplômes de Médaille d'or.

André. Maison Descours, Genthon et Cie. à Lyon.

Aubret (Auguste). Maison Dognin et Cie, à Lyon.

Avon (Mlle Marie). Maison Aimé Baboin et Cie. à Lyon.

Baille (Jean-Marie). Maison Porte et Chavassieux. à Lyon.

Balay (Michel). Maison François Colcombet et Cie. à Saint-Étienne.

Barrier (Mlle Maria). Maison François Colcombet et Cie, à Saint-Étienne.

Bellefin (Benoît). Maison Dognin et Cie. à Lyon.

Berthier (Émile). Maison S. Jallade et J. Gendre. à Lyon.

Besset (Jules). Maison Brach et Blum, à Paris.

Bois (François). Maison Henry Bertrand, à Lyon.

Bonin (Francisque). Maison G. Digonnet. à Lyon.

Bonnet (Francisque). Maison Schulz et Cie. à Lyon.

Bonnetain (Jean). Maison Henry Bertrand. à Lyon.

Brouillard (Louis). Maison Dognin et Cie, à Lyon.

Brun (Mathieu). Maison Giron frères. à Saint-Étienne.

Chanel (Eugène). Maison Henry Bertrand. à Lyon.

Christollet (Mlles). Maison V. Perret et Cie, à Lyon.

Cizeron (Louis). Maison Giron frères, à Saint-Étienne.

Davier (Antoine). Maison Giron frères. à Saint-Étienne.

Denet (Maurice). Maison Roubaudi fils, à Paris.

Déray (Georges). Maison les fils de B. Bourgeois. à Paris.

Deville (Philippe). Maison Nicolas Deville. à Saint-Étienne.

Doye (Jean). Maison Giron frères, à Saint-Étienne.

Dubuisson (Armand). Maison S. Jallade et J. Gendre. à Lyon.

Dumollard (Félix). Maison P. Guéneau et Cie. à Lyon.

Ducroux (Fleury). Maison Schulz et Cie, à Paris.

Dumaine (Louis). Maison Giron frères, à Saint-Étienne.

Dumont (Louis). Maison François Colcombet et Cie. à Saint-Étienne.

Dumont (Pierre). Maison François Colcombet et Cie. à Saint-Étienne.

Favart (Pierre). Maison Giron frères. à Saint-Étienne.

Felice (Charles). Maison M. Vergne et Cie, à Paris.

Frachon (Francisque). Maison François Colcombet et Cie, à Saint-Étienne.

Freyssinet (François). Maison Nicolas Deville. à Saint-Étienne.

Girard (Jules). Maison Dognin et Cie, à Lyon.

Girod (Joseph). Maison Schulz et Cie, à Lyon.

Gruffaz (Auguste). Maison Laval. Diederichs et Bertrand, à Lyon.

Hanot (Auguste). Maison Raimon. à Paris.

Keller (Jean). Maison Chabrières. Morel et Cie, à Lyon.

Landré (Noël). Maison Giron frères. à Saint-Étienne.

Manin (Alphonse). Maison Raimon. à Paris.

Martin (Paul). Maison Raimon, à Paris.

Merlat (Antoine). Maison Brach et Blum. à Paris.

Morel (Claude). Maison P. Guéneau et Cie, à Lyon.

Muller (Louis). Maison S. Jallade et J. Gendre. à Lyon.

Ogier (Maurice). Maison G. Digonnet. à Paris.

Oudot (Paul). Maison Brach et Blum. à Paris.

Peragut (Jean-Baptiste). Maison Giron frères. à Saint-Étienne.

Piraud (Claude). Maison Giron frères. à Saint-Étienne.

Rabeyrin (Auguste). Maison François Colcombet et Cie, à Saint-Étienne.

Revollat (Antoine). Maison G. Digonnet. à Lyon.

Robert (Fleury). Maison Laval. Diederichs et Bertrand, à Lyon.

Roux (Irénée). Maison Giron frères, à Saint-Étienne.

Roux (Pierre). Maison Giron frères, à Saint-Étienne.

Verle (Ernest). Maison Raimon. à Paris.

Vincent (Joseph). Maison Laval. Diederichs et Bertrand, à Lyon.

## Diplômes de Médaille d'argent.

Bellingard (Jean-Marie). Maison Henry Bertrand. à Lyon.

Bisch (Antoine). Maison V. Mathieu et Cie, à Villeurbanne.

Bost (Émile). Maison H. Génin fils, à Lyon.

Brochard (Arthur-Paul). Maison Dreyfus frères, à Paris.

Bron (Louis). Maison Laval, Diederichs et Bertrand.
à Lyon.

Brossard (Jean). Maison Nicolas Deville, à Saint-
Étienne.

Brouillé (Claudius). Maison J. Forest et C^{ie}, à Saint-
Étienne.

Butaut (Édouard). Maison Brach et Binn, à Paris.

Charrin (Charles). Maison H. Génin fils, à Lyon.

Chièze (Louis). Maison Nicolas Deville, à Saint-
Étienne.

Couturier (Victor). Maison M. Vergne et C^{ie}, à Paris.

Curty (Paul). Maison Laval, Diederichs et Bertrand.
à Lyon.

Delannay (Jules). Maison Raimon, à Paris.

Dely (Jean). Maison P. Guéneau et C^{ie}, à Lyon.

Didier (Marius). Maison P. Guéneau et C^{ie}, à Lyon.

Dubost (Claudius). Maison Porte et Chavassieux, à
Lyon.

Durand (Antonin). Maison V. Mathieu et C^{ie}, à Villeurbanne.

Durris (Joseph). Maison S. Jallade et J. Gendre, à
Lyon.

Filliat (Jules). Maison P. Guéneau et C^{ie}, à Lyon.

Guillemin (Marcel). Maison M. Vergne et C^{ie}, à Paris.

Jacquand (Gabriel). Maison Laval, Diederichs et Bertrand, à Lyon.

Lattrond (Hippolyte). Maison Henry Bertrand, à
Lyon.

Laurin (Jacques). Maison Henry Bertrand, à Lyon.

Legros (Jules). Maison Porte et Chavassieux, à Lyon.

Lyonnet (M^{lle} Marie). Maison Nicolas Deville, à
Lyon.

Maniquet (Charles). Maison J. Forest et C^{ie}, à Saint-
Étienne.

Mazard (Jean). Maison P. Guéneau et C^{ie}, à Lyon.

Milliat (Eugène). Maison H. Génin fils, à Lyon.

Nicolon (M^{lle}). Maison Henry Bertrand, à Lyon.

Moulin (M^{me} Marie-Louise). Maison Henry Bertrand,
à Lyon.

Muguerot (Jean). Maison J. Forest et C^{ie}, à Saint-
Étienne.

Perrenon (Claudius). Maison Dognin et C^{ie}, à Lyon.

Peysson (Constant). Maison S. Jallade et J. Gendre,
à Lyon.

Rampini (Gaetan). Maison Edouard Garnier, à Trans.

Rome (Adolphe). Maison S. Araud, à Saint-Étienne.

Solety (Nicolas). Maison V. Mathieu et C^{ie}, à Villeurbanne.

Vermorel (Jules). Maison Laval, Diederichs et Bertrand, à Lyon.

Veyret (Claudius). Maison Dognin et C^{ie}, à Lyon.

## Diplômes de Médaille de bronze.

Bastide (M^{lle} Maria). Maison Nicolas Deville, à Saint-
Étienne.

Bayard (Jean). Maison Nicolas Deville, à Saint-
Étienne.

Choitel (Joseph). Maison L. Robert, à Lyon.

Eymin (Jules). Maison Porte et Chavassieux, à Lyon.

Fayolle (Pierre). Maison Chenouf frères, à Saint-
Étienne.

Forest (Antoine). Maison Porte et Chavassieux, à
Lyon.

Goutte-Soulard (René). Maison Chenouf frères, à
Saint-Étienne.

Guillet (Jacques). Maison Joseph Guinard, à Saint-
Étienne.

Marquis (Louis). Maison Porte et Chavassieux, à
Lyon.

Pechard (M^{me} Cécile). Maison L. Robert, à Lyon.

Perrin (Joseph). Maison Laval, Diederichs et Bertrand, à Lyon.

Ravel (Benoît). Maison Joseph Guinard, à Saint-
Étienne.

Riffard (André). Maison Joseph Guinard, à Saint-
Étienne.

Robert (Joannès). Maison Chenouf frères, à Saint-
Étienne.

Sage (M^{lle} Catherine). Maison Joseph Guinard, à
Saint-Étienne.

## COOPÉRATEURS

## Diplômes de Médaille de bronze.

Allier. Maison Henry Bertrand, à Lyon.

Androd (Antoine). Maison J. Forest et C^{ie}, à Saint-
Étienne.

Aulagnier (M^{lle} Léonie). Maison François Colcombet
et C^{ie}, à Saint-Étienne.

Auvelot (Ferdinand). Maison H. Génin fils, à Lyon.

Bachelard. Maison François Colcombet et C^{ie}, à
Saint-Étienne.

Bachet (M^{lle} Clémentine). Maison François Colcombet
et C^{ie}, à Saint-Étienne.

Barailler (Pierre). Maison Giron frères, à Saint-
Étienne.

Bayard (Étienne). Maison Nicolas Deville, à Saint-
Étienne.

Bayard (père). Maison Nicolas Deville, à Saint-
Étienne.

Berger (Étienne). Maison Nicolas Deville, à Saint-Étienne.

Bernard (Gabriel). Maison S. Jallade et J. Gendre, à Lyon.

Besset (Mlle Maria). Maison François Colcombet et Cie, à Saint-Étienne.

Bonneau (Alexis). Maison P. Guéneau et Cie, à Lyon.

Bonnefond (Mlle Marie). Maison Dognin et Cie, à Lyon.

Bourassaut. Maison Henry Bertrand, à Lyon.

Bouquet. Maison François Colcombet et Cie, à Saint-Étienne.

Bresse (Mme Marie). Maison Henry Bertrand, à Lyon.

Brillard (Paul). Maison P. Guéneau et Cie, à Lyon.

Buisson (Léon). Maison Dognin et Cie, à Lyon.

Buisson (Mme Maria). Maison P. Guéneau et Cie, à Lyon.

Burianne (Mlle Marie). Maison François Colcombet et Cie, à Lyon.

Cave (Antoine). Maison J. Forest et Cie, à Saint-Étienne.

Chaize (Marcel). Maison V. Mathieu et Cie, à Villeurbanne.

Chamard (Mme Joséphine). Maison V. Mathieu et Cie, à Villeurbanne.

Chapuis (Mlle Gabrielle). Maison François Colcombet et Cie, à Saint-Étienne.

Charvet (Régis). Maison P. Guéneau et Cie, à Lyon.

Chaumier (Jean). Maison Neyret frères et Cie, à Saint-Étienne.

Chomarat (Mlle Maria). Maison François Colcombet et Cie, à Saint-Étienne.

Chomarat (Mme Mariette). Maison François Colcombet et Cie, à Saint-Étienne.

Chomat (Mlle Fanny). Maison François Colcombet et Cie, à Saint-Étienne.

Clos (Mlle Élisa). Maison François Colcombet et Cie, à Saint-Étienne.

Deleage (Mlle Catherine). Maison François Colcombet et Cie, à Saint-Étienne.

Denonfoux. Maison Henry Bertrand, à Lyon.

Derpere (Mme Jeanne). Maison V. Mathieu et Cie, à Villeurbanne.

Derpere (Philibert). Maison V. Mathieu et Cie, à Villeurbanne.

Desson (Ferdinand). Maison H. Génin fils, à Lyon.

Deville (Mlle Mariette). Maison François Colcombet et Cie, à Saint-Étienne.

Dumas (Étienne). Maison François Colcombet et Cie, à Saint-Étienne.

Dupré (Mathieu). Maison Henry Bertrand, à Lyon.

Duringe (William). Maison Chabrières, Morel et Cie, à Lyon.

Fontaney (Pierre). Maison Nicolas Deville, à Saint-Étienne.

Garnier (Mlle Marie). Maison Joseph Guinard, à Saint-Étienne.

Gatty (Mlle Mariette). Maison François Colcombet et Cie, à Saint-Étienne.

Genevois (Benoit). Maison P. Guéneau et Cie, à Lyon.

Genin (Mlle Anne-Marie). Maison V. Mathieu et Cie, à Villeurbanne.

Georjon. Maison Nicolas Deville, à Saint-Étienne.

Goutarelle (Mme Marguerite). Maison François Colcombet et Cie, à Saint-Étienne.

Grandjean (Mlle). Maison Descours, Genthon et Cie, à Lyon.

Grangeasse (François). Maison François Colcombet et Cie, à Saint-Étienne.

Guicherd (Mme J.). Maison S. Jallade et J. Gendre, Lyon.

Guignand (Auguste). Maison François Colcombet et Cie, à Saint-Étienne.

Heurtier (Mlle Claudine). Maison Joseph Guinard, à Saint-Étienne.

Hivert (Antoine). Maison Giron frères, à Saint-Étienne.

Loy (Jean-Claude). Maison S. Araud, à Saint-Étienne.

Maisonnet (Jean). Maison Giron frères, à Saint-Étienne.

Mazet (Mlle Annette). Maison François Colcombet et Cie, à Saint-Étienne.

Mège (Mlle Marie). Maison Chenouf frères, à Saint-Étienne.

Meyer (Jean-Louis). Maison Giron frères, à Saint-Étienne.

Migliarini (Joseph). Maison Henry Bertrand, à Lyon.

Miramand (Mme). Maison François Colcombet et Cie, à Saint-Étienne.

Miramand-Pichon (Mme). Maison François Colcombet et Cie, à Saint-Étienne.

Mollon (Mme veuve Marie). Maison François Colcombet et Cie, à Saint-Étienne.

Morestin (Mlle Henriette). Maison P. Guéneau et Cie, à Lyon.

Ogier (Maurice). Maison G. Digonnet, à Lyon.

Paradis (Jean-Marie). Maison François Colcombet et Cie, à Saint-Étienne.

Perret (Auguste). Maison François Colcombet et Cie, à Saint-Étienne.

Perrine. Collectivité de la Chambre syndicale de l'industrie parisienne des soieries et rubans.

Pestre (Léon). Maison P. Guéneau et Cie. à Lyon.
Petitjean. Maison Schulz et Cie. à Lyon.
Peyrard (Alexis). Maison V. Mathieu et Cie. à Villeurbanne.
Relave (Jean-Marie). Maison Giron frères. à Saint-Étienne.
Ribaux (Georges). Maison Henry Bertrand. à Lyon.
Richard (Mlle Marie). Maison François Colcombet et Cie, à Saint-Étienne.
Roche (Mme Marie). Maison Chenoul frères, à Saint-Étienne.
Romeyer (Mlle Elisa). Maison François Colcombet et Cie. à Saint-Étienne.
Sabatier. Maison François Colcombet et Cie. à Saint-Étienne.
Teyssier (Gabriel). Maison François Colcombet et Cie. à Saint-Étienne.
Thomas (Édouard). Maison P. Guéneau et Cie. à Lyon.
Treille (Mme Marie). Maison François Colcombet et Cie. à Saint-Étienne.
Veuillet. Maison Schulz et Cie. à Lyon.

## Classe 84. — *Dentelles, broderies et passementeries.*

### COLLABORATEURS

### Diplômes d'honneur.

Bottelin (Mme). Maison A. David frères. à Paris.
Boudroy (E.). Maison Émile Claisse, à Caudry (Nord).
Bracq (Pierre). Maison Wanecq-Carpentier. à Caudry (Nord).
Bracq (Placide). Maison Émile Claisse. à Caudry (Nord).
Delatte (Léon). Maison Wanecq-Carpentier, à Caudry (Nord).
Gruber (Mme Jacques). Maison Corbin et Cie. à Paris.
Gruber (Jacques). Maison Corbin et Cie, à Paris.
Marie (Eugène). Maison A. David frères, à Paris.
Perin (Mme). Maison Lefébure et fils. à Paris.
Roucheux (Georges). Maison A. Fruchard et Cie, à Paris.
Veersé (Antoni). Maison Émile Claisse, à Caudry (Nord).

### Diplômes de Médaille d'or.

Ateliers des Bénédictines d'Argentan. Maison Lefébure et fils. à Paris.
Ateliers de Paris. Maison Lefébure et fils. à Paris.

Bauer (Clement). Maison Ernest Bauer. à Paris.
Carré (Henri). Maison Aug. Carré, à Paris.
Crétin (Pierre). Maison A. Fruchard et Cie, à Paris.
Diémunsch. Maison Corbin et Cie. à Paris.
Fabre (Mlle Léonie). Maison G. Beer, à Paris.
Fayet (Adrien). Maison Aug. Dumoutier, à Paris.
Frémont (Gustave). Maison Corbin et Cie. à Paris.
Freton (Gustave). Maison Aug. Dumoutier, à Paris.
Grière (Camille). Maison Émile Claisse. à Caudry (Nord).
Guilbert (Bélisaire). Maison Neveu et fils, à Paris.
Imbert (Mlle Joséphine). Maison Biais frères et Cie. à Paris.
Jorges (Mlle Caroline). Maison Lefebure et fils, à Paris.
Lucas (Mlle Marthe). Maison Biais frères et Cie. à Paris.
Oblin (Edmond). Maison Kœstlin et Oblin frères. à Caudry (Nord).
Oblin (Henry). Maison Kœstlin et Oblin frères, à Caudry (Nord).
Pierson (Louis). Maison Doizey et Cie, à Paris.
Preux (Henri). Maison Picard frères, Le Cateau (Nord).
Rosset (Albin). Maison E. Neveu et fils, à Paris.
Ruffy (Mlle Alice). Maison Biais frères et Cie, à Paris.
Toulouze (Mlle Berthe). Maison Biais frères et Cie, à Paris.
Vanderhaghen (Paul). Maison Roubaudi et fils, à Paris.
Vautrin (Mme E.). Maison Aug. Dumoutier, à Paris.

### Diplômes de Médaille d'argent.

Bay (Paul). Maison Audiard frères. Le Puy (Haute-Loire).
Brisset (Charles). Maison Neveu et fils, à Paris.
Brochet (Mlle Clara). Maison Genet et Cognée. à Paris.
Brunin (Joseph). Maison Corbin et Cie. à Paris.
Chretien (Mme). Écoles de la Ville de Paris.
Claisse (Mme Albert). Maison Émile Claisse, à Caudry (Nord).
Fabre (Mme Eugénie). Maison Doizet et Cie, à Paris.
Fillatreau (Mme). Écoles de la Ville de Paris.
Gorgeard (Auguste). Maison Aug. Carré. à Paris.
Guillaume (Louis). Maison Paul Thebault, à Paris.
Jardin (Mme). Écoles de la Ville de Paris.
Lauret (René). École de dentelles *la Gergovia* (Fondation Lescure), à Issoire.
Lemercier (Mme Marguerite). École de dentelles *la Gergovia* (Fondation Lescure). à Issoire.

Marchenoir (M<sup>me</sup>). Écoles de la Ville de Paris.
Mathieu (Jules). Maison Paul Lefaurichon, à Paris.
Milési (M<sup>me</sup>). Écoles de la Ville de Paris.
Notté (Fernand). Maison Neveu et fils, à Paris.
Paliko (M<sup>me</sup> de). Maison A. David frères, à Paris.
Pallarieu (M<sup>lle</sup> Catherine). Maison Camille Charles, à Paris.
Rembert. Maison Droussant et Croy, à Paris.
Sauron (Henri). Maison veuve Achard et J. Magne, à Paris.
Soleilhac (M<sup>lle</sup> Augustine). Maison Louis Oudin, Le Puy (Haute-Loire).

### Diplômes de Médaille de bronze.

Baillot (M<sup>lle</sup> Élise). Maison Corbin et C<sup>ie</sup>, à Paris.
Baroni (M<sup>lle</sup> Yvonne). Maison P. Lefaurichon, à Paris.
Domino (M<sup>me</sup>). Maison Dettmar-Brandt, à Paris.
Gergaud (M<sup>me</sup>). Écoles de la Ville de Paris.
Habouzit (M<sup>lle</sup> Eugénie). Maison Audiard frères, Le Puy.
Libert (Charles). Maison Aug. Carré, à Paris.
Mangin-Boole (M<sup>me</sup>). Écoles de la Ville de Paris.
Marcon (M<sup>lle</sup> Apollonie). Maison Louis Oudin, Le Puy.
Nicaise (Paul). Maison Aug. Carré, à Paris.
Perrin (Georges). Maison Ligneau de Séréville, à Paris.
Robin (Mathieu). Maison Corbin et C<sup>ie</sup>, à Paris.
Rome (Louis). Maison Audiard frères, Le Puy.
Sorin (M<sup>me</sup>). Écoles de la Ville de Paris.
Terrey (M<sup>me</sup>). Écoles de la Ville de Paris.
Thériat (Lucien). Maison Camille Belz et C<sup>ie</sup>, à Paris.
Thomas (M<sup>me</sup>). Maison Genet et Cognée, à Paris.

### COOPÉRATEURS

### Diplômes de Médaille de bronze.

Agnès (Louis). Maison A. Fruchard et C<sup>ie</sup>, à Paris.
Abdon (Maurice). Maison Oscar Heyman, à Paris.
Auger (Johannès). Maison Biais frères et C<sup>ie</sup>, à Paris.
Avinanine (sœur A.). Maison Melville et Ziffer, à Paris.
Bachelet (M<sup>me</sup> Eugénie). Maison Aug. Carré, à Paris.
Balthazard. Maison Biais frères et C<sup>ie</sup>, à Paris.
Benoit (Achille). Maison Wanecq-Carpentier, à Caudry (Nord).
Bizet (M<sup>me</sup> Amanda). Maison A. Fruchard et C<sup>ie</sup>, à Paris.
Blanc (François). Maison Louis Oudin, Le Puy (Haute-Loire).
Bosse (M<sup>lle</sup>). Maison Lefébure et fils, à Paris.
Boucher (M<sup>me</sup>). Maison Ernest Bauer, à Paris.

Boudier (M<sup>lle</sup> Marguerite). Maison Melville et Ziffer, à Paris.
Bricourt (Léon). Maison Émile Claisse, à Caudry (Nord).
Camus (M<sup>me</sup> veuve). Maison Melville et Ziffer, à Paris.
Claisse (Félix). Maison Émile Claisse, à Caudry (Nord).
Claisse (J.-B.). Maison Émile Claisse, à Caudry (Nord).
Crozet (M<sup>me</sup> Louise). Maison A. Fruchard et C<sup>ie</sup>, à Paris.
Dauchel (G.). Maison Droussant et Croy, à Paris.
Delalain (M<sup>lle</sup> Julia). Maison Wanecq-Carpentier, à Caudry (Nord).
Denys (M<sup>me</sup> Lucienne). Maison Lefébure et fils, à Paris.
Devillers (Ezechiel). Maison Wanecq-Carpentier, à Caudry (Nord).
Fontaine (Dumas). Maison Wanecq-Carpentier, à Caudry (Nord).
Gabet (Victor). Maison Wanecq-Carpentier, à Caudry (Nord).
Guérin. Maison Lefébure et fils, à Paris.
Haas (M<sup>lle</sup> Émilienne). Maison Émile Claisse, à Caudry (Nord).
Hue (M<sup>lle</sup> Marie). Maison Melville et Ziffer, à Paris.
Jager (M<sup>lle</sup> Thérèse). Maison A. Fruchard et C<sup>ie</sup>, à Paris.
Lair (M<sup>lle</sup> Jeanne). Maison Lefébure et fils, à Paris.
Lavallard (Urbain). Maison Biais frères et C<sup>ie</sup>, à Paris.
Le Batard (M<sup>lle</sup> Blanche). Maison Lefébure et fils, à Paris.
Maillard-Defrint. Maison Kæstlin et Oblin frères, à Caudry (Nord).
Maugé (Léon). Maison Jean Farigoule, à Paris.
Pierru (M<sup>me</sup> L.). Maison Droussant et Croy, à Paris.
Pierru (L.). Maison Droussant et Croy, à Paris.
Ploreau (M<sup>me</sup> Marie). Maison veuve Achard et J. Magne, Le Puy (Haute-Loire).
Ponessel (M<sup>me</sup> veuve). Maison Aug. Carré, à Paris.
Porro (M.). Maison Ernest Bauer, à Paris.
Sauron (M<sup>me</sup> Sulvie). Maison veuve Achard et J. Magne, Le Puy (Haute-Loire).
Tranchart (M<sup>lle</sup> Charlotte). Maison Lefébure et fils, à Paris.
Wasson (Louis). Maison Émile Claisse, à Caudry (Nord).
Wasson (Pierre). Maison Kæstlin et Oblin frères, à Caudry (Nord).

CLASSE 85. — *Industries de la confection et de la couture pour hommes, femmes et enfants.*

## COLLABORATEURS

### Diplômes d'honneur.

**Astorg.** Maison Laguionie et C^ie (*Au Printemps*), à Paris.

**Balmana** (Pierre). Maison Nicolas Kriegck, à Paris.

**Bonneau.** Maison Carette, à Paris.

**Bourrée** (M^me). Maison Fillot, Caslot, Dru et C^ie (*Au Bon Marché*). (Maison Aristide Boucicaut), à Paris.

**Conchon** (Léon). Maison Fillot, Caslot, Dru et C^ie (*Au Bon Marché*). Maison Aristide Boucicaut, à Paris.

**Emmanuel** (M^me). Maison Fillot, Caslot, Dru et C^ie (*Au Bon Marché*). (Maison Aristide Boucicaut, à Paris.

**Evrard** (L.). Maison G. Coustou, à Roubaix.

**Jaquette** (M^me Élise). Maison Fillot, Caslot, Dru et C^ie (*Au Bon Marché*). (Maison Aristide Boucicaut, à Paris.

**Labbé** (Laurent). Maison Fillot, Caslot, Dru et C^ie (*Au Bon Marché*). (Maison Aristide Boucicaut, à Paris.

**Léger.** Maison Laguionie et C^ie (*Au Printemps*), à Paris.

**Lenoir** (Paul). Maison Fillot, Caslot, Dru et C^ie (*Au Bon Marché*). (Maison Aristide Boucicaut, à Paris.

**Mornas** (Georges). Maison Paul Kahn, Rodolphe et C^ie, à Paris.

**Rabau** (Romain). Maison Nicolas Kriegck, à Paris.

**Rebu** (M^me Faustine). Maison Reverdot, à Paris.

**Tanguy** (M^me Fernande). Maison Reverdot, à Paris.

**Thomas** (Louis). Grands Magasins du *Louvre*, à Paris.

### Diplômes de Médaille d'or.

**Berger** (M^lle Thérèse). Maison Paquin limited, à Paris.

**Blandin** (Louis). Maison Jean et Jules Gorse, à Lyon.

**Boulanger** (M^me). Maison Detrois, à Paris.

**Boulard.** Maison Braillon et fils, à Paris.

**Breton.** Maison Fillot, Caslot, Dru et C^ie (*Au Bon Marché*). (Maison Aristide Boucicaut, à Paris.

**Cahen** (Eugène). Maison Dœuillet, à Paris.

**Delsaux** (Émile). Établissements Halimbourg-Akar réunis, à Paris.

**Desté** (M^lle Renée). Société anonyme Laferrière, à Paris.

**Dinot** (M^lle). Maison Laguionie et C^ie (*Au Printemps*), à Paris.

**Domont** (M^me Jeanne). Maison Paquin limited, à Paris.

**Dromer.** Maison Braillon et fils, à Paris.

**Ducreuzet** (M^me). Maison Paquin limited, à Paris.

**Durandal** (M^me). Maison Reverdot, à Paris.

**Froumy** (M^lle Berthe). Maison Detrois, à Paris.

**Gauché** (Henri). Maison Bogler, à Paris.

**Genin** (Jean). Maison Jean et Jules Gorse, à Lyon.

**Jouvent** (M^me). Société anonyme Laferrière, à Paris.

**Le Révérend** (M^lle Marie). Grands Magasins du *Louvre*, à Paris.

**Mignot** (M^me). Maison Laguionie et C^ie (*Au Printemps*), à Paris.

**Montfort** (M^lle). Maison Laguionie et C^ie (*Au Printemps*), à Paris.

**Paucellier.** Maison Braillon et fils, à Paris.

**Picaret.** Maison Cheruit, à Paris.

**Plocq** (Alfred). Maison Bogler, à Paris.

**Richard** (M^me). Maison Detrois, à Paris.

**Rouff** (Jean). Maison Dœuillet, à Paris.

**Sagnier** (Laurent). Maison Paquin limited, à Paris.

**Tantot** (Gilbert). Établissements Halimbourg-Akar réunis, à Paris.

**Thiénot** (Maurice). Grands Magasins du *Louvre*, à Paris.

### Diplômes de Médaille d'argent.

**Balmana** (José). Maison Nicolas Kriegck, à Paris.

**Bernaux** (Louis). Maison Cozette et Perdriau, à Tours.

**Blanleuil** (Arthur). Maison Géo Harrison, à Paris.

**Blanleuil** (Auguste). Maison Géo Harrison, à Paris.

**Bolland.** Maison Bernard et C^ie, à Paris.

**Concé** (M^me Augusta). Maison Callot sœurs, à Paris.

**Dachet** (M^me Jeanne). Maison G. Coustou, à Roubaix.

**Dubois** (M^lle Victoria). Maison G. Coustou, à Roubaix.

**Dujardin** (Paul). Maison G. Coustou, à Roubaix.

**Faret** (François). Maison J. Voisin, à Paris.

**Freyssenède** (Daniel). Maison J. Voisin, à Paris.

**Gillot** (M^me Blanche). Établissements Halimbourg-Akar réunis, à Paris.

**Harry** (Henri). Établissements Halimbourg-Akar réunis, à Paris.

**Kahn** (M<sup>me</sup> Marthe). Société anonyme des *Galeries Lafayette*, à Paris.

**Laurent** (Jean). Maison Carette. à Paris.

**Pagès** (Pierre). Maison J. Voisin, à Paris.

**Renaud** (M<sup>lle</sup> Juliette). Maison Callot sœurs. à Paris.

**Rome.** Maison Alexis Salomon, à Paris.

**Strasky** (Ignace). Société anonyme des *Galeries Lafayette*, à Paris.

**Tremblay** (Valentin). Maison Alexis Salomon, à Paris.

**Weinz** (Eugène). Maison Alexis Salomon, à Paris.


### Diplômes de Médaille de bronze.

**Cosson** (M<sup>lle</sup> Augustine). Maison Nicolas Kriegck. à Paris.

**Cosson** (M<sup>lle</sup> Hélène). Maison Nicolas Kriegck. à Paris.

**Debris** (Marcel). Société anonyme des établissements G. Couturier, à Fécamp.

**Maréchal** (H.). Société anonyme des établissements G. Couturier, à Fécamp.

**Michelin** (Charles). Maison Cozette et Perdriau, à Tours.

**Raël** (Ch.). Maison Cozette et Perdriau. à Tours.

**Rambaud** (Y.). Maison H. Touraille, Meillassoux et C<sup>ie</sup>, à Paris.

**Schymsevitz** (Adolphe). Maison H. Touraille, Meillassoux et C<sup>ie</sup>, à Paris.


### COOPÉRATEURS

#### Diplômes de Médaille de bronze.

**Becuwe** (J.). Maison G. Coustou. à Roubaix.

**Burgard** (M<sup>me</sup> Louise). Maison Paul Kahn. Rodolphe et C<sup>ie</sup>, à Paris.

**Collignon** (M<sup>me</sup>). Maison Laguionie et C<sup>ie</sup> *(Au Printemps)*, à Paris.

**Defrenne** (M<sup>me</sup> Julia). Maison G. Coustou. à Roubaix.

**Demeulemester** (Richard). Maison G. Coustou, à Roubaix.

**Duprat** (Théodore). Maison Cozette et Perdriau, à Tours.

**Escaich** (Jean). Maison J. Voisin. à Paris.

**Frasnoy** (M<sup>me</sup>). Maison Paquin limited, à Paris.

**Gémonet** (M<sup>me</sup> Léontine). Maison Cozette et Perdriau. à Tours.

**Grosse** (M<sup>lle</sup> Antonia). Maison G. Coustou. à Roubaix.

**Henriot** (M<sup>lle</sup>). Maison Laguionie et C<sup>ie</sup> *(Au Printemps)*. à Paris.

**Huon** (René). Maison Paquin limited, à Paris.

**Laveau** (Louis). Maison J. Voisin. à Paris.

**Lissac** (Louis). Maison Cozette et Perdriau, à Tours.

**Morlot** (M<sup>lle</sup> Adèle). Maison Laguionie et C<sup>ie</sup> *(Au Printemps)*, à Paris.

**Navette** (M<sup>me</sup>). Maison Paquin limited, à Paris.

**Perlot** (M<sup>lle</sup> Berthe). Maison Réverdot, à Paris.

**Person** (M<sup>lle</sup> Lucie). Maison Géo Harrison, à Paris.

**Rémy** (Émile). Maison Paquin limited. à Paris.

**Salome** (G.). Maison Géo Harrison. à Paris.

**Szymanska** (M<sup>me</sup>). Maison Laguionie et C<sup>ie</sup> *(Au Printemps)*. à Paris.

**Zimmer.** Maison Paul Kahn. Rodolphe et C<sup>ie</sup>. à Paris.


### CLASSE 86. — *Industries diverses du vêtement.*

#### COLLABORATEURS

#### Diplômes d'honneur.

**Ægerter** (Émile). Maison Paul Maurey fils. à Paris.

**Alers** (Charles). Maison Dressoir, Pémartin. Pulm et C<sup>ie</sup>. à Paris.

**Anckært** (Jules). Maison D. Ducarin, à Comines (Nord).

**Badiou** (Louis). Maison Laflèche frères et C<sup>ie</sup>. à Paris.

**Baste** (M<sup>me</sup> Caroline). Maison J. et L. Schulmann. à Paris.

**Bertrand** (M<sup>lle</sup> Yvonne). Maison Charles Averseng. à Paris.

**Bex** (Gilbert). Maison Lucien Villeminot. A. Roudeau et C<sup>ie</sup>. à Paris.

**Boudin** (Jules-Auguste). Maison les fils de Despreaux jeune, à Paris.

**Bureau** (Gabriel). Maison I. Salaman et C<sup>ie</sup>. à Paris.

**Capiaumont** (Lucien). Maison Fillot, Caslot. Dru et C<sup>ie</sup> *Au Bon Marché*. à Paris.

**Champouillon** (Alfred). Ancienne Maison J. Pinatel et Amour (Crespin et Papillon. successeurs). à Paris.

**Chevallier** (Eugène). Maison Vitoux. Derrey et gendre. à Troyes.

**Coltman** (Paul). Maison Vimont et Linzeler, à Paris.

**Coltman** (M<sup>me</sup> Pauline). Maison Vimont et Linzeler. à Paris.

**Dautremer** (Arthur). Établissements A. Rousseau. à Paris.

**Debunne** (Paul). Maison J.-B. d'Ennetières et C<sup>ie</sup>. à Comines (Nord).

Dejean (Léon). Établissements Rey Cousins et Cie, à Caussade.

Démaret (Étienne-Georges). Maison J.-B. Démaret, a Paris.

Denys (Félix). Maison Plé frères, à Paris.

Devron (Ernest). Maison Donckèle et Cie (ancienne maison Klotz jeune), à Paris.

Diletti (Jean). Maison H. Cordier et fils, à Fougères.

Domin (Mlle Clémentine). Maison Maurice Hervy, à Paris.

Dumont (Georges). Maison Guibert frères, à Millau.

Eysseric (Louis). Maison Laflèche frères et Cie, à Paris.

Feist (Charles). Maison I. Salaman et Cie, à Paris.

Ferrand (Mme Isabelle). Maison Charles Averseng, à Paris.

Fornaro (Claudius). Maison Duluc et Cie (Établissements Stockman), à Paris.

Gerbaud (Martial). Organisation de la classe 86.

Gilliéron (Eugène). Maison Henri Mayer (successeur de la Maison Mirtil Mayer et frères, à Paris.

Gosset (Benjamin). Grands Magasins du *Louvre*, à Paris.

Heim (Mme Marie). Maison Javey et Cie, à Paris.

Heuzard (Raoul-Léon). Maison Hellstern et Sons, à Paris.

Hubert (Mme). Maison Maurice Hervy, à Paris.

Hugot (Alphonse). Maison Albert Schmit et Cie, à Paris.

Javey (Mme). Diorama des fleurs, classe 86.

Jourdain (Mlle Aimée). Maison L.-G. Gérard, à Paris.

Kloze (Robert). Maison Lucien Villeminot, A. Rondeau et Cie, à Paris.

Lecouvé (Frédéric). Maison Théodore Boileau, à Paris.

Magnien (Mlle Blanche). Maison J. Mantou, à Paris.

Mardelé (Mme). Maison Maurice Hervy, à Paris.

Martin (Mlle Eugénie). Maison Charles Averseng, à Paris.

Martin (Mlle Louise). Maison J.-B. Démaret, à Paris.

Massac (Camille). Maison Fillot, Caslot, Dru et Cie (*Au Bon Marché*), à Paris.

Morichon (Adrien). Maison Plé frères, à Paris.

Morney (Jules). Maison L. Perrin et Cie, à Grenoble.

Paliet (Paul). Maison Dehesdin et fils, à Paris.

Paumier (Mme Gabrielle). Maison J.-B. Démaret, à Paris.

Pichat (Charles). Maison Henri Mayer (successeur de la Maison Mirtil Mayer et frères, à Paris.

Posenær (Paul). Maison J. Hayem et Cie, à Paris.

Rege (Mme Jeanne). Maison Javey et Cie, Paris.

Robin (Paul). Maison P. Imans, à Paris.

Saintard (Gaston). Maison J. Hayem et Cie, à Paris.

Septier (Paul). Maison Vitoux, Derrey et gendre, à Troyes.

Stoltz (Édouard). Maison Fillot, Caslot, Dru et Cie (*Au Bon Marché*), à Paris.

Tamisier (Eugène). Maison Albert Schmit et Cie, à Paris.

Tribout (Louis). Établissements A. Rousseau, à Paris.

## Diplômes de Médaille d'or.

Alphand (Mlle Louise). Maison Yver Barreiros (Berthe Barreiros), à Paris.

Assailly (Arsène). Maison Jean-Baptiste-Joseph Démaret, à Paris.

Augras (Charles). Maison Plé frères, à Paris.

Baltassat (Émile). Maison Lucien Villeminot, A. Rondeau et Cie, à Paris.

Berlin (Mlle Jeanne). Maison Lucien Villeminot, A. Rondeau et Cie, à Paris.

Bernoux (Henri). Maison Paul Maurey fils, à Paris.

Berson (Louis). Maison A. Parent et Cie, à Paris.

Billard (François). Maison Dehesdin et fils, à Paris.

Bitaine (Léopold). Maison Donckèle et Cie (ancienne maison Klotz jeune), à Paris.

Bonvallet (Mme Eugénie). Maison L.-G. Gérard, à Paris.

Bossard (docteur). Maison A. Claverie (G. Bos et L. Puel), à Paris.

Bourdon (Victor). Maison J. et L. Schulmann, à Paris.

Bourger (Mlle Eugénie). Maison J. Hayem et Cie, à Paris.

Bonnier (Henri). Maison les fils de B. Bourgeois, à Paris.

Bouriot (Alphonse). Établissements A. Rousseau, à Paris.

Boutin (Mme). Maison J. Hayem et Cie, à Paris.

Briquet (Mme Marie). Maison G. Lheureux, à Paris.

Campagnac (Pierre). Maison Rey cousins et Cie, à Caussade.

Causse (Auguste). Maison Guillaume fils aîné et Bouton, à Paris.

Chaumier (J.-B.). Société du caoutchouc manufacturé (Mouilbau, Fayaud, Laurain et Cie), à Paris.

Coullaud (Mme Pauline). Maison Picard et Minier, à Paris.

Danière (Francisque). Maison G. Hamelin, à Paris.

Davenne (Charles). Maison G. Mantou, à Paris.

**Debunne** (Léon). Maison J.-B. d'Ennetières. à Comines (Nord).

**Deloras** (Antoine). Maison Dressoir. Pémartin, Pulm et Cie, à Paris.

**Demaret** (Henri). Maison Jean-Baptiste-Joseph Demaret, à Paris.

**Demont** (Henri). Grands Magasins du *Louvre*. à Paris.

**Diotel** (Émile). Établissements A. Rousseau. à Paris.

**Dreyfus** (Mme Élise). Maison I. Salaman et Cie, à Paris.

**Ducoudray** (Henri). Maison Donckèle et Cie (ancienne maison Klotz jeune). à Paris.

**Dufour** (Alfred). Maison les fils de B. Bourgeois, à Paris.

**Fischer** (Edvin). Maison L. Perrin et Cie. à Grenoble.

**Gaudefroy** (Émile). Maison E. Fournier, à Paris.

**Garfunkel** (Salomon). Maison Dressoir. Pémartin, Pulm et Cie, à Paris.

**Gattefossé** (Louis). Maison Vitoux-Derrey et gendre. à Troyes.

**Gilliéron** (Mme Élisa). Maison Henri Mayer (successeur de la Maison Mirtil Mayer et frère. à Paris.

**Girard** (Eugène). Maison Duboc et Cie. (anciens établissements Stockman), à Paris.

**Giraud** (Almir). Maison Dressoir. Pémartin, Pulm et Cie, à Paris.

**Gounelle** (Jules). Maison Gaston Verdier. à Paris.

**Grand** (Émile). Maison Javey et Cie, à Paris.

**Guibert** fils (Paul-Aimé). Maison Guibert frères. à Millau.

**Guillaumont** (Paul). Maison Dehesdin et fils. à Paris.

**Guillot** (Armand). Maison Javey et Cie, à Paris.

**Haie** (Mme). Maison Plé frères. à Paris.

**Hamel** (Jean-Marie). Maison H. Cordier et fils. à Fougères.

**Hardouin** (Henri). Maison Charles Averseng. à Paris.

**Hay** (Léon). Maison A. Parent et Cie, à Paris.

**Houssiaux** (Mlle Alexandrine). Maison Henri Mayer (successeur de la Maison Mirtil Mayer et frère), à Paris.

**Jallamion** (Jules). Maison Guillaume fils aîné et Bouton, à Paris.

**Jamain** (Mme Jeanne). Maison Yver Barreiros (Berthe Barreiros), à Paris.

**Jourdan** (Armand). Établissements Rey cousins et Cie, à Caussade.

**Klein** (Henri). Maison Philippe. Viallar et Cie, à Paris.

**Kniesbeck** (Ernest). Société du caoutchouc manufacturé (Mouilbau. Fayaud, Laurain et Cie), à Paris.

**Labbé** (Paul). Maison Delion et Caron. à Paris.

**Lagache** (Émile). Maison F. Salaman et Cie, à Paris.

**Le Marié** (Marcel). Maison Albert Schmit et Cie, à Paris.

**Lannois** (Émile-Octave). Maison les fils de Despréaux jeune, à Paris.

**Lelarge** (Mlle Renée). Maison Maurice Hervy, à Paris.

**Lepers** (Mlle Émilienne). Maison G. Lamieussens, à Paris.

**Mahuet** (Jules). Maison Bessand, Bigorne et Cie *(Belle Jardinière)*, à Paris.

**Marais** (Isidore). Maison Trefousse et Cie, à Chaumont.

**Marchand** (Louis). Maison Henri Mayer (successeur de Mirtil Mayer et frère). à Paris.

**Margaine** (Louis). Maison G. Lheureux, à Paris.

**Margue** (Jules). Maison Laflèche frères et Cie, à Paris.

**Maudet** (Georges). Établissements A. Rousseau. à Paris.

**Maurel** (Numa). Maison L. Perrin et Cie, à Grenoble.

**Montaru** (Th.). Maison Théodore Boileau, à Paris.

**Morin** (Mlle Alzina). Maison P. Grisard, à Paris.

**Mugnier** (Mme Marthe). Maison J. et L. Schulmann, à Paris.

**Nais** (Armand). Maison Albert Schmit et Cie, à Paris.

**Oudinet** (Albert). Maison E. Cornuel, à Paris.

**Paire** (Joseph). Établissements Rey. Cousins et Cie, à Caussade.

**Palliavie** (Mme Jeanne). Maison J. et L. Schulmann, à Paris.

**Papin** (Lucien). Maison J. Salaman et Cie, à Paris.

**Peny** (Jules). Établissements A. Rousseau, à Paris.

**Pérouelle** (Mlle Jeanne). Société anonyme des *Galeries Lafayette*, à Paris.

**Pesche** (Joseph). Les fils de Pinay jeune (Maison Pinay et Luduc). à Paris.

**Philippe** (Nicolas). Maison Eugène Mermilliod. à Paris.

**Pichery** (Paul). Maison Javey et Cie, à Paris.

**Pierreti** (Gustave). Maison Debauge et Cie. à Paris.

**Piollet.** Établissements A. Rousseau. à Paris.

**Plantier.** Maison Plé frères, à Paris.

**Polly** (Armand). Maison Picard et Minier, à Paris.

**Roger** (Mme Camille). Maison J. Salaman et Cie, à Paris.

**Roland** (Henri). Maison Lucien Villeminot. A. Rondeau et Cie, à Paris.

**Rolland** (Charles). Maison Duboc et Cie (anciens établissements Stockman), à Paris.

**Ronsse** (René). Maison Javey et Cie, à Paris.

**Royet** (Justin). Maison Albert Schmit et Cie, à Paris.

Santos (Grégoire). Maison Dressoir, Pemartin, Pulm et Cⁱᵉ, à Paris.

Saquet (Joseph). Maison Hellstem et Sons, à Paris.

Schæfer. Maison Paul Maurey fils, à Paris.

Talazac (Mˡˡᵉ Jeanne). Maison Georges Évrard, à Paris.

Tortet (Mˡˡᵉ Jeanne). Maison Lucien Villeminot, A. Rondeau et Cⁱᵉ, à Paris.

Vauzanges (Gabriel). Maison A. Parent et Cⁱᵉ, à Paris.

Verdier (Eugène). Société du caoutchouc manufacturé (Mouillan, Fayaud, Laurain et Cⁱᵉ, à Paris.

Veyret (Émile). Maison Fenestrier, à Romans.

Vimont (René). Maison Vimont et Linzeler, à Paris.

Vivier (Mᵐᵉ Marie). Maison Lucien Villeminot, A. Rondeau et Cⁱᵉ, à Paris.

Wagner (Mˡˡᵉ Jeanne). Maison Henri Mayer (successeur de Mirtil Mayer et frères, à Paris.

### Diplômes de Médaille d'argent.

Aubrée (Étienne). Maison H. Cordier et fils, à Fougères.

Bailly (Mᵐᵉ Gabrielle). Maison L.-G. Gérard, à Paris.

Bauché (Mᵐᵉ Alice). Maison J. Hayem et Cⁱᵉ, à Paris.

Beaugendre (Mˡˡᵉ Laure). Grands Magasins du *Louvre*, à Paris.

Beaupied (Mˡˡᵉ Germaine). Maison Gaston Verdier, à Paris.

Berhault (Mᵐᵉ Joséphine). Maison A. Morel, à Fougères.

Bertrand (Mˡˡᵉ Yvonne). Maison Charles Averseng, à Paris.

Billon (Clément). Maison Tréfousse et Cⁱᵉ, à Chaumont.

Bonhote (Mᵐᵉ). Maison Plé frères, à Paris.

Bouvard (Alfred). Maison Albert Schmit et Cⁱᵉ, à Paris.

Breton (Mᵐᵉ Marthe). Maison J. Hayem et Cⁱᵉ, à Paris.

Bucquoy (Léon). Maison Philippe, Viallar et Cⁱᵉ, à Paris.

Caillet (Joseph). Maison les fils de B. Bourgeois, à Paris.

Cailot (Mᵐᵉ Berthe). Maison Lucien Villeminot, A. Rondeau et Cⁱᵉ, à Paris.

Camille (Étienne). Maison Vitoux, Derrey et gendre, à Troyes.

Carré (Léon). Maison Gaston Verdier, à Paris.

Chalicarne (Mˡˡᵉ Amélia). Maison Eugène Chambroux, à Paris.

Chauffard (Mᵐᵉ Fortunée). Maison Donckèle (anciennement Klotz jeune), à Paris.

Cheneaux (Jean). Maison Donckèle et Cⁱᵉ (anciennement Klotz jeune), à Paris.

Chouard (Albert). Maison G. Manton, à Paris.

Clément (Georges). Maison Eugène Mermilliod, à Paris.

Coulon-Fosse. Maison E. Fournier, à Paris.

Délécaut (Alfred). Maison A. Delmotte, à Paris.

Dubut (Mᵐᵉ Marie). Maison Lucien Villeminot, A. Rondeau et Cⁱᵉ, à Paris.

Duprat (Camille). Maison Dehesdin et fils, à Paris.

Eluard (Maurice). Maison Donckèle et Cⁱᵉ (anciennement Klotz jeune), à Paris.

Escouflaire. Maison Philippe, Viallar et Cⁱᵉ, à Paris.

Floury (Charles). Maison A. Morel, à Fougères.

Fourrier (Léopold). Maison Tréfousse et Cⁱᵉ, à Chaumont.

Froger (Lucien). Maison Lévi frères, à Paris.

Galan (Léopold). Établissements Rey, Cousins et Cⁱᵉ, à Caussade.

Garnesson (Paul). Maison Gaston Verdier, à Paris.

Gandin (Mᵐᵉ Cécile). Maison Laflèche frères et Cⁱᵉ, à Paris.

Geoffroy (Mˡˡᵉ Alice). Maison G. Lamieussens, à Paris.

Geoffroy (Mˡˡᵉ Lucie). Société anonyme des *Galeries Lafayette*, à Paris.

Godet (Mˡˡᵉ Madeleine). Maison Charles Averseng, à Paris.

Goupil. Maison J. Buscarlet et Cⁱᵉ, à Paris.

Griffaut (Georges). Établissements A. Rousseau, à Paris.

Guerreau (Charles). Maison A. Parent et Cⁱᵉ, à Paris.

Guesdon (Victor). Maison A. Morel, à Fougères.

Guibert fils (Charles). Maison Guibert frères, à Millau.

Guigno (Mˡˡᵉ Blanche). Établissements A. Rousseau, à Paris.

Hæn (Mˡˡᵉ Mathilde). Maison J. et L. Schulmann, à Paris.

Houlet (Lucien). Collaboration dans l'organisation de la classe 86.

Hugon (Mᵐᵉ Marie). Maison Georges Évrard, à Paris.

Hummel (Mˡˡᵉ Emma). Maison Plé frères, à Paris.

Husson (Maurice). Maison A. Meyrucis et H. Vivier, à Paris.

Kübler (Mˡˡᵉ Charlotte). Maison Henri Mayer (successeur de Mirtil Mayer et frère), à Paris.

**Kratz** (Jean). Maison Lucien Villeminot. A. Rondeau et Cⁱᵉ, à Paris.

**Laroche** (Alfred). Établissements A. Rousseau. à Paris.

**Laurent** (Mᵐᵉ Renée). Maison A. Claverie (G. Bos et L. Puel), à Paris.

**Lavabre** (Léon). Maison L. Perrin et Cⁱᵉ, à Grenoble.

**Lèbre** (Mˡˡᵉ Eugénie). Maison Paul Maurey fils, à Paris.

**Mairet** (Francisque). Maison Crespin et Papillon (successeurs de J. Pinaud et Amour), à Paris.

**Malartic** (Mᵐᵉ Marie). Maison Donckèle et Cⁱᵉ (anciennement Klotz jeune), à Paris.

**Mallet** (Jules). Maison Tréfousse et Cⁱᵉ, à Chaumont.

**Martin** (Maurice). Maison Paul Bertin, à Paris.

**Martinez** (Pierre). Maison Lévi frères, à Paris.

**Masse** (Mᵐᵉ Léontine). Maison Donckèle et Cⁱᵉ (anciennement Klotz jeune), à Paris.

**Matrot** (Mˡˡᵉ Marie). Maison Donckèle et Cⁱᵉ (anciennement Klotz jeune), à Paris.

**Maubert** (Mᵐᵉ Blanche). Maison J. Hayem et Cⁱᵉ, à Paris.

**Mann** (Émile). Maison G. Lheureux, à Paris.

**Mayeur** (Émile). Maison Bessand, Bigorne et Cⁱᵉ (*A la Belle Jardinière*). à Paris.

**Meyer** (Mˡˡᵉ Célestine). Maison Paul Maurey fils, à Paris.

**Moisau** (Mᵐᵉ). Établissements A. Rousseau, à Paris.

**Moreau** (Eugène). Maison Donckèle et Cⁱᵉ (anciennement Klotz jeune), à Paris.

**Naudié** (Mˡˡᵉ Mariette). Maison Pierre et Albert Jenin, à Paris.

**Noé** (Mᵐᵉ Jeanne). Maison J.-B. Demaret, à Paris.

**Noguie**. Maison J. Buscarlet et Cⁱᵉ, à Paris.

**Oudinet** (Alfred). Maison E. Cornuel, à Paris.

**Paillard** (Mᵐᵉ Berthe). Maison Donckèle et Cⁱᵉ (anciennement Klotz jeune), à Paris.

**Péan** (Alfred). Maison Dressoir, Pémartin. Pulm et Cⁱᵉ, à Paris.

**Perret**. Maison les fils de Pinay jeune (anciennement Pinay et Leduc), à Paris.

**Perron** (Mᵐᵉ). Établissements A. Rousseau, à Paris.

**Perronnet** (Marcel). Maison G. Mantou, à Paris.

**Pignot** (Henri). Maison Gaston Verdier, à Paris.

**Pisani** (Ambroise). Maison G. Hamelin, à Paris.

**Plouvier** (Mᵐᵉ). Maison Plé frères, à Paris.

**Poirier** (Pierre). Maison E. Cordier et fils, à Fougères.

**Porée** (Mᵐᵉ Jeanne). Maison Javey et Cⁱᵉ, à Paris.

**Pret** (Émile). Maison Vitoux, Derrey et gendre, à Troyes,

**Prodhomme** (François). Maison H. Cordier et fils, à Fougères.

**Prat** (Augustin). Maison L. Perrin et Cⁱᵉ, à Grenoble.

**Pugeat** (Mᵐᵉ). Maison E. Millet (anciens établissements Bordeaux), à Paris.

**Puissant** (Antoine). Maison Fillot, Caslot, Dru et Cⁱᵉ (*Au Bon Marché*), à Paris.

**Quinton** (Charles). Maison H. Cordier et fils, à Fougères.

**Raynaud** (Louis). Maison Vimont et Linzeler, à Paris.

**Regnard** (Mˡˡᵉ Berthe). Maison Laya et Caen, à Paris.

**Rey** (Eugène). Maison J. Fenestrier, à Romans.

**Richard** (Henri). Maison Tréfousse et Cⁱᵉ, à Chaumont.

**Sabine** (Jules). Maison Delion et Caron, à Paris.

**Sain** (Eugène). Maison Bessand, Bigorne et Cⁱᵉ (*A la Belle Jardinière*), à Paris.

**Saint-Martin** (Mᵐᵉ Lucie). Maison Javey et Cⁱᵉ, à Paris.

**Sevestre** (Mᵐᵉ Marie). Maison G. Lamieussens, à Paris.

**Simon** (Camille). Maison Tréfousse et Cⁱᵉ, à Chaumont.

**Sohn** (Paul). Maison Georges Brossard, à Paris.

**Soupizet** (Mˡˡᵉ Jeanne). Établissements A. Rousseau, à Paris.

**Tanissace** (Mᵐᵉ Marianne). Maison Lucien Villeminot, A. Rondeau et Cⁱᵉ, à Paris.

**Tardy** (Mˡˡᵉ Suzanne). Maison Lucien Villeminot, A. Rondeau et Cⁱᵉ, à Paris.

**Thierson** (Maurice). Maison Dehesdin et fils, à Paris.

**Thiéry** (Victor). Maison Hellstern et Sons, à Paris.

**Thierry** (Léon). Maison Bessand, Bigorne et Cⁱᵉ (*A la Belle Jardinière*), à Paris.

**Trémeau** (Edmond). Maison Lévi frères, à Paris.

**Turbour** (Mˡˡᵉ Gabrielle). Maison Fillot, Caslot, Dru et Cⁱᵉ (*Au Bon Marché*), à Paris.

**Vallaud** (Léon). Maison Fernand Massy, à Paris.

**Valognes** (Georges). Maison Maurice Chantalou, à Paris.

### Diplômes de Médaille de bronze.

**Berthod** (Mˡˡᵉ Jeanne). Maison G. Lamieussens, à Paris.

**Biaggi** (Jean-Baptiste). Maison Fernand Massy, à Paris.

**Carquet**. Société des établissements E. Weil et Cⁱᵉ, à Paris.

**Croisart** (Paul). Maison Eugène Mermilliod, à Paris.

Donze (Albert). Maison Gaston Verdier, à Paris.
Guinot (M^me Marie). Maison Fillot, Caslot, Dru et C^ie (*Au Bon Marché*), à Paris.
Ledoux (M^lle Charlotte). Maison Dehesdin et fils, à Paris.
Lesueur (M^me Albertine). Maison Dehesdin et fils, à Paris.
Lucas (Camille). Maison Donckèle et C^ie (anciennement Klotz jeune), à Paris.
Marchal. Établissements A. Rousseau, à Paris.
Masson (Joseph). Maison Maurice Chantalou, à Paris.
Michau (Louis-Marcel). Maison Debauge et C^ie, à Paris.
Pérardelle (Émile). Maison Gaston Verdier, à Paris.
Porret (M^lle Berthe). Maison Fillot, Caslot, Dru et C^ie (*Au Bon Marché*), à Paris.
Troude (Georges). Maison A. Morel, à Fougères.

### Diplôme de Mention.

Renault (Laurent). Maison Maurice Chantalou, à Paris.

### COOPÉRATEURS

### Diplômes de Médaille de bronze.

Alphand (M^lle Louise). Maison Yver-Barreiros (Berthe Barreiros), à Paris.
Arnault (Édouard). Maison H. Calichon et J. Tachon, à Bordeaux.
Anglade (M^lle Henriette). Maison veuve H. Cadolle et fils, à Paris.
Angot (M^me). Maison Maurice Hervy, à Paris.
Aubart (M^me Georgette). Maison Lucien Villeminot, A. Rondeau et C^ie, à Paris.
Baltis (Gaston). Maison Vitoux, Derrey et gendre, à Troyes.
Bardon (Jules). Maison Vitoux, Derrey et gendre, à Troyes.
Barutel (M^lle Antoinette). Maison H. Calichon et J. Tachon, à Bordeaux.
Becker (M^lle Marie-Louise). Maison Hellstern et Sons, à Paris.
Beffrieux (Alphonse). Établissements Rey, Cousins et C^ie, à Caussade.
Beissière (Édouard). Maison A. Ravenel fils, à Paris.
Bel (M^me). Maison Maurice Hervy, à Paris.
Berthet (Louis). Maison L. Perrin et C^ie, à Grenoble (Isère).
Bertiaux (Gaston). Maison Albert Schmit et C^ie, à Paris.

Bezut (Louis). Maison Debauge et C^ie, à Paris.
Bienaimé (Eugène). Maison Tréfousse et C^ie, à Chaumont.
Bonnet (M^me Jeanne). Maison Donckèle et C^ie (anciennement Klotz jeune), à Paris.
Bouillet (Alexandre). Maison Albert Schmit et C^ie, à Paris.
Boulay (Georges). Maison Plé frères, à Paris.
Bouvard (Louis). Maison Debauge et C^ie, à Paris.
Brie (Michel). Maison Plé frères, à Paris.
Brion (Marcel). Maison Vitoux, Derrey et gendre, à Troyes.
Brizard (Ferdinand). Maison L. Perrin et C^ie, à Grenoble (Isère).
Brossard (Firmin). Maison G. Lheureux, à Paris.
Castel (M^me Marie-Zoé). Maison Émile Girard, à Paris.
Castera (Auguste). Maison Plé frères, à Paris.
Catty (M^lle). Maison les fils de Pinay jeune (Pinay et Leduc), à Paris.
Cavel (Édouard). Maison Delion et Caron, à Paris.
Cerceau (Henri). Maison Plé frères, à Paris.
Certain (M^lle Blanche). Maison R. Schnéegans et Ballossier, à Paris.
Chambraud (M^me Anne). Maison Duboc et C^ie (établissements Stockman), à Paris.
Cordon (Alfred). Maison Debauge et C^ie, à Paris.
Corio (Vincent). Maison Plé frères, à Paris.
Cottinet (Julien). Maison E. Fournier, à Paris.
Courcières (M^me Eugénie). Établissements Rey, Cousins et C^ie, à Caussade (Tarn-et-Garonne).
Daunois (M^me Pauline). Maison Duboc et C^ie (établissements Stockman), à Paris.
Decock (M^lle Hortense). Maison veuve H. Cadolle et fils, à Paris.
Decotte (Léon). Maison E. Fournier, à Paris.
Delamotte (Albert). Maison les fils de B. Bourgeois, à Paris.
Deloras (Marius). Maison Dressoir, Pémartin, Pulm et C^ie, à Paris.
Desforges (Paul). Maison Charles Averseng, à Paris.
Didier (Alphonse). Maison L. Perrin et C^ie, à Grenoble (Isère).
Dubey (Eugène). Maison L. Perrin et C^ie, à Grenoble (Isère).
Dubreuil (Louis). Maison les fils de Jules Wolff, à Paris.
Duclos (M^me Cécilia). Établissements Rey, Cousins et C^ie, à Caussade (Tarn-et-Garonne).
Duval (M^me Gabrielle). Maison A. Claverie (G. Bos et L. Puch), à Paris.

Duysburg (Émile). Maison Plé frères, à Paris.

Fagot (Alexandre). Maison L. Perrin et C^{ie}. à Grenoble (Isère).

Faure (M^{me} veuve Louise). Maison L. Perrin et C^{ie}. à Grenoble (Isère).

France (M^{me} veuve). Maison Philippe, Viallar et C^{ie}, à Paris.

Gaillard. Maison les fils de Pinay jeune (anciennement Pinay et Leduc), à Paris.

Gaillard (M^{me}). Maison les fils de Pinay jeune (anciennement Pinay et Leduc), à Paris.

Garnier (Amand). Maison H. Cordier et fils. à Fougères.

Garret (André). Maison Paul Maurey et fils, à Paris.

Gilbert (Ch.). Maison Edmond Bordeau, à Paris.

Gillet (Auguste). Maison Lagel-Meier. à Paris.

Grandie (Bernard). Maison H. Calichon et J. Tachon. à Bordeaux.

Granotier (M^{me}). Les fils de Pinay jeune (Maison Pinay et Leduc), à Paris.

Grillet (Auguste). Maison Vitoux. Derrey et gendre. à Troyes.

Guichard (Robert). Maison Plé frères. à Paris.

Guillot (M^{lle} Juliette). Maison L. Perrin et C^{ie}. à Grenoble.

Hautmont (Edmond). Maison Dressoir, Pémartin. Pulm et C^{ie}, à Paris.

Héros (Fernand). Maison les fils de Jules Wolff, à Paris.

Hiquet (M^{me} Joséphine). Maison Georges Évrard, à Paris.

Hurni (M^{lle} Mathilde). Maison Lucien Villeminot. A. Rondeau et C^{ie}. à Paris.

Jamain (M^{me} Jeanne). Maison Yver Barreiros (Berthe Barreiros), à Paris.

Jarrigeon (M^{me} Marie). Maison Lambert frères, à Paris.

Jean (M^{me} Louise). Maison P. Grisard. à Paris.

Jossand (M^{lle} Marie). Maison A. Claverie (G. Bos et L. Puel), à Paris.

Kleinhaus (Alexandre). Maison Émile Girard, à Paris.

Lambert (M^{me}). Maison Paul Roux, à Romans (Drôme).

Launois. Maison Paul Maurey et fils. à Paris.

Lecalou (M^{lle} Victoire). Maison J. et L. Schulmann. à Paris.

Lecard (Jules). Maison Tréfousse et C^{ie}. à Chaumont (Haute-Marne).

Leclercq (M^{lle} Raymonde). Maison Philippe. Viallar et C^{ie}, à Paris.

Lecomte (Victor). Maison J.-B. d'Ennetières et C^{ie}. à Comines.

Lefèvre (M^{me} Alice). Maison Lambert frères, à Paris.

Leuck (Léon). Maison Albert Schmit et C^{ie}. à Paris.

Lhomeau (M^{me} Joséphine). Maison Émile Girard. à Paris.

Louet (Auguste). Maison Tréfousse et C^{ie}. à Chaumont (Haute-Marne).

Maisonneuve (Joseph). Maison Fenestrier. à Romans (Drôme).

Marical (M^{lle} Rose). Maison Dehesdin et fils. à Paris.

Martin. Maison E. Cornuel. à Paris.

Martre (Pierre). Maison Duboc et C^{ie} (établissements Stockman), à Paris.

Massobre (Pierre). Maison H. Calichon et J. Tachon. à Bordeaux.

Mathurin (M^{lle} Madeleine). Maison Edmond Bordeau. à Paris.

Medin (Isidore). Maison Plé frères, à Paris.

Michaud (Georges). Maison Charles Averseng, à Paris.

Moguet (M^{me} Jeanne). Maison Lelion. Lestrade et Dresde, à Paris.

Monnet (Amédée). Maison Duboc et C^{ie} (établissements Stockman), à Paris.

Montagne (Eugène). Maison Paul Maurey et fils, à Paris.

Monteil (M^{me} Alice). Maison Duboc et C^{ie} (établissements Stockman), à Paris.

Morice (Louis). Maison H. Cordier et fils. à Fougères.

Munsch (Aug.). Maison Vitoux. Derrey et gendre, à Troyes.

Nambot (M^{me} Jeanne). Maison Lelion. Lestrade et Dresde, à Paris.

Nante (M^{lle} Marie). Maison Eugène Chambroux. à Paris.

Nicolot (M^{me} Julie). Maison Tréfousse et C^{ie}. à Chaumont.

Nion (Paul). Maison Lucien Villeminot. A. Rondeau et C^{ie}, à Paris.

Oudin (Albert). Maison Tréfousse et C^{ie}. à Chaumont (Haute-Marne).

Pellet (Marius). Maison Laflèche frères et C^{ie}, à Paris.

Pelletier (M^{me} Céline). Maison Lagel-Meier. à Paris.

Péroud (M^{lle} Eugénie). Maison L. Perrin et C^{ie}, à Grenoble.

Perrot (Edmond). Maison G. Lheureux. à Paris.

Petitpas (Ernest). Maison Plé frères. à Paris.

Picamelot (Gaston). Maison Donckèle et C^{ie} (anciennement Klotz jeune). à Paris.

Rastrelli (Pierre). Établissements Rey. Cousins et C^{ie}, à Caussade (Tarn-et-Garonne).

Raymond (M^{me} Fortunée). Maison Duboc et C^{ie} (établissements Stockman), à Paris.

Renault (Albert). Maison Plé frères, à Paris.
Renou (Mlle Marguerite). Maison Hellstern et Sons, à
Paris.
Revol (Alfred). Maison Plé frères, à Paris.
Rollin (Joseph). Maison Vitoux, Derrey et gendre, à
Troyes.
Rouquier (Louis). Maison G. Hamelin, à Paris.
Sanglerat (Alexandre). Maison Maurice Chantalou, à
Paris.
Saunois (Eugène). Maison Debange et Cie, à Paris.
Schafir (Léon). Maison Laflèche frères et Cie, à Paris.
Soibinet (Mme Mélanie). Maison Paul Maurey et fils,
à Paris.
Somville (Albert). Maison Georges Évrard, à Paris.
Szàsz (Bela). Maison Hellstern et Sons, à Paris.
Texonnière (Mme Véronique). Maison Eugène Mer-
milliod, à Paris.
Teyre (Alphonse). Maison Paul Roux, à Romans
(Drôme).
Thorn (Mlle Louise). Maison Lelion, Lestrade et
Dresde, à Paris.
Tiné (Mme Alice). Maison Lucien Villeminot, A. Ron-
dean et Cie, à Paris.
Touchard (Georges). Maison A. Ravenel fils, à Paris.
Vens (Charles). Maison D. Ducarin, à Comines
(Nord).

## GROUPE XIV

### Industrie chimique.

CLASSE 87. — *Art chimique et pharmacie.*

#### COLLABORATEURS

#### Diplômes d'honneur.

Brisset (Paul). Maison Ch. Lorilleux et Cie, à Paris.
Chevallier (Mlle Lucie). Maison P. Astier, à Paris.
Corcoral (Pierre). Maison P. Mallet, à Paris.
Cuchet (Laurent). Maison Léandre Lachery, à Livry
(Seine-et-Oise) et à Montevrain (Seine-et-Marne).
Despretz (Charles). Maison Léandre Lachery, à Livry
(Seine-et-Oise) et à Montevrain (Seine-et-Marne).
Detourbe (André). Maison M. Detourbe, à Paris.
Dufour (V.-L.). Établissements Fumouze (Fumouze et
Cie), à Paris.
Dupont (Louis). Maison Darrasse frères, à Paris.
Fénard (Mme Blanche). Maison G. Deglos, à Paris.

Gillet (Paul). Maison Ch. Lorilleux et Cie, à Paris.
Ginésy (Victor). Maison Dussuel et docteur Faure, à
Paris et à Aix-les-Bains.
Lebrun (Augustin). Maison M. Detourbe, à Paris.
Rémond (M.-A.-L.). Établissements Fumouze (Fu-
mouze et Cie), à Paris.
Théry (Fidèle). Société anonyme des Établissements
Cousin-Devos, à Haubourdin (Nord).

### Diplômes de Médaille d'or.

Belières (Louis). Maison J.-A. Belières, à Paris.
Cardinal (Gabriel). Maison P. Astier, à Paris.
Duportal (Armand). Maison Ch. Buchet et Cie, à Paris.
Fade (Auguste). Maison Solvay et Cie, à Paris.
Genty (Jules). Maison Ch. Dervillez, à Paris.
Geslin (Eugène). Maison Les fils de H. Routtand, à
Aubervilliers (Seine).
Glaçon (Paul). Maison Quennessen, de Belmont, Le-
gendre et Cie, à Paris.
Grousseau (de). Maison Georges Pascalis, à Paris.
Haijs (Jean). Maison A. Chabonnat, à Paris.
Jullien (Félix). Maison Watrigant et fils, à Lille.
Lafabry (Georges). *Le Lion noir* (F. George), à Mont-
rouge (Seine).
Larive (Germain). Maison Les fils de H. Routtand, à
Aubervilliers (Seine).
Laufer (Joseph). Maison Darrasse frères, à Paris.
Laumonier (Mlle Suzanne). Maison A. Jaboin, à Paris.
Leprince (Ernest). Maison A. Chabonat, à Paris.
Letang (Pierre). Société française d'exploitation des
produits Lianosoff, à Paris.
Miguet (Paul). Établissements Jondrain, à Paris.
Morel (Édouard). M. le docteur G. Chevrier, à Paris.
Perrin. Société française d'exploitation des produits
Lianosoff, à Paris.
Zurlinden (Ed.-L.). Établissements Fumouze (Fu-
mouze et Cie), à Paris.

### Diplômes de Médaille d'argent.

Astier (Pierre). Maison P. Astier, à Paris.
Bæchlin (Paul). Maison Ch. Buchet et Cie, à Paris.
Bardet (J.). Maison Quennessen, de Belmont, Legen-
dre et Cie, à Paris.
Bloch (Louis). Société anonyme *Cuprosa*, à Paris.
Bondant (Georges). Établissements Kuhlmann, à
Lille.
Cattenoz (Albert). Maison Solvay et Cie, à Paris.
Charolet (Clotaire). *Le Lion noir* (F. George), à Mont-
rouge.

Clinquet (André). Établissements Kuhlmann. Société anonyme, à Lille.

Darrasse (Robert). Maison Darrasse frères. à Paris.

David (Paulin). Maison M. Detourbe. à Paris.

Dubuisson (Eugène). Société du papier Rigollot. Léon Darrasse et C<sup>ie</sup>. à Paris.

Duclos (Ernest). Société anonyme française *le Ripolin*, à Paris.

Ducousso (Louis). Société anonyme française *le Ripolin*. à Paris.

Dupuy (Louis). Maison B. Dupuy, à Puteaux (Seine).

Hilat (Eugène). Maison A. Detœuf et C<sup>ie</sup>, à Paris.

Kister (Fernand). Établissements Joudrain, à Paris.

Labaty (Henri). Maison Boulanger-Dausse et C<sup>ie</sup>. à Paris.

Lappe (Charles). Maison J.-A. Belières, à Paris.

Marchal (M<sup>lle</sup> Alice). Maison J.-A. Belières. à Paris.

Nitot (Édouard). Maison Ed. Nitot. à Paris.

Ollivier (Gabriel). Maison Solvay et C<sup>ie</sup>, à Paris.

Poumier (M<sup>lle</sup> Julia). Maison P. Astier, à Paris.

Rebière (Georges). Maison Comar et C<sup>ie</sup>, à Paris

Rihouet (Georges). *Le Lion noir* (F. Georges). à Montrouge (Seine).

Serracin (Georges). Maison Watrigant et fils, à Lille.

Siegel (Louis). Maison Ch. Lorilleux et C<sup>ie</sup>. à Paris.

Van den Bossche (Victor). Établissements Kuhlmann. Société anonyme. à Lille.

Vivien (Jules). Établissements Joudrain, à Paris.

Vuillemin (Émile). Maison Ch. Lorilleux et C<sup>ie</sup>, à Paris.

Wagon (Abel). Maison J.-A. Belières. à Paris.

### Diplômes de Médaille de bronze.

Arnoux (Jules). Maison Les fils de H. Routtand. à Aubervilliers (Seine).

Ballard (S.). Maison A. Gouin et C<sup>ie</sup>. à Marseille.

Battelier (Alph.-M.). Maison A. Chabonat. à Paris.

Chanoz (Adrien). Maison Coignet et C<sup>ie</sup>, à Paris.

Coulon (M<sup>me</sup> Victorine). Maison P. Astier, à Paris.

Darrasse (Jean). Maison Darrasse frères. à Paris.

Glachant (Gustave). Maison Ch. Lorilleux et C<sup>ie</sup>. à Paris.

Gorrichon (Baptiste). Maison Ch. Lorilleux et C<sup>ie</sup>. à Paris.

Gourbillon. M. le docteur J. Mougin, à Paris.

Guittard (Pierre). Maison Ch. Lorilleux et C<sup>ie</sup>. à Paris.

Hacker (Maurice). Maison J.-L.-M. Coirre. à Paris.

Huchedé. M. le docteur Mougin. à Paris.

Moitry (Émile). Maison Coignet et C<sup>ie</sup>. à Paris.

Quereuil (M<sup>me</sup>). Maison A. Girard, à Paris.

Quereix (Jean). Maison B. Dupuy, à Puteaux (Seine).

Sabatier (J.). Maison Jules Delouche. à Paris.

Seurat (M<sup>lle</sup> Cécile). Maison P. Astier à Paris.

Thiriet (Georges). Maison Coignet et C<sup>ie</sup>. à Paris.

### Diplômes de Mention.

Daubert (Félix). *Le Lion noir* (F. Georges). à Montrouge.

Mayer. *Le Lion noir* (F. Georges). à Montrouge.

## COOPÉRATEURS

### Diplômes de Médaille de bronze.

Agnus (M<sup>me</sup> Jeanne). Maison G. Garsonnin et C<sup>ie</sup>. Société des laboratoires Charles Chanteaud, à Paris.

Agnus (M<sup>me</sup> Élisa). Maison G. Garsonnin et C<sup>ie</sup>. Société des laboratoires Charles Chanteaud, à Paris.

Berger (Joseph). Maison Solvay et C<sup>ie</sup>. à Paris.

Bonnel (Henri). Société anonyme des établissements Cousin-Devos. à Haubourdin.

Bordat. Maison Les fils de Salles. à Paris.

Bourre (M<sup>lle</sup> M.). Maison G. Garsonnin et C<sup>ie</sup>, Société des laboratoires Charles Chanteaud, à Paris.

Buchet (Désiré). Société anonyme des établissements Cousin-Devos, à Haubourdin.

Charolet (M<sup>me</sup> J.). *Le Lion noir* (F. Georges). à Montrouge.

Chauvy. Société anonyme *Cuprosa*. à Paris.

Chevrier (Alfred). Maison Comar et C<sup>ie</sup>. à Paris.

Chombard (Auguste). Société anonyme des établissements Cousin-Devos, à Haubourdin.

Coltat (Joseph). Maison Solvay et C<sup>ie</sup>. à Paris.

Coquart (Eugène). Maison Les fils de H. Routtand. à Aubervilliers (Seine).

Coquart (Julien). Maison Les fils de H. Routtand. à Aubervilliers (Seine).

Cordonnier (Paul). Maison Solvay et C<sup>ie</sup>. à Paris.

Crouzler (Edmond). Maison Solvay et C<sup>ie</sup>, à Paris.

Duval (M<sup>lle</sup> Louise). Société anonyme française *le Ripolin*. à Paris.

Faivre (Stéphane). Maison Contenau, Godart et Collignon, à Paris.

Favry (François). Maison Solvay et C<sup>ie</sup>. à Paris.

Fremin (Émile). Maison Solvay et C<sup>ie</sup>. à Paris.

Fremin (Joseph). Maison Solvay et C<sup>ie</sup>. à Paris.

Fulbert (Hubert). Maison Les fils de H. Routtand. à Aubervilliers (Seine).

Gérard (Eugène). Maison Ch. Lorilleux et Cⁱᵉ. à Paris.

Gervaise (Louis). Établissements Joudrain. à Paris.

Goossens (Mˡˡᵉ J.-A.). Maison E. Vernade. à Paris.

Hérard (Paul). Maison Contenau. Godart et Collignon. à Paris.

Kiéffer (Mᵐᵉ Eugénie. *Le Lion noir* (F. George), à Montrouge.

Laurent (Jean). Maison Solvay et Cⁱᵉ. à Paris.

Lebon (Édouard). Maison Solvay et Cⁱᵉ. à Paris.

Lefroy (Mᵐᵉ L.). Maison G. Garsonnin et Cⁱᵉ. Société des laboratoires Charles Chanteaud. à Paris.

Legros (Henri). Maison Solvay et Cⁱᵉ, à Paris.

Leroux (Charles). Maison Solvay et Cⁱᵉ. à Paris.

Leroy (Laurent. Maison Quennesson. de Belmont. Legendre et Cⁱᵉ. à Paris.

Mandoucé (Mᵐᵉ). Maison A. Girard, à Paris.

Mansuy (Émile. Maison Solvay et Cⁱᵉ. à Paris.

Menin (Louis). Maison G. Garsonnin et Cⁱᵉ. Société des laboratoires Charles Chanteaud. à Paris.

Nicolas (Louis). Établissements Kuhlmann, Société anonyme. à Lille.

Oby (Léon. Maison L. Rambaud. à Aubervilliers (Seine).

Pagan (André. Maison A. Gonin et Cⁱᵉ. à Marseille.

Patt (Georges). Maison Solvay et Cⁱᵉ. à Paris.

Richard (Henri. Société anonyme des établissements Cousin-Devos, à Haubourdin (Nord).

Robert (Joseph). Maison A. Girard. à Paris.

Roy (Pierre). Maison Louis Doyen. à Paris.

Saves (A.). Maison Les fils de Salles, à Paris.

Schäerer (Jules). Établissements Fumouze (Fumouze et Cⁱᵉ). à Paris.

Testelin (Henri). Société anonyme des établissements Cousin-Devos. à Haubourdin (Nord).

Theisen (Jean). Maison Solvay et Cⁱᵉ. à Paris.

Trophy (Mˡˡᵉ M.). Maison G. Garsonnin et Cⁱᵉ. Société des Laboratoires Charles Chanteaud. à Paris.

Vallée (Désiré. Établissements Fumouze (Fumouze et Cⁱᵉ). à Paris.

Valoque (Louis). Société anonyme des établissements Cousin-Devos, à Haubourdin (Nord).

Vautrin (Eugène. Société anonyme française le *Ripolin*. à Paris.

Vimeux (Sylvain. Société anonyme française le *Ripolin*. à Paris.

Wintenberger (Joseph. Maison Bonnanfant et Castaing. à Paris.

Zurlinden (Jacques). Établissements Fumouze (Fumouze et Cⁱᵉ). à Paris.

## Diplômes de Mention.

Girardot (Arthur). M. le docteur J. Mougin. à Paris

Horny (Louis. Maison Bonnanfant et Castaing, à Paris.

Kerrien (François. Maison Ch. Lorilleux et Cⁱᵉ. à Paris.

Lengrand (Émile. Maison Ch. Lorilleux et Cⁱᵉ. à Paris.

Paris (Lucien). Maison J. Tiffeneau. à Paris.

Maillot (Auguste. *Le Lion noir* (F. George. à Montrouge.

Vivat (Mᵐᵉ veuve Catherine. Maison Bonnanfant et Castaing. à Paris.

CLASSE 88. — *Fabrication du papier.*

### COLLABORATEURS

#### Diplôme d'honneur.

Piollet (René. Maison veuve Lecoursonnois et fils. à Paris.

#### Diplômes de Médaille d'or.

Bauline (Edgard). Maison veuve Lecoursonnois et fils. à Paris.

Brunard (A.). Maison Geismar. Lévy et Cⁱᵉ. à Paris.

Delabarre (Paul. Maison Durif (Mᵐᵉ A. et fils). à Ponts-et-Marais.

Durrieu (Jean-Marie). Société anonyme d'exploitation des papeteries L. Lacroix fils. à Angoulême.

Fournier (Lucien). Maison Émile Dujardin. à Paris.

Pachoud (Baptiste). Maison Durif (Mᵐᵉ A. et fils. à Ponts-et-Marais.

Regnié (Fernand). Maison Failliot et fils. à Paris.

Renoult (Georges). Maison Durif (Mᵐᵉ A. et fils). à Ponts-et-Marais.

Veyron. Union française de papeteries. à Lyon.

Vidal (Louis. Société anonyme d'exploitation des papeteries L. Lacroix fils. à Angoulême.

#### Diplômes de Médaille d'argent.

Authier (André. Maison Debouchaud et Cⁱᵉ. à Nersac.

Nicolas. Maison Geismar. Lévy et Cⁱᵉ. à Paris.

Sillard (Lucien. Maison Debouchaud et Cⁱᵉ, à Nersac.

COOPÉRATEURS

## Diplômes de Médaille de bronze.

**Brien** (Émile). Maison Debouchaud et Cⁱᵉ, à Nersac.

**Dulot** (Auguste). Maison Durif (Mᵐᵉ A. et fils), à Ponts-et-Marais.

**Follain** (Henri). Maison Durif (Mᵐᵉ A. et fils), à Ponts-et-Marais.

**Goubin** (Mᵐᵉ Eugénie). Maison veuve Lecoursounois et fils, à Paris.

**Grandsir** (Paul). Maison Failliot et fils, à Paris.

**Guéraud** (Justin). Maison Failliot et fils, à Paris.

**Hélion** (René). Maison Debouchaud et Cⁱᵉ, à Nersac.

**Lhuillier** (Marius). Maison Martin frères, à Paris.

**Omer** (Léon). Maison Durif (Mᵐᵉ A. et fils), à Ponts-et-Marais.

**Regnié** (Ernest). Maison Martin frères, à Paris.

**Sarrazin** (Clotaire). Maison Durif (Mᵐᵉ A. et fils), à Ponts-et-Marais.

CLASSE 89. — *Cuirs et peaux.*

COLLABORATEURS

## Diplômes d'honneur.

**Badal** (Antonin). Maison Placide Peltereau, Enault et Cⁱᵉ, à Paris.

**Bailliard** (Victor). Maison Watrigant et fils, à Lille.

**Boget** (Paul). Maison E. Meyzonnier fils, à Annonay.

**Bombrun** (Auguste). Maison E. Meyzonnier fils, à Annonay.

**Borione** (Bernard). Maison E. Meyzonnier fils, à Annonay.

**Bosset** (Léon). Maison Placide Peltereau, Enault et Cⁱᵉ, à Paris.

**Cavelier** (Ernest). Maison Placide Peltereau, Enault et Cⁱᵉ, à Paris.

**Chevrier** (Constant). Maison Placide Peltereau, Enault et Cⁱᵉ, à Paris.

**Desbordes** (Eug.). Maison Joseph Tenneson, à Château-Renault.

**Desnosse** (Henri). Maison Placide Peltereau, Enault et Cⁱᵉ, à Paris.

**Dousset** (Charles). Maison A. Domange et fils (successeurs de E. Scellos), à Paris.

**Dubois** (Adolphe). Maison Placide Peltereau, Enault et Cⁱᵉ, à Paris.

**Dumoulin** (Marcel). Maison Placide Peltereau, Enault et Cⁱᵉ, à Paris.

**Dupuy** (Louis). Maison E. Meyzonnier fils, à Annonay.

**Gennevois** (Félix). Maison Chollet neveu et Cⁱᵉ, à Paris.

**Gérard** (Nicolas). Maison Placide Peltereau, Enault et Cⁱᵉ, à Paris.

**Gérin** (Frédéric). Maison E. Meyzonnier fils, à Annonay.

**Gouin** (Eugène). Maison E. Meyzonnier fils, à Annonay.

**Grand** (Léon). Maison Joseph Ribes, à Annonay.

**Herique** (Camille). Maison Placide Peltereau, Enault et Cⁱᵉ, à Paris.

**Huon** (Henri). Maison Placide Peltereau, Enault et Cⁱᵉ, à Paris.

**Jafflin** (Louis). Maison A. Domange et fils (successeurs de E. Scellos), à Paris.

**Jay** (Richard). Maison Aboucaya frères, à Paris.

**Loos** (Robert). Maison Placide Peltereau, Enault et Cⁱᵉ, à Paris.

**Mary** (Caroly). Maison Georges Tourin, à Paris.

**Meyer** (Georges). Maison Poullain-Beurrier à Paris.

**Miot** (Léon). Maison Joseph Tenneson, à Château-Renault.

**Molières** (Armand). Maison Placide Peltereau, Enault et Cⁱᵉ, à Paris.

**Pelletier** (Paul). Maison Placide Peltereau, Enault et Cⁱᵉ, à Paris.

**Reymond** (Jean-Pierre). Maison E. Meyzonnier fils, à Annonay.

**Rosaz** (Louis). Maison Victor Lanier et fils, à Paris.

**Sanson** (René). Maison Placide Peltereau, Enault et Cⁱᵉ, à Paris.

**Sauliac** (Ernest). Maison Placide Peltereau, Enault et Cⁱᵉ, à Paris.

**Savoye** (Hyacinthe). Société Ulysse Roux et Cⁱᵉ, à Romans.

**Schwaler** (Victor). Maison Placide Peltereau, Enault et Cⁱᵉ, à Paris.

**Tarian** (Claude). Maison Sorrel frères et Cⁱᵉ, à Moulins.

**Vexenat** (Henri). Maison Placide Peltereau, Enault et Cⁱᵉ, à Paris.

**Viaule** (Clément). Maison Masurel et Caen, à Croix.

**Vicat** (Georges). Société Ulysse Roux et Cⁱᵉ, à Romans.

## Diplômes de Médaille d'or.

**Angély** (Charles). Maison Louis Berthin, à Gentilly.

**Bachmann** (Joseph). Maison Placide Peltereau, Enault et Cⁱᵉ, à Paris.

**Baille.** Syndicat général des cuirs et peaux de France, à Paris.

**Balard** (Émilien). Maison Galibert et Sarrat, à Mazamet.

**Blondeau** (Florimond). Maison Joseph Tenneson, à Château-Renault.

**Bomel** (Henri). Maison E. Meyzonnier fils, à Annonay.

**Bourgin** (Louis). Maison Placide Peltereau, Enault et Cie, à Paris.

**Cahier** (René). Maison J. Hervé, à Château-Renault.

**Chavigny.** Maison Placide Peltereau, Enault et Cie, à Paris.

**Chenevier** (Louis). Maison Joseph Ribes, à Annonay.

**Chomat** (Albert). Société anonyme des anciens établissements A. Combe et fils et Cie, à Paris.

**Cluzel** (Adrien). Maison J.-M. Prévot Carrière et fils, à Paris.

**Colin** (Eugène). Journal « La Halle aux cuirs », à Paris.

**Cuvier** (Albéric). Maison Joseph Tenneson, à Château-Renault.

**David** (Alexandre). Maison Rey frères, à Montreuil-sur-Ille.

**Delaunoy.** Maison Placide Peltereau, Enault et Cie, à Paris.

**Demoix** (Clément). Société anonyme des anciens établissements A. Combe et fils et Cie, à Paris.

**Dichard** (Ernest). Maison Aug. Grawitz et fils, à Marseille.

**Didelon** (Jules). Maison Poullain-Beurier, à Paris.

**Dore** (Jules). Maison Placide Peltereau, Enault et Cie, à Paris.

**Fremont** (André). Société anonyme des tannins français, à Paris.

**Gantrin** (Lucien). Maison Poullain-Beurier, à Paris.

**Geandreau** (Alfred). Maison Placide Peltereau, Enault et Cie, à Paris.

**Gennevois** (Jules-Joseph). Maison René Lepage, à Segré.

**Harrer.** Maison Poullain-Beurier, à Paris.

**Kandel** (Valentin). Établissements G. Lutz et G. Krempp, à Paris.

**Kieffert** (Auguste). Maison Victor Lanier et fils, à Paris.

**Laporte** (Mme). Maison Poullain-Beurier, à Paris.

**Lefleur** (Jules). Maison Placide Peltereau, Enault et Cie, à Paris.

**Lequeux** (Émile). Maison D. Rossero et fils, à Gentilly.

**Lerat** (Pierre). Maison Maurice Harlay-Gentils, à Pont-Audemer.

**Leroy** (Raymond). Chaudronnerie de Moulins-Lille, à Lille.

**Loyer** (Alfred). Journal « La Halle aux cuirs », à Paris.

**Mailliet** (Louis). Établissements G. Lutz et G. Krempp, à Paris.

**Meyer** (Henri). Maison J.-M. Prévot-Carrière et fils, à Paris.

**Morel** (Jules). Maison A. Domange et fils (successeurs de E. Scellos), à Paris.

**Rimet** (Gustave). Société Ulysse Roux et Cie, à Romans.

**Rouanel** (Numa). Maison Galibert et Sarrat, à Mazamet.

**Rouillon** (Ferdinand). Société anonyme des anciens établissements A. Combe et fils et Cie, à Paris.

**Rousseau** (Célestin). Maison Placide Peltereau, Enault et Cie, à Paris,

**Spinosi** (Joseph). Société anonyme des anciens établissements A. Combe et fils et Cie, à Paris.

**Stalin** (Henri). Maison Placide Peltereau, Enault et Cie, à Paris.

**Tourin** (Léon). Maison Georges Tourin, à Paris.

**Tréfault** (Albert). Maison J. Hervé, à Château-Renault.

**Verneuil** (Alexandre). Maison Placide Peltereau, Enault et Cie, à Paris.

**Vigne** (Edmond-Marie). Maison Placide Peltereau, Enault et Cie, à Paris.

**Vourloud** (Henri). Société anonyme des tanneries lyonnaises, à Oullins.

**Yvonneau** (Louis). Maison Émile Passot, à Paris.

### Diplômes de Médaille d'argent.

**Absire** (Léon). Maison Absire-Sevrey fils, à Rouen.

**Allancher** (Georges). Maison Victor Lanier et fils, à Paris.

**Azaïs** (Jean). Maison Galibert et Sarrat, à Mazamet.

**Bailleul** (Henri). Maison Masuret et Caen, à Croix.

**Barthélemy** (Étienne). Société Ulysse Roux et Cie, à Romans.

**Belin** (Lucien). Maison G. Whitechurch limited, à Paris.

**Bénard** (Gaston). Maison les fils de Fernand Floquet, à Saint-Denis.

**Bertrand** (Abel). Société anonyme des tannins français, à Paris.

**Boget** (Jules). Maison E. Meyzonnier fils, à Annonay.

**Bourgeois** (Jules). Chaudronnerie de Moulins-Lille, à Lille.

Cauquil (Louis). Maison Galibert et Sarrat, à Mazamet.

Coppin (Ernest). Maison E. Bernard fils, à Paris.

Delebecq (Charles). Chaudronnerie de Moulins-Lille, à Lille.

Demur (Joseph). Maison E. Bernard fils, à Paris.

Duchamp (Victor). Maison Joseph Tenneson, à Château-Renault.

Farnault. Établissements G. Lutz, G. Krempp, à Paris.

Faugé (Henri). Maison E. Meyzonnier fils, à Paris.

Gaillard (Louis). Maison E. et G. Basset frères, à Paris.

Gourlay (Pierre). Maison Thuau et Vaillant, à Paris.

Grappein (Pierre-Joseph). Maison E. Bernard fils, à Paris.

Groseil (Xavier). Maison G. Whitechurch limited, à Paris.

Guichardaz (Joseph). Maison E. Bernard fils, à Paris.

Guiho. Société anonyme des tannins français, à Paris.

Guyonnard (Henri). Maison Placide Peltereau, Enault et Cie, à Paris.

Jacoby (Jean-Pierre). Maison E. Bernard fils, à Paris.

Lang (Pierre). Maison E. et G. Basset frères, à Paris.

Lanier (Gabriel). Maison Victor Lanier et fils, à Paris.

Le Fée. Société anonyme des tannins français, à Paris.

Marais (Émile). Maison les fils de Fernand Floquet, à Saint-Denis.

Martin (François). Maison Jossier et Cie, à Paris.

Monier (Germain). Maison Émile Passot, à Paris.

Morel (Auguste). Maison A. Domange et fils (successeurs de E. Scellos), à Paris.

Muller (François). Maison E. Bernard fils, à Paris.

Nivelle (François). Maison Mallebay-Baillon, à Limoges.

Peguet (Henri). Maison J.-A. Binoche, à Paris.

Poulain (Albert). Maison J. et R. Dullot fils, à Somain.

Ravet (Louis). Maison Lefèvre et R. Leredu, à Paris.

Reeg (Michel). Maison E. Bernard fils, à Paris.

Serrier (Charles). Maison Placide Peltereau, Enault et Cie, à Paris.

Thomas (Jules). Maison Lefèvre et R. Leredu, à Paris.

Xemaire (Alexandre). Maison E. Bernard fils, à Paris.

### Diplômes de Médaille de bronze.

Bes (Mlle Louise). Maison J.-M. Prévot, Carrière et fils, à Paris.

Bouveret (Gustave). Société anonyme des tannins français, à Paris.

Chaumont (Mlle Andrée). Maison Harlay-Gentils, à Pont-Audemer.

Duvilliers (Robert). Établissements G. Lutz, G. Krempp, à Paris.

Étienne (Marius). Maison J.-A. Binoche, à Paris.

Fontenay (Gustave). Maison Émile Passot, à Paris.

Gabrielli (Étienne). Maison Victor Lanier et fils, à Paris.

Rouayrenc (Paul). Maison Victor Lanier et fils, à Paris.

Teyssier (Louis). Maison Fortuné Roubin et Cie, à Joyeuse.

## COOPÉRATEURS

### Diplômes de Médaille de bronze.

Alquier (Mme veuve Albanie). Maison Galibert et Sarrat, à Mazamet.

Amen (Jules). Maison Galibert et Sarrat, à Mazamet.

André (Charles). Maison J.-A. Binoche, à Paris.

Astruc (Joseph). Maison Galibert et Sarrat, à Mazamet.

Ballandraud (Alexandre). Maison E. Meyzonnier fils, à Annonay.

Barbaux (Joseph). Société anonyme des anciens établissements A. Combe et fils et Cie, à Paris.

Barthas (Léon). Maison Galibert et Sarrat, à Mazamet.

Basquin (Édouard). Société anonyme des tanneries lyonnaises, à Oullins.

Bastoul (Clément). Maison Galibert et Sarrat, à Mazamet.

Bauvens (Achille). Maison Masurel et Caen, à Croix.

Beau. Société anonyme des tannins français, à Paris.

Beauvir (Constant). Maison Henri Boucher, à Givet.

Beauvir (Isidore). Maison Henri Boucher, à Givet.

Beauvir (Jean-Baptiste). Maison Henri Boucher, à Givet.

Bertiaux (Charles). Maison J. et R. Dullot fils, à Somain.

Bertrand (Charles). Société anonyme des anciens établissements A. Combe et fils et Cie, à Paris.

Blachon (Casimir). Société Ulysse Roux et Cie, à Romans.

Blanchet (Amédée). Établissements G. Lutz, G. Krempp, à Paris.

Blattes (Pierre). Maison Galibert et Sarrat, à Mazamet.

Bonhomme (Mme Julie). Maison Galibert et Sarrat, à Mazamet.

**Bonnet** (Ferdinand). Maison E. Meyzonnier fils, à Annonay.

**Bougain** (Gilbert). Maison Sorrel frères et Cⁱᵉ, à Moulins.

**Bouisset** (Mᵐᵉ Jeanne). Maison Galibert et Sarrat, à Mazamet.

**Bourdais** (Augustin). Maison Chollet neveu et Cⁱᵉ, à Paris.

**Boyer** (Charles). Maison Galibert et Sarrat, à Mazamet.

**Boyé** (Édouard). Maison Galibert et Sarrat, à Mazamet.

**Breysse** (Célestin). Maison Fortuné Roubin et Cⁱᵉ, à Joyeuse.

**Buffat** (Daniel). Maison E. Bernard fils, à Paris.

**Cabrol** (Mᵐᵉ veuve Marie). Maison Galibert et Sarrat, à Mazamet.

**Caminade** (Joseph). Maison Galibert et Sarrat, à Mazamet.

**Catheland** (Joseph). Société anonyme des tanneries lyonnaises, à Oullins.

**Cauquil** (Pierre). Maison Galibert et Sarrat, à Mazamet.

**César** (Joseph). Maison Henri Boucher, à Givet.

**Chabanel** (Émile). Maison E. Meyzonnier fils, à Annonay.

**Chabrol** (Jean). Maison Mallebay-Baillon, à Limoges.

**Charlier** (Henri). Maison Henri Boucher, à Givet.

**Cluzel** (Henri). Maison E. Meyzonnier fils, à Annonay.

**Collard** (Édouard). Maison Poullain-Beurier, à Paris.

**Corbisier** (Henri). Maison Masurel et Caen, à Croix.

**Courbez** (Jean-Baptiste). Maison J. et R. Dutlot fils, à Somain.

**Cros** (Mᵉˡˡᵉ Rosalie). Maison Galibert et Sarrat, à Mazamet.

**Dandumont** (Joseph). Société anonyme des tanneries lyonnaises, à Oullins.

**Decampenaire** (Alfred). Maison Watrigant et fils, à Lille.

**Desgros** (Maxime). Société anonyme des tanneries lyonnaises, à Oullins.

**Devoise** (André). Société Ulysse Roux et Cⁱᵉ, à Romans.

**Didero** (Albert). Maison D. Rossero et fils, à Gentilly.

**Drivon** (Alphonse). Maison Sorrel frères et Cⁱᵉ, à Moulins.

**Droz** (Maurice). Maison Poullain-Beurier, à Paris.

**Dubar** (Henri). Maison Eugène Rogie, à Lille.

**Duclos** (Joseph). Maison E. Meyzonnier fils, à Annonay.

**Dugas** (Lucien). Maison E. Meyzonnier fils, à Annonay.

**Duperousse** (Émile). Maison G. Getting et A. Jonas, à Saint-Denis.

**Dutroa** (Louis). Maison V. Lanier et fils, à Paris.

**Duval** (Pierre). Maison V. Lanier et fils, à Paris.

**Faguet** (Louis). Maison Galibert et Sarrat, à Mazamet.

**Falcou** (Alexandre). Maison Galibert et Sarrat, à Mazamet.

**Faugé** (Marius). Maison E. Meyzonnier fils, à Annonay.

**Fayolle** (Joseph). Maison E. Meyzonnier fils, à Annonay.

**Ferrapy** (Antoine). Maison E. Meyzonnier fils, à Annonay.

**Fosse** (Firmin). Maison E. Meyzonnier fils, à Annonay.

**Fournès** (Albert). Maison Galibert et Sarrat, à Mazamet.

**Fournier** (Benoît). Maison Fortier-Beaulieu jeune, à Roanne.

**Fournier** (Charles). Maison Fortier-Beaulieu jeune, à Roanne.

**Frédéric** (Louis). Maison V. Lanier et fils, à Paris.

**Frémineur** (Louis). Maison J. et R. Dutlot fils, à Somain.

**Friant** (Louis). Maison Dolat et Cⁱᵉ, à Paris.

**Gagnolet** (Pierre). Maison Fortier-Beaulieu jeune, à Roanne.

**Gamon** (Marius). Maison E. Meyzonnier fils, à Annonay.

**Garnier** (Francis). Société anonyme des tanneries lyonnaises, à Oullins.

**Garnot** (Joseph). Société anonyme des tanneries lyonnaises, à Oullins.

**Gillet** (Joseph). Maison H. Landron fils, à Meung-sur-Loire.

**Giroud** (Joseph). Maison Harlay-Gentils, à Pont-Audemer.

**Glories** (Mᵐᵉ Jeanne). Maison Galibert et Sarrat, à Mazamet.

**Glories** (Mᵐᵉ Marie). Maison Galibert et Sarrat, à Mazamet.

**Grenier** (Jean). Maison V. Lanier et fils, à Paris.

**Guellier** (Auguste). Maison Joseph Tenneson, à Château-Renault.

**Guillet** (Adolphe). Maison Louis Berthin, à Gentilly.

**Guiraud** (Jean). Maison Galibert et Sarrat, à Mazamet.

**Guyon** (Louis). Maison E. Meyzonnier fils, à Annonay.

**Hautenne** (Jules). Maison Georges Tourin, à Paris.

**Hennebelle** (Pascal). Maison Eugène Rogie, à Lille.

**Hort** (Antonin). Maison E. Bernard fils, à Paris.

**Housseau** (Célestin). Maison J. Hervé, à Château-Renault.

**Houx** (Auguste). Maison Aboucaya frères, à Paris.

**Hugo** (Victor). Société anonyme des anciens établissements A. Combe et fils et Cie, à Paris.

**Jean** (Étienne). Maison J.-A. Binoche, à Paris.

**Jensen** (Frédéric). Société anonyme des anciens établissements A. Combe et fils et Cie, à Paris.

**Jouan** (Guillaume). Société anonyme des anciens établissements A. Combe et fils et Cie, à Paris.

**Laloë** (Henri). Maison Chollet neveu et Cie, à Paris.

**Launois** (Eugène). Maison Henri Boucher, à Givet.

**Lecat.** Maison J. et R. Duflot fils, à Somain.

**Lefebvre** (Joseph). Société anonyme des tanneries lyonnaises, à Oullins.

**Legoff** (François). Société anonyme des anciens établissements A. Combe et fils et Cie, à Paris.

**Lemaigre** (Aristide). Maison Rey frères, à Montreuil-sur-Ille.

**Lemasson** (Léon). Maison Dolat et Cie, à Paris.

**Leroy** (Eugène). Société anonyme des anciens établissements A. Combe et fils et Cie, à Paris.

**Liénard** (Alfred). Maison Masurel et Caen, à Croix.

**Lotton** (Louis). Maison Rey frères, à Montreuil-sur-Ille.

**Mallet** (René). Maison H. Landron fils, à Meung-sur-Loire.

**Marcou** (Paul). Maison V. Lanier et fils, à Paris.

**Marion** (Louis). Maison Sorrel frères et Cie, à Moulins.

**Martin** (Pierre). Maison Eugène Rogie, à Lille.

**Marty** (Albert). Maison Galibert et Sarrat, à Mazamet.

**Marzin** (Léon). Société anonyme des anciens établissements A. Combe et fils et Cie, à Paris.

**Mazaire** (Jean-Baptiste). Société anonyme des tanneries lyonnaises, à Oullins.

**Melchior** (Émile). Maison V. Lanier et fils, à Paris.

**Melchior** (Pierre). Maison V. Lanier et fils, à Paris.

**Mouton** (Paul). Maison E. Meyzonnier fils, à Annonay.

**Nicolaïe** (Ferdinand). Société anonyme des anciens établissements A. Combe et fils et Cie, à Paris.

**Nicolau** (Henri). Maison Galibert et Sarrat, à Mazamet.

**Nicolau** (Mme Rosa). Maison Galibert et Sarrat, à Mazamet.

**Noblet** (Élie). Maison J. Hervé, à Château-Renault.

**Papaïx** (Mme Julie). Maison Galibert et Sarrat, à Mazamet.

**Papaïx** (Léon). Maison Galibert et Sarrat, à Mazamet.

**Peiguey** (Casimir). Maison Harlay-Gentils, à Pont-Audemer.

**Périé** (Aimé). Maison Galibert et Sarrat, à Mazamet.

**Petit** (Louis). Maison Chollet neveu et Cie, à Paris.

**Pitard** (Joseph). Maison J. Hervé, à Château-Renault.

**Pouch** (Émile). Maison Watrigant et fils, à Lille.

**Poursouvire** (Pierre). Société anonyme des tanneries lyonnaises, à Oullins.

**Pouzenc** (Léopold). Maison Galibert et Sarrat, à Mazamet.

**Pragout.** Société anonyme des tannins français, à Paris.

**Priou** (Gaston). Maison F. Merlant, à Nantes.

**Provins** (Victor). Maison Rey frères, à Montreuil-sur-Ille.

**Rambert** (Élie). Société Ulysse Roux et Cie, à Romans.

**Raymond** (Paul). Maison E. Bernard fils, à Paris.

**Raynaud** (Ernest). Maison Galibert et Sarrat, à Mazamet.

**Renansart** (Amand). Maison Eugène Rogie, à Lille.

**Renard** (Eugène). Société anonyme des tanneries lyonnaises, à Oullins.

**Renard** (Maximilien). Maison Joseph Tenneson, à Château-Renault.

**Revol** (Joseph). Société Ulysse Roux et Cie, à Romans.

**Reybel** (Édouard). Société anonyme des tanneries lyonnaises, à Oullins.

**Reynaud** (Auguste). Maison E. Meyzonnier fils, à Annonay.

**Reynaud** (Lucien). Maison E. Meyzonnier fils, à Annonay.

**Rimbert** (Charles). Société anonyme des anciens établissements A. Combe et fils et Cie, à Paris.

**Roche** (Henri). Maison E. Meyzonnier fils, à Annonay.

**Rollès** (Jean). Maison les fils de Fernand Floquet, à Saint-Denis.

**Rouanet** (Pierre). Maison Galibert et Sarrat, à Mazamet.

**Rouby** (Victor). Maison Joseph Ribes, à Annonay.

**Roucayrol** (Pierre). Maison Galibert et Sarrat, à Mazamet.

**Schæffner** (Jules). Maison Joseph Ribes, à Annonay.

**Ségerie.** Société anonyme des tannins français, à Paris.

**Seive** (Émile). Maison E. Meyzonnier fils, à Annonay.

**Sénégas** (Auguste). Maison Galibert et Sarrat, à Mazamet.

**Sératrice** (Paul-Albert). Société Ulysse Roux et Cie, à Romans.

**Seyssel** (Auguste). Société anonyme des tanneries lyonnaises, à Oullins.

**Thillier** (Clément). Maison Joseph Tenneson, à Château-Renault.

Tirmarche (M<sup>me</sup> Irma). Société anonyme des anciens
établissements A. Combe et fils et C<sup>ie</sup>. à Paris.
**Touleyron** (Léon). Maison Poullain-Beurier. à Paris.
**Touleyron** (Numa). Maison Poullain-Beurier. à Paris.
**Touy** (Louis). Maison Galibert et Sarrat. à Mazamet.
**Tremoulet** (Albert). Maison Galibert et Sarrat. à
Mazamet.
**Trézéguet** (Aimé). Maison J. et R. Duflot fils. à So-
main.
**Vassy** (Faustin-Joseph). Société Ulysse Roux et C<sup>ie</sup>.
à Romans.
. **Vatan** (Louis). Maison les fils de Fernand Floquet. à
Saint-Denis.
**Villée** (Auguste). Maison Joseph Tenneson. à Châ-
teau-Renault.
**Weick** (Henri-Paul). Maison G. Getting et A. Jonas.
à Saint-Denis.
**Welter** (Pierre). Société anonyme des anciens éta-
blissements A. Combe et fils et C<sup>ie</sup>. à Paris.


### CLASSE 90. — *Parfumerie*.

#### COLLABORATEURS

#### Diplômes d'honneur.

**Girod** (Alexandre). Maison Gellé frères. à Paris.
**Hutinet** (M<sup>lle</sup> Félicité). Maison Gellé frères. à Paris.
**Mercier** (M<sup>me</sup> Marguerite). Maison Gellé frères. à
Paris.
**Michel** (Auguste). Maison A. Gouin et C<sup>ie</sup>. à Marseille.
**Parot** (M<sup>me</sup> Madeleine). Maison Gellé frères. à Paris.
**Sautereau** (Albert). Fabrique de produits de chimie
organique de Laire. à Issy (Seine).
**Vervoort** (Georges). Maison Ed. Pinaud (H. et G. Klotz
et C<sup>ie</sup>). à Paris.
**Winkel** (M<sup>me</sup> Elisabeth). Maison Gellé frères. à Paris.


#### Diplômes de Médaille d'or.

**Boivin** (M<sup>lle</sup> Augustine). Maison L.-T. Piver. à Paris.
**Branchard**. Maison L.-T. Piver. à Paris.
**Chavin-Collin** (Théodore). Maison J. Simon et C<sup>ie</sup>. à
Paris.
**Chevret** (Philibert). Maison J. Simon et C<sup>ie</sup>. à Paris.
**Ferrier** (M<sup>me</sup> Clémence). Maison J. Simon et C<sup>ie</sup>. à
Paris.
**Gastaud** (Joseph). Maison Vicomtesse Savigny de Mon-
corps (parfumeries de Seillans). à Seillans.
**Lanswert** (Alexandre). Maison L.-T. Piver. à Paris.

**Lo Cesto** (Gaetan). Maison Viville. à Paris.
**Michel** (Félix). Maison A. Gouin et C<sup>ie</sup>. à Marseille.
**Pinet** (Georges). Maison L.-T. Piver. à Paris.


#### Diplômes de Médaille d'argent.

**Bonneau** (M<sup>me</sup> Juliette). Maison Viville. à Paris.
**Chemin** (Julien). Maison L.-T. Piver. à Paris.
**Roussin**. Maison L.-T. Piver. à Paris.


#### COOPÉRATEURS

#### Diplôme de Médaille de bronze.

**Pinet** (M<sup>me</sup>). Maison L.-T. Piver. à Paris.


### CLASSE 91. — *Tabacs*.

#### COLLABORATEURS

#### Diplômes d'honneur.

**Berdin**. Manufactures de l'État. à Paris.
**Nètre**. Manufactures de l'État. à Paris.
**Pierron** (Henri). Société anonyme des anciens établis-
sements Braunstein frères. à Paris.
**Weil** (Robert). Etablissements D. Weil. à Paris.


#### Diplômes de Médaille d'or.

**Chambon** (Marcel). Société anonyme des anciens
établissements Braunstein frères. à Paris.
**Galabru** (E.). Chambre syndicale des tabacs et industries qui s'y rattachent. à Paris.
**Richon** (Elisée). Maison Ed. Hatterer. à Paris.


#### Diplômes de Médaille d'argent.

**Allard** (Henri). Maison Louis Chambon. à Paris.
**Aubin** (Jules-Armand). Société anonyme d'exploita-
tion des papeteries L. Lacroix fils. à Angoulême.
**Bessard** (Gaston). Maison G. Bessard. à Clermont-
Ferrand.
**Chadouteaud** (Pierre-Adolphe). Société anonyme d'ex-
ploitation des papeteries L. Lacroix fils. à An-
goulême.
**Douet** (Noël). Société anonyme des papeteries Abadie.
à Paris.
**Fondarai** (Auguste). Maison Vassas frères et C<sup>ie</sup>. à
Marseille.

### Diplôme de Médaille de bronze.

**Barret** (Lucien). Maison Vassas frères et C<sup>ie</sup>. à Marseille.

## COOPÉRATEURS

### Diplômes de Médaille de bronze.

**Dussart** (Alfred). Maison Scouflaire et C<sup>ie</sup>. à Onnaing (Nord).

**Joly** (Léon). Maison Scouflaire et C<sup>ie</sup>. à Onnaing (Nord).

**Mattens** (M<sup>lle</sup> Marie). Société anonyme des papiers Abadie, à Paris.

**Pague** (Armand). Maison Louis Chambon. à Paris.

**Pons** (Raphaël). Maison Mélia frères, à Alger.

**Rannon** (René). Maison R. Bolloré, à Odet. près Quimper.

**Rastier** (M<sup>me</sup> Émilienne). Société anonyme des papiers Abadie. à Paris.

**Ricchiero** (Antoine). Maison Vassas frères et C<sup>ie</sup>. à Marseille.

**Rolland** (Jean-Pierre). Maison R. Bolloré. à Odet. près Quimper.

**Signés** (Vincent). Maison Mélia frères, à Alger.

**Teboul** (M.). Maison les fils de J. Chebat. à Alger.

**Testanier** (Auguste). Maison Vassas frères et C<sup>ie</sup>, à Marseille.

### Diplôme de Mention.

**Ambrosini** (Jean). Maison Mélia frères, à Alger.

## GROUPE XV

### Industries diverses.

#### Classe 92. — *Papeterie.*

##### COLLABORATEURS

### Diplômes d'honneur.

**Charles** (Édouard). Maison Maquet (L. Tissier, successeur), à Paris et à Nice.

**Lemercier** (Émile). Maison Fortin et C<sup>ie</sup>. à Paris.

**Normand** (Ludovic). Maison Fortin et C<sup>ie</sup>. à Paris.

**O'Meara** (William). Maison Maquet (L. Tissier, successeur), à Paris et à Nice.

### Diplômes de Médaille d'or.

**Bertrand** (René). Maison Bourgeois aîné. à Paris.

**Brissard** (F.). Établissements Bachollet. à Paris.

**Brunet** (Léon). Maison Fortin et C<sup>ie</sup>. à Paris.

**Chambon** (Henri). Maison Louis Chambon. à Paris.

**Chautard** (Louis). Maison Xavier Revoul. à Valréas (Vaucluse).

**Nicollet** (Émile). Maison Fortin et C<sup>ie</sup>. à Paris.

**Pelletier** (M<sup>me</sup> Juliette). Maison Henri Séguin. à Paris.

**Thourin** (Alphonse). Maison Fortin et C<sup>ie</sup>. à Paris.

### Diplômes de Médaille d'argent.

**Allier** (Ferdinand). Maison Xavier Revoul. à Valréas (Vaucluse).

**Choisne** (Alexandre). Compagnie française de plumes et porte-plumes. à Paris.

**Folye** (Jules). Compagnie française de plumes et porte-plumes. à Paris.

**Putois** (René). Maison Georges Putois. à Paris.

### Diplômes de Médaille de bronze.

**Boulay** (Auguste). Compagnie française de plumes et porte-plumes, à Paris.

**Pfau** (Félix). Maison Bourgeois aîné. à Paris.

### Diplômes de Mention.

**Joubert** (Henri). Maison Bourgeois aîné. à Paris.

**Laplace** (Francis). Établissements Bachollet. à Paris.

**Magnien** (M<sup>lle</sup> Eugénie). Maison Victor Delahaye et Adolphe Leblond, à Paris.

**Parlange** (Albert). Maison Louis Chambon. à Paris.

## COOPÉRATEURS

### Diplôme de Médaille d'or.

**Blotière** (Arsène). Maison Fortin et C<sup>ie</sup>. à Paris.

### Diplômes de Médaille d'argent.

**Pagnol** (Frédéric). Maison Xavier Revoul. à Valréas (Vaucluse).

**Pagnol** (Gabriel). Maison Xavier Revoul. à Valréas (Vaucluse).

**Schœter** (Joseph). Maison Georges Putois. à Paris.

### Diplômes de Médaille de bronze.

**Achard** (Marius). Maison Xavier Bevoul, à Valréas (Vaucluse).

**Bourlois** (Émile). Compagnie française de plumes et porte-plumes, à Paris.

**Coulon** (Mlle Marie). Maison Xavier Bevoul, à Valréas (Vaucluse).

**Garnier** (Mme Berthe). Maison Georges Putois, à Paris.

### Diplômes de Mention.

**Archambault** (Louis). Maison Maquet (L. Tissier, successeur), à Paris et à Nice.

**Audureau** (Hippolyte). Établissements Bachollet, à Paris.

**Baret** (Charles). Maison Bourgeois aîné, à Paris.

**Durant** (Joseph). Maison Bourgeois aîné, à Paris.

**Gauzentes** (Mme Marie). Maison Bourgeois aîné, à Paris.

**Maillet** (Jules). Maison Maquet (L. Tissier, successeur), à Paris et à Nice.

**Scholtus** (Mme Berthe). Maison Victor Delahaye et Adolphe Leblond, à Paris.

**Vieillet** (Paul). Établissements Bachollet, à Paris.

CLASSES 93, 98 ET 100 RÉUNIES. — *Coutellerie.
Brosserie, maroquinerie,
tabletterie et cannerie. Bimbeloterie.*

CLASSE 93.

COLLABORATEURS

### Diplômes de Médaille d'argent.

**Guichard** (Camille). Maison G. Villadère, à Olliergues (Puy-de-Dôme) et à Paris.

**Pertat** (Léon). Maison Georges Thuillier (Maison Thuillier-Lefranc), à Nogent-en-Bassigny.

**Villadère** (Paul). Maison G. Villadère, à Olliergues (Puy-de-Dôme) et à Paris.

### Diplômes de Médaille de bronze.

**Androlias.** Société générale de coutellerie et orfèvrerie, à Paris.

**Chany.** Société générale de coutellerie et orfèvrerie, à Paris.

**Rousselle** (Edmond). Maison Georges Thuillier (Maison Thuillier-Lefranc), à Nogent-en-Bassigny.

### Diplômes de Mention.

**Gehoux.** Société générale de coutellerie et orfèvrerie, à Paris.

**Page.** Société générale de coutellerie et orfèvrerie, à Paris.

**Popino.** Société générale de coutellerie et orfèvrerie, à Paris.

COOPÉRATEURS

### Diplômes de Médaille de bronze.

**Girard** (Louis). Maison G. Villadère, à Olliergues (Puy-de-Dôme) et à Paris.

**Lehmann** (Louis). Maison G. Villadère, à Olliergues (Puy-de-Dôme) et à Paris.

CLASSE 98.

COLLABORATEURS

### Diplômes d'honneur.

**Béroude** (Henri). Maison E. Dupont et Cie, à Paris.

**Couffrant** (Eugène). Maison E. Dupont et Cie, à Paris.

**Decaix** (Octave). Maison E. Dupont et Cie, à Paris.

**Dolbec** (Arthur). Maison E. Dupont et Cie, à Paris.

**Dupont** (Jean). Maison E. Dupont et Cie, à Paris.

**Ferat** (Ambroise). Maison Roolf et Cie, à Paris.

**Glinard** (Arthur). Maison E. Dupont et Cie, à Paris.

**Leloir** (Henri). Maison Leloir et Cie, à Paris.

**Pinchot** (Henri). Maison E. Dupont et Cie, à Paris.

**Silberstein** (Guillaume). Maison Amson et fils, à Paris.

### Diplômes de Médaille d'or.

**Alix** (Claude). Maison E. Dupont et Cie, à Paris.

**Beurthe** (Paul). Maison Amson et fils, à Paris.

**Decaix** (Georges). Maison E. Dupont et Cie, à Paris.

**Denoroy** (Isaïe). Maison E. Dupont et Cie, à Paris.

**Emmenecker** (Léopold). Maison E. Dupont et Cie, à Paris.

**Joannot** (Léon). Maison Joannot fils, à Paris.

**Joly** (Paul). Maison E. Dupont et Cie, à Paris.

**Leclerc** (Évremond). Maison E. Dupont et Cie, à Paris.

**Lempreur** (Abel). Maison Amson et fils, à Paris.

**Lorion** père (Charles). Maison E. Dupont et Cie, à Paris.
**Martin** (Alphonse). Maison Gaston Maury, à Rennes.
**Petit** (Alexandre). Maison E. Dupont et Cie, à Paris.
**Petit** (Léon). Maison E. Dupont et Cie, à Paris.
**Rébillon** (Paul). Maison Gaston Maury, à Rennes.
**Risselin** (Gustave). Maison Ed. Loiseaux, à La Capelle (Aisne).
**Thirriard** (Alfred). Maison Ed. Loiseaux, à La Capelle (Aisne).
**Tranchet** (Marcel). Maison Quentin et Cie, à Paris.
**Vivien** (Raoul-Louis). Maison E. Dupont et Cie, à Paris.

### Diplômes de Médaille d'argent.

**Batton** (Ambroise). Maison E. Dupont et Cie, à Paris.
**Bisson** (Gaston). Maison E. Joannot fils, à Paris.
**Bras** (Alphonse). Maison E. Dupont et Cie, à Paris.
**Carpentier** (Albert). Maison E. Dupont et Cie, à Paris.
**Chantrelle** (Arthur). Maison E. Dupont et Cie, à Paris.
**Falck** (Charles). Maison Amson et fils, à Paris.
**François**. Maison J. Coulembier aîné et ses fils, « les bagages Moynat », à Paris.
**Grossetête** (Charles). Maison J. Coulembier aîné et ses fils, « les bagages Moynat », à Paris.
**Guinot** (Louis). Maison E. Dupont et Cie, à Paris.
**Lavergne** (François). Maison J. Coulembier aîné et ses fils, « les bagages Moynat », à Paris.
**Modelin** (Charles). Maison Joannot fils, à Paris.
**Noailly** (Pierre). Maison Roolf et Cie, à Paris.
**Ollivon** (Maurice). Maison Henri Ollivon, à Paris.
**Placet** (Léo). Maison Amson et fils, à Paris.
**Rayé** (Félix). Maison E. Dupont et Cie, à Paris.
**Régimbart** (Léon). Maison E. Dupont et Cie, à Paris.
**Vachet** (Jules). Maison Ed. Loiseaux, à La Capelle (Aisne).

### Diplômes de Médaille de bronze.

**Chambre** (Mme Léonie). Maison Roolf et Cie, à Paris.
**Fétrop** (Gaston). Maison Tirot et Larmuzeaux, à Paris.
**Gobet** (Étienne). Maison Amson et fils, à Paris.
**Quillet** (Mme Constance). Maison Roolf et Cie, à Paris.
**Rouzé** (Richard). Maison A. Maringe, à Paris.
**Sausin** (Eugène). Maison Roolf et Cie, à Paris.
**Soulas** (Henri). Maison J. Coulembier aîné et ses fils, « les bagages Moynat », à Paris.
**Triqueneaux** (Siméon). Maison Tirot et Larmuzeaux, à Paris.
**Van Migom** (Jules). Maison Amson et fils, à Paris.

### Diplômes de Mention.

**Bocquet** (Alfred). Maison Tirot et Larmuzeaux, à Paris.
**Carquille** (Anatole). Maison Roolf et Cie, à Paris.
**Cassadour** (Raoul). Maison A. Maringe, à Paris.
**Lami** (Paul). Maison A. Maringe, à Paris.
**Massard** (Mlle Henriette). Maison A. Maringe, à Paris.

## COOPÉRATEURS

### Diplômes de Médaille de bronze.

**Baumann** (Auguste). Maison E. Proffit, à Paris.
**Béguin** (Eugène). Maison Tirot et Larmuzeaux, à Paris.
**Berton** (Gilbert). Maison Roolf et Cie, à Paris.
**Bévière** (Isaïe). Maison Tirot et Larmuzeaux, à Paris.
**Bouteiller** (Mme Alexandrine). Maison Roolf et Cie, à Paris.
**Bouteiller** (Émile). Maison Roolf et Cie, à Paris.
**Cambon** (Edmond). Maison E. Dupont et Cie, à Paris.
**Carlier** (Amédée). Maison E. Dupont et Cie, à Paris.
**Carlier** (Auguste). Maison E. Dupont et Cie, à Paris.
**Caudrillier** père (Eugène). Maison E. Dupont et Cie, à Paris.
**Debeaupuis** (Théodule). Maison E. Dupont et Cie, à Paris.
**Delahaye** (Jules). Maison Gaston Maury, à Rennes.
**Dennet** (Louis). Maison E. Dupont et Cie, à Paris.
**Desliens** (Émile). Maison E. Dupont et Cie, à Paris.
**Dobrenel** (Mlle Julienne). Maison E. Dupont et Cie, à Paris.
**Dupont** (Cyprien). Maison E. Dupont et Cie, à Paris.
**Duval** (Paul). Maison E. Dupont et Cie, à Paris.
**Feff** (Michel). Maison Roolf et Cie, à Paris.
**Fossier** (Mme Eugénie). Maison Amson et fils, à Paris.
**Fruitier** (Paul). Maison E. Dupont et Cie, à Paris.
**Gamot** (Charles). Maison E. Dupont et Cie, à Paris.
**Goré** père (Charles). Maison E. Dupont et Cie, à Paris.
**Grilleux** (Adolphe). Maison E. Dupont et Cie, à Paris.
**Habermacher** (Mme Juliette). Maison Amson et fils, à Paris.
**Handebout** (Eugène). Maison E. Dupont et Cie, à Paris.
**Hiboud** (Ernest). Maison Roolf et Cie, à Paris.

Jardin (Henri). Maison Roolf et C<sup>ie</sup>, à Paris.
**Krumbunck** (Jean). Maison E. Dupont et C<sup>ie</sup>, à Paris.
**Lecomte** (Gaston). Maison E. Dupont et C<sup>ie</sup>, à Paris.
**Lefèvre** (Charles). Maison Roolf et C<sup>ie</sup>, à Paris.
**Lefèvre** (Marius). Maison E. Joannot fils, à Paris.
**Lefrançois** (Jules). Maison Roolf et C<sup>ie</sup>, à Paris.
**Maillard** (Albert). Maison E. Dupont et C<sup>ie</sup>, à Paris.
**Maitre** (Georges). Maison Ed. Loiseaux, à La Capelle (Aisne).
**Martin** (Albert). Maison E. Dupont et C<sup>ie</sup>, à Paris.
**Masselin** (Armand). Maison E. Joannot fils, à Paris.
**Monnoye** (Jules). Maison E. Dupont et C<sup>ie</sup>, à Paris.
**Morlay** (Oliva). Maison E. Dupont et C<sup>ie</sup>, à Paris.
**Noé** (Albert). Maison E. Joannot fils, à Paris.
**Pelé** (Victor). Maison E. Proffit, à Paris.
**Quignon** (Noël). Maison E. Dupont et C<sup>ie</sup>, à Paris.
**Risselin** (Robert). Maison Ed. Loiseaux, à La Capelle (Aisne).
**Roger** (Alphonse). Maison E. Dupont et C<sup>ie</sup>, à Paris.
**Rousseau** (Albert). Maison E. Joannot fils, à Paris.
**Tourillon** (Achille). Maison E. Dupont et C<sup>ie</sup>, à Paris.
**Warnier** (Joseph). Maison E. Dupont et C<sup>ie</sup>, à Paris.

### Diplômes de Mention.

**Dépienne** (M<sup>lle</sup>). Maison Tirot et Larmuzeaux, à Paris.
**Maillot** (M<sup>me</sup> H.). Maison Tirot et Larmuzeaux, à Paris.
**Pelletier** (Eugène). Maison Roolf et C<sup>ie</sup>, à Paris.

## CLASSE 100.

### COLLABORATEURS

### Diplômes d'honneur.

**Gratieux** (Georges). Maison F. Gratieux, à Paris.
**Joly** (Auguste). Maison F. Gratieux, à Paris.
**Renault** (Alexandre). Maison F. Gratieux, à Paris.

### Diplômes de Médaille d'or.

**Bickel** (Edouard). Maison Georges Flersheim, à Paris.
**Champclau** (M<sup>lle</sup> Anna). Maison L. Nicolas et Keller, à Paris.
**Frauçois** (Auguste). Maison Georges Lenoble, à Paris.
**Gautier** (Paul). Maison Bourgeois aîné, à Paris.
**Moulin** (G.). Maison Georges Lenoble, à Paris.

### Diplômes de Médaille d'argent.

**Fontaine** (Alfred). Maison Choumara, à Paris.
**Morin** (Charles). Maison Bourgeois aîné, à Paris.
**Rahoul** (M<sup>me</sup> Emilie). Maison Choumara, à Paris.
**Verot** (Ernest). Maison L. Nicolas et Keller, à Paris.

### Diplômes de Médaille de bronze.

**Blain** (Prosper). Maison Nehou, à Paris.
**Girard** (Ernest). Maison F. Gratieux, à Paris.
**Hohweiller** (Jules). Maison Bourgeois aîné, à Paris.
**Morillon** (Georges). Société anonyme des Établissements A. Garnier, à Paris.

### COOPÉRATEURS

### Diplômes de Médaille de bronze.

**Broscherel** (Joseph). Maison Bourgeois aîné, à Paris.
**Callé** (Louis). Maison Georges Flersheim, à Paris.
**Camus** (Claude). Société anonyme des Établissements A. Garnier, à Paris.
**Chapelle** (M<sup>me</sup>). Maison L. Nicolas et Keller, à Paris.
**Denizot** (Vincent). Société anonyme des Établissements A. Garnier, à Paris.
**Gauvenet** (Joseph). Maison Bourgeois aîné, à Paris.
**Mousseaux**. Maison Kreutz et Bernard, à Paris.
**Prati** (Jean de). Maison L. Nicolas et Keller, à Paris.
**Rémy** (Charles). Société anonyme des Établissements A. Garnier, à Paris.
**Serra** (Camille). Maison Lefèbvre, à Paris.

## CLASSES 94, 95 ET 96. — *Orfèvrerie, joaillerie et bijouterie. Horlogerie.*

### COLLABORATEURS

### Diplômes d'honneur.

**Desrosiers** (Charles). Maison G. Fouquet, à Paris.
**Fertey** (Louis). Maison G. Fouquet, à Paris.
**Hilstorf** (Henri). Maison Lefebvre fils aîné, à Paris.
**Lefebvre** (Jules). Maison Paul Templier, à Paris.
**Lellèvre** (Eugène). Maison veuve A. Risler et Carré, à Paris.
**Pinton** (Pierre). Maison Ch. Boulenger et C<sup>ie</sup>, à Paris.
**Prévaudeau**. Conseil Municipal de Paris.
**Rambaud** (F.). Maison Ch. Boulenger et C<sup>ie</sup>, à Paris.

Rougeron (Louis). Maison G.-Roger Sandoz. à Paris.
Stalin (G.). Maison Piel frères. à Paris.
Wicky (Charles). Maison Lipmann frères. à Besançon.

### Diplômes de Médaille d'or.

Ablonet (Henri). Maison G.-Roger Sandoz. à Paris.
Berlier (Prosper). Maison Armand-Calliat. à Lyon.
Beuchat (Edmond). Société générale des monteurs de boîtes d'or. à Besançon.
Biennier (Charles). Maison Armand-Calliat. à Lyon.
Blanzac (Gustave). Maison Gross. Poilevé et Cie. à Paris.
Boisson (Guillaume). Maison Armand-Calliat. à Lyon.
Bonard (Marius). Maison Armand-Calliat. à Lyon.
Bourne (Philibert). Maison Ch. Boulenger et Cie. à Paris.
Boutard (Frédéric). Maison G. Fouquet. à Paris.
Conter (Jean). Maison Marret. Bonnin et Lebel. à Paris.
Desfray (Louis). Maison Lefebvre fils aîné. à Paris.
Desprez (Fernand). Maison Ch. Boulenger et Cie. à Paris.
Girard (Élie). Maison Quentin. à Paris.
Girard (Gustave). Maison Lipmann frères. à Besançon.
Greffoz (Jean). Société anonyme *Dynamos*, à Cluses (Haute-Savoie).
Grouiller (Louis). Maison Nussbaum et Hérold. à Paris.
Jaccard (Alfred). Maison Lipmann frères. à Besançon.
Lefort (Robert). Maison Franck Lefort et Gromier. à Paris.
Loizillon. Conseil général du Département de la Seine.
Mongin (Armand). Maison Lipmann frères. à Besançon.
Montiton (Louis). Maison G.-Roger Sandoz. à Paris.
Moreaud. Conseil Municipal de Paris,
Morisco (Antoine). Société des établissements Savard et fils, à Paris.
Parisot (Charles). Société des établissements Savard et fils, à Paris.
Parret (Léon). Maison Lipmann frères. à Besançon.
Richard (Émile). Société anonyme *Dynamos*. à Cluses (Haute-Savoie).
Rousseau. Conseil Municipal de Paris.
Vignoud (Charles). Maison Paul Templier. à Paris.

Vindry (Georges). Maison Armand-Calliat. à Lyon.
Vrignault (Abel). Société des établissements Savard et fils. à Paris.
Weiss. Conseil Municipal de Paris.

### Diplômes de Médaille d'argent.

Brugneel (Mlle Berthe). Maison Paul Templier, à Paris.
Cadoret (Eugène). Maison G. Fouquet. à Paris.
Chopard (Fritz). Maison Lipmann frères. à Besançon.
Cosset (Léon). Maison Quentin. à Paris.
Couanon (G.). Maison Piel frères. à Paris.
Decombe (André). Maison Armand-Calliat. à Lyon.
Feuillâtre (Charles). Maison Feuillâtre. à Paris.
Hessels (Bernard). Maison veuve A. Risler et Carré. à Paris.
Javourez (Alfred). Maison Nussbaum et Hérold. à Paris.
Jousse (Édouard). Maison Juclier et Cie. à Paris.
Lauchard (Camille). Maison G. Fouquet, à Paris.
Legenisel (Louis). Maison Ch. Boulenger et Cie. à Paris.
Ligier (Léon). Société générale des monteurs de boîtes d'or. à Besançon.
Mullot (René). Maison Marret. Bonnin et Lebel. à Paris.
Ohl (Alexandre). Maison Franck Lefort et Gromier. à Paris.
Soyer (Henri). Maison Marret. Bonnin et Lebel, à Paris.
Tissier (Désiré). Maison Lipmann frères. à Besançon.

### Diplômes de Médaille de bronze.

Ablonet (Mme). Maison G.-Roger Sandoz. à Paris.
Béné (E.). Maison Robert Cottin. à Châtellerault.
Boucher (Léon). Maison Feuillâtre. à Paris.
Bozon (Georges). Maison Laquement et Cie. à Paris.
Brouillot (André). Maison G.-Roger Sandoz. à Paris.
Briant. Maison Duval et Janvier. à Paris.
Buisson (Émile). Maison Augis. à Lyon.
Calvet (Sylvain). Maison Marret. Bonnin et Lebel. à Paris.
Clemens (Édouard). Société des établissements Savard et fils, à Paris.
Clerc (Ernest). Maison Lipmann frères. à Besançon.
Cramer (Victor). Maison Lipmann frères. à Besançon.

Criquetot (Ernest). Maison G. Fouquet, à Paris.
Delasette (Alex.). Maison **Armand-Calliat**, à Lyon.
Genis (Marie). Maison Armand-Calliat, à Lyon.
Gruet (Mᵐᵉ Joséphine). Maison G. Fouquet, à Paris.
Guilbert (Augustine). Maison Apra, à Paris.
Hannot (Camille). Maison Laquement et Cⁱᵉ, à Paris.
Niedt (Georges). Maison Warmé, à Paris.
Parent (Maurice). Maison Auger frères, à Paris.
Patard (Victor). Maison Auger frères, à Paris.
Richard (Claude). Société anonyme *Dynamos*, à Cluses (Haute-Savoie).
Rigot (Léon). Maison Franck Lefort et Gromier, à Paris.
Valette (Armand). Maison Marret, Bonnin et Lebel, à Paris.
Visse. Maison Laquement et Cⁱᵉ, à Paris.
Warcollier. Maison Paisseau, à Paris.

### Diplômes de Mention.

Baudy. Maison Duval et Janvier, à Paris.
Bogey. Maison Quentin, à Paris.
Bonard (Joanny). Maison Armand-Calliat, à Paris.
Denizot. Maison Delpeut et Lesage, à Paris.
Fleuret (Georges). Maison G. Roger Sandoz, à Paris.
Gazeau (Louis). Maison Marret, Bonnin et Lebel, à Paris.
Gros-Léziat (Florent). Maison Gauthier fils, à Paris.
Gros-Léziat (John). Maison Gauthier fils, à Paris.
Hilaire (Auguste). Maison Marret, Bonnin et Lebel, à Paris.
Javourez (Georges). Maison Nussbaum et Hérold, à Paris.
Joly (Léopold). Maison Carette, à Paris.
Ledeul (Georges). Maison E. Langerock, à Paris.
Percot. Maison Duval et Janvier, à Paris.
Pervez. Maison Duval et Janvier, à Paris.
Quinter (Émile). Maison Paisseau, à Paris.
Rouël (Alexandre). Maison Warmé, à Paris.
Soyez (Joseph). Maison Marret, Bonnin et Lebel, à Paris.

CLASSE 97. — *Bronze, fonte
et ferronnerie d'art. Métaux repoussés.*

### COLLABORATEURS

### Diplôme d'honneur.

Provost (Louis). Maison Charles Blanc, à Paris.

### Diplômes de Médaille d'or.

Allain (Jean-Baptiste). Maison Émile Pinédo, à Paris.
Badière (Jules). Maison A. Jourdan, à Paris.
Magnant (Alfred). Maison Bouhon frères, à Paris.
Picoiseau (Albert). Maison Fernand Gervais, à Paris.
Quénard. Maison Fernand Gervais, à Paris.

### Diplômes de Médaille d'argent.

Basset (Arthur). Maison Émile Pinédo, à Paris.
Boncour (Jules). Maison Émile Pinédo, à Paris.
Dargent. Maison Fernand Gervais, à Paris.
Galtier (Eugène). Maison Émile Pinédo, à Paris.
Poitvin (Gustave). Maison Contenot et Lelièvre, à Paris.
Rance (Bernard). Maison Henri Vautrin et fils, à Paris.
Rollet (Aristide). Maison Émile Pinédo, à Paris.
Sauret (Louis-François). Maison P. Champeau, à Paris.
Vardinal (Henri). Maison Maurice Thibault, à Paris.

### Diplômes de Médaille de bronze.

Romand (Louis). Maison Henri Vautrin et fils, à Paris.
Rouyer (Charles). Maison Maurice Thibault, à Paris.

### COOPÉRATEURS

### Diplômes de Médaille de bronze.

Arnoux (Léon). Maison Dubrujeaud et Jean Richer-moz, à Paris.
Béné (Georges.) Maison Bouhon frères, à Paris.
Boucat (Louis). Maison C. Poccard, à Paris.
Collin (Maurice-Claude). Maison P. Champeau, à Paris.
Devauchelle (Gaston). Maison Edm. Etling et Cⁱᵉ, à Paris.
Dupain (Louis). Maison Contenot et Lelièvre, à Paris.
Duzou (Paul). Maison Fernand Gervais, à Paris.
Fontet (Jean-Baptiste). Maison Émile Pinédo, à Paris.
Gervais (Gaston). Maison Fernand Gervais, à Paris.
Gervais (Marcel). Maison Fernand Gervais, à Paris.
Griboux. Maison Fernand Gervais, à Paris.
Karquet (Jules). Maison L. Ettlinger et fils, à Paris.

Lejeune (Louis). Maison Charles Blanc. à Paris.
Munier (Édouard). Maison Bouhon frères, à Paris.
Pasquet (Charles). Maison L. Ettlinger et fils. à Paris.
Ravin (Louis). Maison Charles Blanc, à Paris.
Rombaux. Maison Fernand Gervais, à Paris.
Séguier (Henri). Maison Contenot et Lelièvre, à Paris.
Thiriart (Léon). Maison A. Jourdan, à Paris.
Veau (Léonard). Maison Edm. Etling et Cie. à Paris.

Classe 98. — *Brosserie, maroquinerie, tabletterie et vannerie.*

(Réunie à la classe 93.)

Classe 99. — *Industrie du caoutchouc et de la gutta-percha.*
*Objets de voyage et de campement.*

### COLLABORATEURS

### Diplômes d'honneur.

Breuil (Pierre). Maison A.-D. Cillard fils, à Paris.
Dubosc (André). Maison A.-D. Cillard fils, à Paris.
Duhaut (Alphonse). Maison V.-L. Le Renard, à Alfortville.
Le Renard (Georges). Maison V.-L. Le Renard, à Alfortville.
Le Renard (Henri). Maison V.-L. Le Renard, à Alfortville.
Levy (Camille). Maison Marius et Lévy. à Paris.
Mestais (Louis). Maison Kretz. à Paris.
Sander (docteur Georges). Maison Marius et Lévy, à Paris.

### Diplômes de Médaille d'or.

Barthélemy. Maison A.-D. Cillard fils, à Paris.
Brochot. Maison A. Olier et Cie. à Clermont-Ferrand.
Doré (Émile). Maison E. Repiquet et Cie. à Paris.
Dupuy (Eugène). Maison Louis Vuitton, à Paris.
Ettinger (Mlle Alice). Maison Marius et Lévy, à Paris.
François. Maison J. Coulembier aîné et ses fils, à Paris.
Gauthier (Alphonse). Maison A. Plisson. à Paris.
Guy (Ignace). Maison V.-L. Le Renard, à Alfortville.
Huot (Léon). Maison A. Olier et Cie. à Clermont-Ferrand.

Lavergue (François). Maison J. Coulembier aîné et ses fils. à Paris.
Pilon (Mme Alice). Maison Louis Vuitton. à Paris.
Poteau (Eugène). Maison Louis Vuitton. à Paris.
Richier (Edmond). Maison Kretz. à Paris.
Rivière d'Aulnay (Léopold). Maison V.-L. Le Renard. à Alfortville.

### Diplômes de Médaille d'argent.

Aveline (Léon). Maison veuve Villiard et A. Villiard. à Paris.
Becquerelle (Amédée-Charles). Maison Louis Vuitton. à Paris.
Chèvre (Ulysse). Maison E. Repiquet et Cie. à Paris.
Folliet (Pierre). Maison Louis Vuitton, à Paris.
Gachet (Mme Charlotte). Maison Louis Vuitton. à Paris.
Goguillon. Maison A. Olier et Cie, à Paris.
Grat (Théodore). Maison Louis Vuitton. à Paris.
Grossetête (Charles). Maison J. Coulembier aîné et ses fils, à Paris.
Moreau. Maison A. Olier et Cie, à Clermont-Ferrand.
Soulas (Henri). Maison J. Coulembier aîné et ses fils. à Paris.
Vassallo (Armand). Maison Plisson. à Paris.

### Diplômes de Médaille de bronze.

Cognon (Léopold). Maison Kretz. à Paris.
Lacour (Gustave). Maison Kretz, à Paris.
Leblond (Alfred). Maison V.-L. Le Renard. à Alfortville.
Lucot (Louis). Maison Kretz. à Paris.
Mijoule (Guillaume). Maison V.-L. Le Renard. à Alfortville.
Mouilley (Jules). Maison V.-L. Le Renard. à Alfortville.
Rosier (Achille). Maison V.-L. Le Renard. à Alfortville.
Thibaut (Félix). Maison Kretz. à Paris.

### COOPÉRATEURS

### Diplômes de Médaille de bronze.

Pottier (Gaspard). Maison E. Goyard aîné, à Paris.
Simonnot (Henri). Maison veuve Villiard et A. Villiard, à Paris.
Thorel (veuve). Maison veuve Villiard et A. Villiard. à Paris.

CLASSE 100. — *Bimbeloterie.*

(Réunie à la classe 93.)

# GROUPE XVI

## Économie sociale.

CLASSES 101 ET 106 RÉUNIES. — *Apprentissage. — Protection de l'enfance ouvrière. — Réglementation du travail. — Hygiène et sécurité des travailleurs.*

### COLLABORATEURS

### Diplômes d'honneur.

**Arquembourg.** Association des industriels du Nord de la France contre les accidents, à Lille.

**Deille.** Société pour l'assistance paternelle aux enfants employés dans les industries des fleurs et des plumes, à Paris.

**Deléarde.** Syndicat des Compagnies d'assurances à primes fixes contre les accidents du travail, à Paris.

**Dreux** (M<sup>me</sup>). Société des aciéries de Longwy, à Mont-Saint-Martin.

**Fleury.** Union des syndicats patronaux des industries textiles de France, à Paris.

**Forest.** Société pour l'assistance paternelle aux enfants employés dans les industries des fleurs et des plumes, à Paris.

**Gigot.** Caisse syndicale d'assurance mutuelle des industries textiles de France contre les accidents du travail, à Paris.

**Landouzy.** Syndicat général de garantie du bâtiment et des travaux publics, à Paris.

**Lefèvre.** École professionnelle de la Chambre syndicale du papier et des industries qui le transforment, à Paris.

**Pramondon.** Imprimerie Chaix, à Paris.

**Rotival.** Association philotechnique, à Paris.

**Tardieu.** *La Prévoyance* (Compagnie d'assurances contre les accidents), à Paris.

### Diplômes de Médaille d'or.

**Almeida.** Chemins de fer de l'État, à Paris.

**Artiser.** Association philotechnique, à Paris.

**Ausser.** Chambre syndicale des entrepreneurs de menuiserie et parquets de la ville de Paris et du département de la Seine, à Paris.

**Begueder.** Chemins de fer de l'État, à Paris.

**Bocquet.** Association des industriels du Nord de la France contre les accidents, à Lille (Nord).

**Chauveau** (Lucien). Imprimerie Chaix, à Paris.

**Collin.** Patronage laïque des garçons du II<sup>e</sup> arrondissement de Paris, à Paris.

**Cottin.** Syndicat des compagnies d'assurances à primes fixes contre les accidents du travail, à Paris.

**Coutaulin.** Caisse syndicale d'assurance mutuelle des industries textiles de France contre les accidents du travail, à Paris.

**Deligny.** Société des aciéries de Longwy, à Mont-Saint-Martin.

**Demarché.** *La Providence* (Compagnie d'assurances contre les accidents), à Paris.

**Diringer.** Société pour l'assistance paternelle aux enfants employés dans les industries des fleurs et des plumes, à Paris.

**Dumont.** Association philotechnique de Paris, à Paris.

**Dussaud.** *La Prévoyance* (Compagnie d'assurances contre les accidents), à Paris.

**Farde.** Association philotechnique de Paris, à Paris.

**Ferrot.** Chemins de fer de l'État, à Paris.

**Fonce.** (Henry). École professionnelle de la Chambre syndicale du papier et des industries qui le transforment, à Paris.

**Fortin.** *L'Alimentation* (Société d'assurance mutuelle contre les accidents), à Paris.

**Gaichot.** Chambre syndicale des entrepreneurs de maçonnerie de la ville de Paris et du département de la Seine, à Paris.

**Lechat.** Chemins de fer de l'État, à Paris.

**Le Joncour.** Syndicat des compagnies d'assurances à primes fixes contre les accidents du travail, à Paris.

**Lonnet.** Groupe des chambres syndicales du bâtiment et des industries diverses, à Paris.

**Miseray.** *La Prévoyance* (Compagnie d'assurances à primes fixes contre les accidents), à Paris.

**Montel.** Groupe des chambres syndicales du bâtiment et des industries diverses, à Paris.

**Muller.** *La Mutualité industrielle* (Société d'assurance mutuelle contre la responsabilité des accidents du travail), à Paris.

**Nahant.** Imprimerie Chaix, à Paris.

**Notiron.** Association des industriels de France contre les accidents du travail, à Paris.

**Remi-Ferrier** (M<sup>me</sup>). Ligue française des mères de famille, à Paris.

**Roy.** Association philotechnique de Paris, à Paris.

**Tap.** Chemins de fer de l'État, à Paris.

**Thévenal** (M<sup>lle</sup>). Ligue française des mères de famille, à Paris.

**Zypiorski.** Société des aciéries de Longwy, à Mont-Saint-Martin.

## Diplômes de Médaille d'argent.

**Barbot.** Syndicat général de garantie du bâtiment et des travaux publics, à Paris.

**Barret.** *La Providence* (Compagnie d'assurances contre les accidents), à Paris.

**Bertet.** Chambre syndicale des tapissiers-décorateurs, à Paris.

**Blondel.** Société de patronage d'apprentis et de jeunes employés des deux sexes du IX<sup>e</sup> arrondissement de Paris, à Paris.

**Blondinière.** Chambre syndicale des entrepreneurs de charpente de la ville de Paris et du département de la Seine, à Paris.

**Delaunay.** Chambre syndicale des entrepreneurs du bâtiment du département d'Eure-et-Loir, à Chartres.

**Duchelle.** Société de l'orphelinat de la Seine, à Paris.

**Duval.** Association des industriels du Nord de la France contre les accidents, à Lille (Nord).

**Ferdinand.** Chambre de commerce de Reims.

**Gonot.** Chambre syndicale des entrepreneurs de charpente de la ville de Paris et du département de la Seine, à Paris.

**Gounaud.** Caisse syndicale d'assurance mutuelle des industries textiles de France contre les accidents du travail, à Paris.

**Gunther.** Groupe des chambres syndicales du bâtiment et des industries diverses, à Paris.

**Lahur.** Société des aciéries de Longwy, à Mont-Saint-Martin.

**Lange.** Association philotechnique de Paris, à Paris.

**Lion.** Chemins de fer de l'État, à Paris.

**Marche.** Chemins de fer de l'État, à Paris.

**Marconnet.** Chambre de commerce de Reims.

**Mazaud.** Chambre syndicale du commerce et de la fabrication de quincaillerie, à Paris.

**Munier** (M<sup>me</sup>). Société des aciéries de Longwy, à Mont-Saint-Martin.

**Rey.** Association philotechnique de Paris, à Paris.

**Richard** (M<sup>me</sup>). Ligue française des mères de famille, à Paris.

**Roux.** *La Participation* (Société coopérative et fédérative d'assurances contre les accidents), à Paris.

**Séguin.** École professionnelle de la Chambre syndicale du papier et des industries qui le transforment, à Paris.

**Sève.** École professionnelle de la Chambre syndicale du papier et des industries qui le transforment, à Paris.

**Seyer.** Association philotechnique de Levallois-Perret, à Levallois-Perret (Seine).

**Sypiorski.** Société des aciéries de Longwy, à Mont-Saint-Martin.

## Diplômes de Médaille de bronze.

**Bary.** Chambre syndicale des tapissiers décorateurs, à Paris.

**Bioux.** Association générale syndicale des dentistes de France, à Paris.

**Boudoin.** Maison Aristide Quillet, à Paris.

**Bouteiller.** Chambre syndicale des entrepreneurs de peinture et vitrerie, doreurs et marchands de papiers peints détaillants de la ville de Paris et du département de la Seine, à Paris.

**Breton.** Caisse syndicale d'assurance mutuelle des industries textiles de France contre les accidents du travail, à Paris.

**Brunot.** Chambre de commerce de Reims.

**Bruwey** (Léon). Les fils de Jules Bruey, à Ronchamp (Haute-Saône).

**Calmé** (M<sup>me</sup>). École d'apprentissage et d'enseignement ménager de Montpellier, à Montpellier (Hérault).

**Collært.** École professionnelle de la Chambre syndicale du papier et des industries qui le transforment, à Paris.

**Divo** (M<sup>lle</sup>). École professionnelle de la Chambre syndicale du papier et des industries qui le transforment, à Paris.

**Dorisau.** Société de patronage d'apprentis et de jeunes employés des deux sexes du IX<sup>e</sup> arrondissement de Paris, à Paris.

**Dubois.** Chambre syndicale du commerce et de la fabrication de quincaillerie, à Paris.

**Duchêne** (M<sup>me</sup>). Œuvre des colonies scolaires parisiennes, à Paris.

**Dufourg.** Société des cours professionnels gratuits de Bayonne et de Biarritz, à Biarritz.

Duplantier. Société des cours professionnels gratuits de Bayonne et de Biarritz, à Biarritz.

Ecofflet. Association de l'enseignement professionnel de Saint-Ouen.

Ferrier. École professionnelle de maréchalerie d'Arles.

Galchild. Patronage laïque des garçons du IIIe arrondissement de Paris, à Paris.

Lauceron. Patronage laïque d'apprentis et de jeunes employés du IIIe arrondissement de Paris, à Paris.

Méhaut. Chambre de commerce de Reims.

Mercier (Georges). Imprimerie Chaix, à Paris.

Morel. Société de l'orphelinat de la Seine, à Paris.

Noël (Mme). Association de l'enseignement professionnel de Saint-Ouen.

Pochet. Association philotechnique de Paris, à Paris.

Potier. Association philotechnique de Levallois-Perret, à Levallois-Perret.

Poulbot. Association de l'enseignement professionnel de Saint-Ouen.

Roubinot. *La Mutualité industrielle*, Société d'assurance mutuelle contre la responsabilité des accidents du travail, à Paris.

Saillard. Société des cours professionnels gratuits de Bayonne et de Biarritz, à Biarritz.

Samour. Chambre syndicale des tapissiers décorateurs, à Paris.

Sorel. Société de l'orphelinat de la Seine, à Paris.

Thinet. Groupe dionysien de la ligue française de l'enseignement, à Saint-Denis (Seine).

Vacruter. Chambre syndicale du commerce et de la fabrication de quincaillerie, à Paris.

Villiers. Association philotechnique de Paris, à Paris.

Wagner. Patronage laïque des garçons du IIIe arrondissement de Paris, à Paris.

### Diplômes de Mention.

Brancq. Patronage laïque d'apprentis et de jeunes employés du IIIe arrondissement de Paris, à Paris.

Breuiller. Association philotechnique de Noisy-le-Sec, à Noisy-le-Sec.

Bucoudray. Chambre syndicale du commerce et de la fabrication de quincaillerie, à Paris.

Faure. Comité des concours ouvriers d'Avignon, à Avignon.

Garnier. Association philotechnique de Noisy-le-Sec, à Noisy-le-Sec.

Houdion. Association philotechnique de Lagny, à Lagny.

King. Comité des concours ouvriers d'Avignon, à Avignon.

Lafont. École professionnelle de maréchalerie d'Arles.

Lemerle. Association générale syndicale des dentistes de France, à Paris.

Magret. Union fraternelle des ouvriers du bâtiment de Bordeaux, à Bordeaux.

Pfléger. Maison Aristide Quillet, à Paris.

Roux. Chambre syndicale du commerce et de la fabrication de quincaillerie, à Paris.

Soubeyou. Union fraternelle des ouvriers du bâtiment de Bordeaux, à Bordeaux.

Varnier. Syndicat des employés du commerce et de l'industrie de Rouen, à Rouen.

Voisin. Groupe des chambres syndicales du bâtiment et des industries diverses, à Paris.

Weil. Patronage laïque d'apprentis et de jeunes employés du IIIe arrondissement de Paris, à Paris.

## CLASSE 102. — *Contrat de travail. Participation aux bénéfices. Syndicats professionnels.*

### COLLABORATEURS

### Diplômes d'honneur.

Beudin. Société pour l'étude pratique de la participation du personnel dans les bénéfices, à Paris.

Cabrol (Théophile). Compagnie d'assurances *la Nationale*, à Paris.

David. Société du gaz de Paris, à Paris.

Grodet (Émile). Alliance syndicale du commerce et de l'industrie, à Paris.

Jolly (Amédée). Syndicat général du commerce et de l'industrie. Union des chambres syndicales de France, à Paris.

Mazaud. Syndicat de l'épicerie française, à Paris.

Pey (Joanny). Union des chambres syndicales, à Lyon.

Pramondou. Imprimerie Chaix, à Paris.

Renguin (J.). Chambre syndicale de la bijouterie, de la joaillerie et de l'orfèvrerie de Paris, à Paris.

Van Buisson. Compagnie d'assurances générales, à Paris.

Vincent (Alfred). Compagnie d'assurances *l'Union*, à Paris.

## Diplômes de Médaille d'or.

**Ausser.** Chambre syndicale des entrepreneurs de menuiserie et parquets de la ville de Paris et du département de la Seine, à Paris.

**Baille** (Marcel). Maison Baille-Lemaire et fils, à Paris.

**Barillet.** Société du gaz de Paris, à Paris.

**Biaury.** Syndicat de la presse de l'alimentation, à Paris.

**Bourgeois** (Charles). Alliance syndicale du commerce et de l'industrie, à Paris.

**Burrus de Daugereau.** Syndicat des journaux et publications périodiques, à Paris.

**Chapeau.** Maison Gounouilhou. Société anonyme des journaux et imprimeries de la Gironde, à Bordeaux.

**Chauveau** (Lucien). Imprimerie Chaix, à Paris.

**Cresson** (Alphonse). Compagnie d'assurances *l'Union*, à Paris.

**Dagonnet** (Germain). Maison Tuleu (fonderies de caractères Deberny et Cie), à Paris.

**David.** Syndicat général du commerce et de l'industrie, Union des chambres syndicales de France, à Paris.

**Dequenne** (Charles-Angel). Maison Colin et Cie, à Guise (Aisne).

**Durantel** (Jean). Syndicat patronal de la boulangerie de Paris et de la Seine, à Paris.

**Gant.** Chambre syndicale du papier et des industries qui le transforment, à Paris.

**Gaule** (Claude). Fédération française des travailleurs du livre, à Paris.

**Gonnet** (Paul). Fédération des syndicats patronaux du bâtiment et des travaux publics de l'Est et du Sud-Est de la France, à Lyon.

**Hazeler** (H.). Alliance syndicale du commerce et de l'industrie, à Paris.

**Levêque** (Émile). Syndicat des mécaniciens, chaudronniers et fondeurs de France, à Paris.

**Liénard** (Émile). Union des syndicats de la boulangerie de France, à Paris.

**Loisnel** (Édouard). Compagnie d'assurances *l'Union*, à Paris.

**Marchal** (Gaston). Union syndicale et mutuelle des restaurateurs et limonadiers du département de la Seine, à Paris.

**Nahant.** Imprimerie Chaix, à Paris.

**Ondinot** (Georges). Direction des chemins de fer de l'État, à Paris.

**Picard** (Roger). Comité central des chambres syndicales, à Paris.

**Ronseray** (Georges). Union des syndicats de la boulangerie de France, à Paris.

**Villamant.** Syndicat de la presse de l'alimentation, à Paris.

## Diplômes de Médaille d'argent.

**Bachollet.** Chambre syndicale du papier et des industries qui le transforment, à Paris.

**Baduel** (Jules). Maison Thuillier fils et Lassalle, à Paris.

**Bardin** (Auguste). Maison Bernot frères, à Paris.

**Bellot** (Justin). Compagnie d'assurances *l'Union*, Paris.

**Berlin** (André). Union des syndicats de la boulangerie de France, à Paris.

**Billiel.** Union des intérêts économiques, à Paris.

**Bougain.** Union des syndicats de la boulangerie de France, à Paris.

**Bufnoir.** Compagnie d'assurances générales, à Paris.

**Buneau** (Lucien). Caisse d'épargne et de prévoyance de Coulommiers, à Coulommiers.

**Caillet** (Émile). Maison Bernot frères, à Paris.

**Cauchois** (Mlle). Union centrale des syndicats féminins, à Paris.

**Caunay** (Charles de). Maison Fouquet, à Caen.

**Charcousset** (Dominique). Union syndicale nationale des voyageurs du commerce et de l'industrie française, à Paris.

**Charmonet.** Fédération française des travailleurs du livre, à Paris.

**Dejean** (Fernand). Maison Cazalet et fils, à Bordeaux.

**Dumoulin** (Victor). Maison Baille-Lemaire et fils, Paris.

**Durand** (Édouard). *La Parisienne*, Chambre syndicale des bouillons restaurants de Paris et de la banlieue, à Paris.

**Étienne.** Syndicat de l'épicerie française, à Paris.

**Guignard.** Fédération professionnelle des mécaniciens, chauffeurs, électriciens des chemins de fer et de l'industrie, à Paris.

**Guillaumin** (Robert). Maison Fillot, Caslot, Dru et Cie Au Bon Marché. (Maison Aristide Boucicaut), à Paris.

**Hortor** (Théophile de). Maison Colin et Cie, à Guise.

**Jouaneaux.** Syndicat patronal de la boulangerie de Paris et de la Seine, à Paris.

**Lambla** (G.). Chambre syndicale des agents représentants pour l'exportation, à Paris.

**Larue.** Syndicat général de la blanchisserie, à Paris.

**Lecussan** (J. de) Union des intérêts économiques, à Paris.

**Louvet** (Paul). Groupe des chambres syndicales du bâtiment et des industries diverses, à Paris.

Marie (Louis), Maison Fouquet, à Caen.

Montel (Auguste-Julien), Groupe des chambres syn
dicales du bâtiment et des industries diverses,
à Paris.

Plateau, Chambre syndicale du papier et des industries qui le transforment, à Paris.

Reboul, Compagnie d'assurances générales, à Paris.

Revol (Pierre-J.), Union des chambres syndicales, à
Lyon.

Richard (M<sup>lle</sup>), Syndicat des ouvrières de l'habillement, à Paris.

Silvin (Ernest), Imprimerie Chaix, à Paris.

Toussy, Fédération des syndicats de charcutiers de
France, à Paris.

Villotte (Ch.), Chambre syndicale des agents représentants pour l'exportation, à Paris.

Willé (Eugène), Imprimerie Chaix, à Paris.

### Diplômes de Médaille de bronze.

Abelard (M<sup>lle</sup>), Syndicat des employés de commerce
et de l'industrie, à Paris.

Auty (Edouard), *La Parisienne*, Chambre syndicale
des bouillons restaurants de Paris et de la banlieue, à Paris.

Beaurper, Société du gaz de Paris, à Paris.

Beauvais (Auguste), Maison Fouquet, à Caen.

Bonnet, La solidarité des coupeurs et brocheurs de
chaussures du département de la Seine, à
Bagnolet.

Bonnin, Syndicat général de la blanchisserie, à Paris.

Bruel (Joseph), Syndicat des chirurgiens dentistes
de France, à Paris.

Brun (M<sup>lle</sup> Elise), Syndicat des institutrices privées,
à Paris.

Campnas (Jules-Elie), Syndicat de l'avenir forain, à
Paris.

Charbonnier, Chambre syndicale des agents de manufactures de céramique et de verrerie, à Paris.

Chavarau (Auguste-Em.), Maison Baille-Lemaire et
fils, à Paris.

Davoine (Gaston), Chambre syndicale de la bijouterie,
de la joaillerie et de l'orfèvrerie de Paris, à Paris.

Deyber (Jules), La solidarité des coupeurs et brocheurs de chaussures du département de la
Seine, à Bagnolet.

Dorlaud, Fédération des syndicats de charcutiers de
France, à Paris.

Duchet, Société du gaz de Paris, à Paris.

Galliano (M<sup>me</sup>), Union des femmes professeurs et
compositeurs de musique, à Paris.

Gunther (Victor), Groupe des chambres syndicales
du bâtiment et des industries diverses, à Paris.

Hirsch (Lucien), Association amicale des représentants et employés de la papeterie, imprimerie,
maroquinerie et autres industries qui s'y rattachent, à Paris.

Humbert, Union des chambres syndicales, à Lyon.

Kromez, Compagnie d'assurances générales, à Paris.

Lahaye (Paul), Union fraternelle et syndicale des
cuisiniers du département de la Seine, à Paris.

Larue (Marc), Maison Cazalet et fils, à Bordeaux.

Leclerc (M<sup>lle</sup> Gabrielle), Direction des chemins de
fer de l'État, à Paris.

Lenglart (Jules-Louis), Syndicat de l'industrie tex-
tile d'Armentières, à Armentières.

Maillot (M<sup>lle</sup>), Syndicat des institutrices privées, Paris.

Maroum (Charles), Maison Baille-Lemaire et fils, à
Paris.

Mazet, Société du gaz de Paris, à Paris.

Mercier (Georges), Imprimerie Chaix, à Paris.

Mimey (Baptiste), Maison Thuillier fils et Lassalle, à
Paris.

Moiroud (Lucien), Maison Colin et C<sup>ie</sup>, à Guise.

Mortier (Laurence), Syndicat des mécaniciens, chaudronniers et fondeurs de France, à Paris.

Nicouland (M<sup>lle</sup>), Syndicat des institutrices privées, à
Paris.

Niepuron (Léonie), Union centrale des syndicats
féminins, à Paris.

Rasselet, Chambre syndicale des marchands de cou-
leurs au détail de France, à Paris.

Ravet (Prosper), Syndicat des voyageurs et représentants de la région du Nord de la France, à Lille.

Sené, Compagnie d'assurances générales, à Paris.

Servennet (C.), Fédération des syndicats patronaux
du Nord-Est de la France, à Nancy.

Simon (M<sup>lle</sup>), Syndicat des employées du commerce
et de l'industrie, à Paris.

Voisin (Louis-Ulysse), Union des chambres syndicales, à Lyon.

Zahn, Chambre syndicale des agents de manufactures
de céramique et de verrerie, à Paris.

### Diplômes de Mention.

Déserts (des), Alliance syndicale du commerce et de
l'industrie, à Paris.

Kehrling (M<sup>lle</sup> Julie), Maison Baille-Lemaire et fils,
à Paris.

Leveaux (Louis), Maison Baille-Lemaire et fils, à
Paris.

**Classes 103 et 104 réunies.** — *Grande et petite industrie.* — *Associations coopératives de production ou de crédit.* — *Sociétés coopératives de consommation.*

## Classe 103.

### COLLABORATEURS

#### Diplômes de Médaille d'or.

**Bonnet.** Chambre consultative des associations ouvrières de production. à Paris.

**Guimond.** Association coopérative des ouvriers en instruments de précision. à Paris.

**Messager.** Association coopérative des ouvriers en instruments de précision. à Paris.

**Serrière** (Camille). Imprimerie *la Laborieuse*. à Nîmes (Gard).

#### Diplômes de Médaille d'argent.

**Allard.** Les charbonniers du port. Le Havre.

**Bach.** *L'Épargne* (travaux publics et bâtiment). à Bordeaux.

**Duchesne** (Mme). *L'Entraide* (lingerie). à Paris.

**Dumesnil.** Les plombiers-fontainiers. à Paris.

**Harmanlius.** Les charbonniers du port. Le Havre.

**Laurent** (Bernard). La verrerie des Vernes. à Rive-de-Gier (Loire).

**Maître.** Les menuisiers-charpentiers de Poitiers.

**Martin.** Chambre syndicale de la gravure. à Paris.

**Netter.** Chambre consultative des associations ouvrières de production. à Paris.

**Taupin** (Michel). Association des maçons et ouvriers du bâtiment. à Dun-sur-Auron (Cher).

**Teston.** Les plombiers-fontainiers de Paris. à Paris.

**Thoulouze** (Marius). Imprimerie *la Laborieuse*, à Nîmes.

#### Diplômes de Médaille de bronze.

**Bargas.** Chambre syndicale de la gravure. à Paris.

**Bazor** (Albert). Chambre syndicale de la gravure. à Paris.

**Bazor** (Lucien). Chambre syndicale de la gravure. à Paris.

**Bergeron.** L'Union vannière de Béthisy-Saint-Martin (Oise).

**Bessoneaud.** Les plombiers-fontainiers de Paris. à Paris.

**Blayac.** Les vignerons libres de Maraussan (Hérault).

**Brione.** Les charpentiers français. à Paris.

**Delaux.** *L'Épargne* (travaux publics et bâtiment). à Bordeaux.

**Deltour.** *Le Travail* (peintres). à Roubaix.

**Demaline.** Les sculpteurs-décorateurs. à Paris.

**Deppen.** Les plombiers-fontainiers de Paris. à Paris.

**Desain.** L'Union vannière. à Béthisy-Saint-Martin.

**Duru.** Les plombiers-fontainiers de Paris. à Paris.

**Escot.** La verrerie de Vernes. à Rive-de-Gier (Loire).

**Fontanilhes.** Chambre consultative des associations ouvrières de production. à Paris.

**Jayat.** Les charpentiers français. à Paris.

**Lejeune.** Les plombiers-couvreurs-zingueurs de Limoges.

**Lordonnois.** Chambre syndicale de la gravure. à Paris.

**Louis.** La charpente moderne. à Paris.

**Lucas.** Chambre syndicale de la gravure. à Paris.

**Monteyrol.** Chambre consultative des associations ouvrières de production. à Paris.

**Mounier.** Les sculpteurs-décorateurs. à Paris.

**Raicter.** Les sculpteurs-décorateurs. à Paris.

**Robert.** Les vignerons libres de Maraussan (Hérault).

#### Diplômes de Mention.

**Labiausse.** La verrerie de Vernes. à Rive-de-Gier (Loire).

**Perrin.** Comptoir général de représentations de fabriques. à Paris.

**Zipper.** Comptoir général de représentations de fabriques, à Paris.

## Classe 104.

### COLLABORATEURS

#### Diplômes d'honneur.

**Bardot** (Mlle). Économat des vivres des chemins de fer de l'État. à Paris.

**Cavaillé.** Économat des vivres des chemins de fer de l'État. à Paris.

**Chiousse.** Fédération des Sociétés coopératives de consommation des employés de chemins de fer Paris-Lyon-Méditerranée. Est et divers. à Grenoble.

David. Société philanthropique de Saint-Rémy-sur-Avre, à Saint-Rémy-sur-Avre.

Garbado. Magasins en gros des coopératives de France, à Paris.

Jouenne (Mlle Alice). Fédération nationale des coopératives de consommation, à Paris.

Tutin (Alfred). Fédération nationale des coopératives de consommation, à Paris.

### Diplômes de Médaille d'or.

Guerine (de). Boulangeries coopératives des employés et ouvriers du réseau de la Compagnie d'Orléans, à Paris.

Le Monier. Boulangeries coopératives des employés et ouvriers du réseau de la Compagnie d'Orléans, à Paris.

Marty. Magasins en gros des coopératives de France, à Paris.

Pandele. Magasins en gros des coopératives de France, à Paris.

Pône. Ministère du Travail et de la Prévoyance sociale (direction du travail), à Paris.

Tellier. Magasins en gros des coopératives de France, à Paris.

Tixerant. Ministère du Travail et de la Prévoyance sociale (direction du travail), à Paris.

Ville. Economat des vivres des chemins de fer de l'Etat, à Paris.

### Diplômes de Médaille d'argent.

Alany. Economat des vivres des chemins de fer de l'Etat, à Paris.

Boinvillers. Economat de la Compagnie des chemins de fer d'Orléans, à Paris.

Boucard. Société coopérative des postes, télégraphes, téléphones, à Bordeaux.

Coquart. Magasins en gros des coopératives de France, à Paris.

Cressou. Boulangeries coopératives des employés et ouvriers du réseau de la Compagnie d'Orléans, à Paris.

David (Mme). Société philanthropique de Saint-Rémy-sur-Avre, à Saint-Rémy-sur-Avre.

Fortzer. La Revendication, à Puteaux.

Gallet. Société philanthropique de Saint-Rémy-sur-Avre, à Saint-Rémy-sur-Avre.

Léonard. La Revendication, à Puteaux.

Maury. Boulangeries coopératives des employés et ouvriers du réseau de la Compagnie d'Orléans, Paris.

Micoud. Fédération des Sociétés coopératives de consommation des employés de chemins de fer Paris-Lyon-Méditerranée, Est et divers, à Grenoble.

Moreau. Société coopérative des postes, télégraphes, téléphones, à Bordeaux.

Perrier. Société philanthropique de Saint-Rémy-sur-Avre, à Saint-Rémy-sur-Avre.

Pillaudin. Economat de la Compagnie des chemins de fer d'Orléans, à Paris.

Recipon. *La Revendication*, à Puteaux.

Saulnier. Société coopérative des postes, télégraphes, téléphones, à Bordeaux.

### Diplômes de Médaille de bronze.

Brissaud. Société coopérative des postes, télégraphes, téléphones, à Bordeaux.

Devrez. Economat de la Compagnie des chemins de fer d'Orléans, à Paris.

Faure. Fédération des Sociétés coopératives de consommation des employés de chemins de fer Paris-Lyon-Méditerranée, Est et divers, Grenoble.

Freychet. Fédération des Sociétés coopératives de consommation des employés de chemins de fer Paris-Lyon-Méditerranée, Est et divers, à Grenoble.

Gautron. Economat de la Compagnie des chemins de fer d'Orléans, à Paris.

### Diplômes de Mention.

Guyon. Fédération des Sociétés coopératives de consommation des employés de chemins de fer Paris-Lyon-Méditerranée, Est et divers, à Grenoble.

Lecocq. Société philanthropique de Saint-Rémy-sur-Avre, à Saint-Rémy-sur-Avre.

Michel. Société coopérative des postes, télégraphes, téléphones, à Bordeaux.

Perrier (Mme). Société philanthropique de Saint-Rémy-sur-Avre, à Saint-Rémy-sur-Avre.

CLASSE 105. — *Grande et petite culture. Associations agricoles.*

COLLABORATEURS

### Diplômes d'honneur.

Chabe. Fédération des Sociétés agricoles du Pas-de-Calais, à Arras.

**Dornic**. Association centrale des laiteries coopératives des Charentes et du Poitou, à Surgères.

**Rozeray**. Association centrale des laiteries coopératives des Charentes et du Poitou, à Surgères.

### Diplômes de Médaille d'or.

**Baril**. Laiterie coopérative de Surgères.

**Bodin**. Fédération nationale de la mutualité et de la coopération agricole, à Paris.

**Boé**. Caisse régionale de crédit agricole mutuel du Gers, à Auch.

**Bouquier**. Caisse régionale de crédit agricole mutuel de la Gironde, à Bordeaux.

**Brière**. Syndicat des agriculteurs de la Sarthe, Le Mans.

**Cassez**. Mutuelle agricole incendie de l'Est, à Chaumont.

**Charrière**. Caisse régionale de crédit agricole mutuel du Midi, à Montpellier.

**Charvériat**. Union du Sud-Est des syndicats agricoles, à Lyon.

**Couinaud**. Caisse régionale de crédit agricole mutuel de la Gironde, à Bordeaux.

**Despoisse**. Ministère de l'Agriculture (service du crédit, de la coopération et de la mutualité agricoles), à Paris.

**Dodard**. Caisse régionale de crédit agricole mutuel du Loiret, à Orléans.

**Evrard**. Union des syndicats agricoles du Pas-de-Calais, à Arras.

**Favier**. Caisse régionale incendie du Midi, à Montpellier.

**François** (le chanoine). Fédération du Nord de la France, à Fournes.

**Girard**. Association des éleveurs, des agriculteurs et des viticulteurs de l'Indre, à Châteauroux.

**Girard**. Caisse régionale de crédit agricole mutuel de l'Indre, à Chateauroux.

**Guilhermet**. Caisse régionale de crédit agricole mutuel de la Haute-Savoie, à Annemasse.

**Lebrun** (Paul). Syndicat central des agriculteurs de France, à Paris.

**Pasquet**. Caisse régionale de crédit agricole mutuel du Midi, à Montpellier.

**Pasquet**. Caisse régionale de crédit agricole mutuel du Midi, à Montpellier.

**Pellet**. Caisse régionale de crédit agricole mutuel de la Haute-Savoie, à Annemasse.

**Rayneri**. Centre fédératif du crédit populaire en France, à Paris.

**Tardos**. Fédération paragrêle du Gers, à Auch.

**Thabault**. Laiterie coopérative de Mazières-en-Gatine.

**Thibondeau**. Fédération des sociétés agricoles du Pas-de-Calais, à Arras.

### Diplômes de Médaille d'argent.

**Artigala**. Syndicat professionnel agricole des Pyrénées-Orientales, à Perpignan.

**Baudry** (M^lle). Caisse régionale de crédit agricole mutuel de l'Ile-de-France, à Paris.

**Beaujin**. Fédération des syndicats agricoles et horticoles de Seine-et-Oise et de la Seine, à Taverny.

**Bidan**. Coopérative de meunerie agricole de Condom (Gers).

**Bontemps**. Mutuelle générale du canton de Sennecy-le-Grand.

**Bornin**. Caisse régionale de crédit agricole mutuel de la Gironde, à Bordeaux.

**Boucher**. Union des syndicats agricoles de Seine-et-Oise et de la Seine, à Franconville.

**Boué**. Œuvre de mutualité agricole des Hautes-Pyrénées, à Tarbes.

**Bouzereau**. Syndicat des agriculteurs de la Sarthe, Le Mans.

**Braun**. Caisse régionale de crédit agricole mutuel de la Brie, à Meaux.

**Cambier-Masy**. Fédération du Nord de la France, à Fournes.

**Chabé** (Alfred). Mutuelle agricole incendie du Pas-de-Calais, à Arras.

**Colmant**. Syndicat agricole de l'arrondissement de Saint-Pol, à Saint-Pol.

**Couanet**. Caisse régionale de crédit mutuel agricole du Nord de la Régence de Tunis.

**Courtignon**. Caisse locale de crédit agricole mutuel de Chartres, à Chartres.

**Daliet**. Syndicat agricole de l'arrondissement d'Arras, à Arras.

**Delattre**. Syndicat agricole du Calaisis, à Calais.

**Demazure**. Caisse d'assurance contre la mortalité du bétail de l'arrondissement de Saint-Pol, à Saint-Pol.

**Devillers**. Caisse régionale de crédit agricole mutuel du Pas-de-Calais, à Arras.

**Doléac**. Association centrale des laiteries coopératives des Charentes et du Poitou, à Surgères.

**Dubois**. Société d'assurance mutuelle contre les accidents agricoles *la Sarthoise*, Le Mans.

**Duhautoy.** Société d'agriculture et d'horticulture de l'arrondissement de Boulogne-sur-Mer, à Boulogne-sur-Mer.

**Dumontet.** Union du Sud-Est des syndicats agricoles, à Lyon.

**Esterlée.** Laiterie coopérative de Surgères.

**Fleurant.** Syndicat de défense agricole de l'Oise, à La Neuville-en-Hez.

**Fontaine (de).** Syndicat hippique boulonnais, à Estruval.

**Franville.** Comice agricole de Cambrai, à Cambrai.

**Gaimiche.** Caisse régionale de crédit agricole mutuel de la Côte-d'Or, à Dijon.

**Gautier.** Ministère de l'Agriculture, service du crédit, de la coopération et de la mutualité agricoles, à Paris.

**Girard.** Association des éleveurs, des agriculteurs et des viticulteurs de l'Indre, à Châteauroux.

**Gourcuff** (Olivier de). Syndicat central des agriculteurs de France, à Paris.

**Gubiau.** Caisse centrale algérienne et tunisienne de réassurance agricole, à Alger.

**Hannecart.** Société d'horticulture de l'arrondissement d'Avesnes, à Fourmies.

**Jourdain.** Association française pomologique, à Paris.

**Lecointe.** Caisse régionale de crédit agricole mutuel de l'Oise, à Beauvais.

**Lépine.** Association de l'ordre national du mérite agricole, à Paris.

**Leroux.** Caisse régionale de crédit agricole mutuel de l'Oise, à Beauvais.

**Leteneur.** Syndicat agricole de l'arrondissement de Saint-Omer.

**Loubry.** Caisse départementale de réassurance des mutuelles bétail du Nord et Fédération des mutuelles équidées, à Lille.

**Lucas.** Caisse régionale de crédit agricole mutuel du Loiret, à Orléans.

**Lucas.** Laiterie coopérative de Saint-Ouenne.

**Maillet.** Société d'agriculture de l'arrondissement de Saint-Omer, à Saint-Omer.

**Malpeaux.** Société centrale d'agriculture du Pas-de-Calais, à Arras.

**Manier.** Caisse régionale de crédit agricole mutuel de l'Ile-de-France, à Paris.

**Manoury.** Mutuelle agricole incendie de l'Est, à Chaumont.

**Mermillod.** Société nationale de protection de la main-d'œuvre agricole, à Paris.

**Pérot.** Syndicat agricole de l'arrondissement de Montreuil, à Montreuil.

**Pinault.** Caisse régionale de crédit agricole mutuel de l'Indre, à Châteauroux.

**Ponnelle.** Société d'agriculture de l'arrondissement de Béthune, à Béthune.

**Proust.** Mutuelle agricole incendie de l'Ouest, à Niort.

**Rhodes.** Fédération des mutuelles bétail du Gers, à Auch.

**Ribiffet.** Syndicat agricole des arrondissements de Chartres, Châteaudun et Nogent-le-Rotrou, à Chartres.

**Rimbert.** Fédération des syndicats agricoles et horticoles de Seine-et-Oise et de la Seine, à Taverny.

**Rougier.** Mutuelle agricole incendie de la Loire, à Saint-Étienne.

**Roux.** Société coopérative agricole de transport de Mai-en-Multien, à Lizy-sur-Ourcq.

**Sablon.** Laiterie coopérative de Mazières-en-Gatine.

**Simon.** Caisse régionale de crédit agricole mutuel de la Vendée, à La Roche-sur-Yon.

**Sureau.** Caisse régionale de crédit agricole mutuel du Maine, Le Mans.

**Tardos.** Société d'encouragement à l'agriculture du Gers, à Auch.

**Têtar.** Caisse de réassurance des mutuelles bétail du Pas-de-Calais, à Arras.

**Tournier.** Caisse régionale de crédit agricole mutuel du Gers, à Auch.

**Trichereau.** Caisse régionale incendie du Sud-Ouest, à La Réole.

**Troude.** Association de l'ordre national du mérite agricole, à Paris.

**Trouillet** (Mlle). Caisse régionale de crédit agricole mutuel de l'Ile-de-France, à Paris.

**Vuaflart.** Cercle agricole du Pas-de-Calais, à Arras.

**Warcollier.** Association française pomologique, à Paris.

### Diplômes de Médaille de bronze.

**Bastide.** Caisse d'assurance mutuelle séricicole, à Arphy.

**Beaur.** Mutuelles agricoles de Lamblore, à Lamblore.

**Bétourné.** Société d'agriculture de l'arrondissement de Saint-Omer, à Saint-Omer.

**Boisleux.** Cercle agricole du Pas-de-Calais, à Arras.

**Brancher.** Société nationale de protection de la main d'œuvre agricole, à Paris.

**Cauchy.** Société d'agriculture et d'horticulture de l'arrondissement de Boulogne-sur-Mer, à Boulogne-sur-Mer.

**Chaize.** Association vinicole roannaise, à Roanne.

**Chillier du Chatel.** Syndicat central des agriculteurs de France, à Paris.

**Corriez.** Société de crédit immobilier du Pas-de-Calais, à Arras.

**Cosson.** Caisse mutuelle d'assurance contre les accidents agricoles de l'Association centrale des laiteries coopératives des Charentes et du Poitou, à Niort.

**Courmont.** Société centrale d'agriculture du Pas-de-Calais, à Arras.

**Croissant.** Caisse régionale de crédit agricole mutuel du Jura, à Lons-le-Saulnier.

**Dame.** Caisse locale de crédit agricole mutuel de Mouthier, à Mouthier-Haute-Pierre.

**Décousus.** Mutuelle agricole incendie de la Loire, à Saint-Étienne.

**Descazot.** Caisse locale de crédit agricole mutuel de Montreuil.

**Dessalt.** Union des syndicats d'élevage de la race chablaisienne, à Thonon-les-Bains.

**Devillers.** Caisse locale de crédit agricole mutuel de l'arrondissement d'Arras.

**honneur.** Caisse régionale de crédit agricole de la Beauce et du Perche, à Chartres.

**Ducrocq.** Caisse régionale de crédit agricole mutuel de Lille, à Lille.

**Dumont.** Comice agricole de Cambrai, à Cambrai.

**Dupas.** Caisse régionale de crédit agricole du Libournais, à Libourne.

**Evrard.** Coopérative de production de semences d'Arras.

**Eyraud.** Caisse régionale de crédit agricole mutuel de la Dordogne, à Bergerac.

**Floure.** Syndicat agricole du canton d'Audricq, à Audricq.

**Gallidy.** Caisse régionale de crédit agricole mutuel de la Charente-Inférieure, à Saintes.

**Garoau.** Laiterie coopérative agricole de Saucheville.

**Georges.** Société d'agriculture de l'arrondissement de Béthune, à Béthune.

**Girault.** Caisse locale de crédit agricole mutuel de Boulogne-sur-Mer, à Boulogne-sur-Mer.

**Hurel.** Caisse locale de crédit agricole mutuel de Château-Villain, à Château-Villain.

**Isman.** Caisse régionale de crédit agricole mutuel de Sidi-bel-Abbès.

**Jouvet.** Caisse de réassurance des mutuelles bétail du Jura, à Lons-le-Saulnier.

**Julliard.** Caisse régionale de crédit agricole mutuel de l'Ain, à Nantua.

**Lacaille.** Caisse locale de crédit agricole mutuel de Flers, à Flers.

**Lebert.** Mutuelle syndicale des accidents agricoles, à Gagny.

**Leroux.** Caisse régionale de crédit agricole mutuel de Sauterre, à Péronne.

**Lesur.** Caisse départementale de réassurance des mutuelles bétail du Nord et Fédération des mutuelles équidées, à Lille.

**Moulinot.** Syndicat des maraîchers de la région parisienne, à Paris.

**Mulocheau.** Société d'assurance mutuelle contre la mortalité du bétail, à La Madeleine-de-Nouancourt.

**Perron.** Union des syndicats agricoles de Dun-le-Palleteau, à Crozant.

**Piat.** Groupe des mutualités agricoles du rayon de Maintenon, à Maintenon.

**Pierret.** Syndicat de défense agricole de l'Oise, à La Neuville-en-Hez.

**Pinchemail.** Caisse locale de crédit agricole mutuel d'Albert, à Albert.

**Raynaud.** Coopérative de distillation, *les Vignerons de Bizanet.*

**Ringot.** Syndicat agricole de l'Ardrésie, à Louches.

**Rivoire.** Caisse régionale de crédit agricole mutuel de Marengo.

**Rocher.** Caisse régionale de crédit agricole mutuel de l'Orne, à Alençon.

**Rouayrene.** Syndicat professionnel agricole des Pyrénées-Orientales, à Perpignan.

**Sicard.** Caisse régionale arlésienne de crédit agricole mutuel, à Arles.

**Vermesse.** Union des syndicats agricoles du Pas-de-Calais, à Arras.

## Diplômes de Mention.

**Demarcé.** Laiterie coopérative agricole de Fresnay-l'Evêque.

**Eldin.** Société d'assurance mutuelle agricole contre l'incendie, à Vallon.

**Mortier.** Associations agricoles de Saint-Rémy, à Montmorillon.

**Polle.** Caisse locale de crédit agricole mutuel de Catenoy, à Catenoy.

**Trincot.** Laiterie coopérative de Ducey.

CLASSE 106.

Réunie à la classe 101.

CLASSE 107. — *Habitations ouvrières.*

COLLABORATEURS

### Diplômes d'honneur.

Grandjean (commandant). Œuvre bordelaise des jardins ouvriers, à Bordeaux.
Leven (Ch.). *Le Coin du feu*, à Saint-Denis.
Rendu (Ambroise). Comité de patronage des habitations à bon marché et de la prévoyance sociale du département des Bouches-du-Rhône.
Souillart (Ch.). Société anonyme des habitations ouvrières de Passy-Auteuil, à Paris.
Touzin (Albert). Société bordelaise des habitations à bon marché, à Bordeaux.

### Diplômes de Médaille d'or.

Baulez. Comité de patronage des habitations à bon marché et de la prévoyance sociale du département des Bouches-du-Rhône, à Marseille.
Cahen (Georges). Logements hygiéniques à bon marché de Vincennes (fondation Ch. Stern), à Paris.
Delille (Ernest). Société des mines de Douvres, à Hénin-Liétard.
Depinay (J.). Union des sociétés de crédit immobilier de France et d'Algérie, à Paris.
Despas (Florentin). Usines de Pied-Selle, à Fumay.
Ernest (Gaston). Société anonyme d'habitations à bon marché du XVIe arrondissement, à Paris.
Fournier (Charles-Félix). Société anonyme des logements économiques pour familles nombreuses, à Paris.
Hess (Lucien). Logements hygiéniques à bon marché de Vincennes (fondation Ch. Stern), à Paris.
Jacquemard (Jules-Simon). *Foyer villeneuvois*, à Villeneuve-Saint-Georges.
Juteau (Ernest). Blanchisserie et teinturerie de Thaon-les-Vosges.
Legrand (Jules). Société anonyme des hauts fourneaux et fonderies de Pont-à-Mousson, à Pont-à-Mousson.

Oberlé (Mme). Société des mines de Lens, à Lens.
Rey (Mlle Jeanne). Société bordelaise des habitations à bon marché, à Bordeaux.
Rivette (Jules). *Le Coin du feu*, à Saint-Denis.
Rode (Paul-Alexandre). Société des habitations à bon marché de Mons-en-Barœul.
Savouré. Société anonyme d'habitations à bon marché du XVIe arrondissement, à Paris.
Schmit. Société des mines de Lens, à Lens.
Tarrin (Aug.). *L'Habitation moderne*, à Paris.
Thieullen (H.). Société havraise des jardins ouvriers, Le Havre.
Worms. Société d'encouragement aux habitations à bon marché de Seine-et-Oise, à Paris.

### Diplômes de Médaille d'argent.

Auger. Comité de patronage des habitations à bon marché et de la prévoyance sociale de la Gironde, à Bordeaux.
Beaudoin. Société anonyme des logements économiques pour familles nombreuses, à Paris.
Bontin (Léonce). *L'Habitation moderne*, à Paris.
Bruman (Lucien). Caisse d'épargne de Coulommiers.
Cayrel. Société anonyme de crédit immobilier de la Gironde, à Bordeaux.
Choquet. Société des mines de Lens, à Lens.
Dany (Léon). Blanchisserie et teinturerie de Thaon-les-Vosges.
Dapsence (Omer). *Le Coin du feu*, à Saint-Denis.
Delahaye (O.). Blanchisserie et teinturerie de Thaon-les-Vosges.
Denant. Union fraternelle des usines L. Villeminot, Rondeau et Cie, de Corbie, à Paris.
Disquey-d'Arraing. Œuvre bordelaise des jardins ouvriers, à Bordeaux.
Dupseux (docteur). Comité de patronage des habitations à bon marché et de la prévoyance sociale de la Gironde, à Bordeaux.
Gaulier (Ch.). *Foyer villeneuvois*, à Villeneuve-Saint-Georges.
Grojean (Eug.). Blanchisserie et teinturerie de Thaon-les-Vosges.
Houillon (docteur). Blanchisserie et teinturerie de Thaon-les-Vosges.
Joly (Claudius). Compagnie des mines d'Aniche, à Aniche.
Krener (docteur). Blanchisserie et teinturerie de Thaon-les-Vosges.

**Laborde.** Société des mines de Dourges, à Hénin-Liétard.

**Larrue.** Société anonyme de crédit immobilier de la Gironde, à Bordeaux.

**Marlin** (Gaston). *Le Coin du feu*, à Saint-Denis.

**Maupassant** (Alexandre de). Société anonyme d'habitations à bon marché *le Progrès*, à Paris.

**Oudart** (Ch.). Société anonyme des établissements Deneux frères, à Paris.

**Pérès** (Jules). Compagnie des mines d'Aniche, à Aniche.

**Petit.** Union des sociétés de crédit immobilier de France et d'Algérie, à Paris.

**Petit** (Auguste). Société anonyme de crédit immobilier de l'Ile-de-France.

**Renaux** (Léon). Comité de patronage des habitations à bon marché et de la prévoyance sociale de la Gironde, à Bordeaux.

**Rose** (Gustave). Société des mines de Dourges, à Hénin-Liétard.

**Roy** (Henri). Société d'encouragement aux habitations à bon marché de Seine-et-Oise, à Paris.

**Turin** (Albert). *L'Habitation moderne*, à Paris.

**Turin** (Maurice). *L'Habitation moderne*, à Paris.

### Diplômes de Médaille de bronze.

**Aubry** (Camille). Blanchisserie et teinturerie de Thaon-les-Vosges.

**Avenet.** *L'Habitation moderne*, à Paris.

**Casillon** (Edmond). Société anonyme des établissements Deneux frères, à Paris.

**Cautkelou (de).** Union des sociétés de crédit immobilier de France et d'Algérie, à Paris.

**Cayez.** Union fraternelle des usines L. Villeminot, Rondeau et Cie, de Corbie, à Paris.

**Delavigne.** Union des sociétés de crédit immobilier de France et d'Algérie, à Paris.

**Dercq** (André). Comité de patronage des habitations à bon marché et de la prévoyance sociale de la Gironde, à Bordeaux.

**Febvre** (Aug.). Blanchisserie et teinturerie de Thaon-les-Vosges.

**Galloy** (Eug.). Usines de Pied-Selle, à Fumay.

**Gérards.** *L'Habitation moderne*, à Paris.

**Giblat.** Société anonyme de crédit immobilier de la Gironde, à Bordeaux.

**Golle.** Union fraternelle des usines Villeminot, Rondeau et Cie, de Corbie, à Paris.

**Gross** (Paul). Blanchisserie et teinturerie de Thaon-les-Vosges.

**Lassauge** (Mlle L.). Blanchisserie et teinturerie de Thaon-les-Vosges.

**Lesueur.** *L'Abri familial*, à Paris.

**Mausier** (Victor). *Le Foyer villeneuvois*, à Villeneuve-Saint-Georges.

**Pasquet** (Henri). Société des mines de Dourges, à Hénin-Liétard.

**Piolé.** *L'Habitation moderne*, à Paris.

**Quintard.** *L'Abri familial*, à Paris.

**Sara** (Arsène). Maison Saint frères, à Paris.

### Diplômes de Mention.

**Boval** (B.-Joseph). Maison Saint frères, à Paris.

**Chemin.** *L'Abri familial*, à Paris.

**Christmann** (Jules). Blanchisserie et teinturerie de Thaon-les-Vosges.

**Feyel** (Michel). Maison Saint frères, à Paris.

**Greslat.** *L'Habitation moderne*, à Paris.

**Guerner.** *L'Abri familial*, à Paris.

**Lambert.** *L'Habitation moderne*, à Paris.

**Lebrun** (Anatole-Arthur). Maison Saint frères, à Paris.

**Pérotin.** *L'Habitation moderne*, à Paris.

**Votiez** (Achille). Maison Saint frères, à Paris.

CLASSE 108. — *Institutions de prévoyance.*

#### COLLABORATEURS

### Diplômes d'honneur.

**Achard.** Institut des actuaires français, à Paris.

**Atelier général du timbre** (direction générale de l'enregistrement, des domaines et du timbre). Ministère des Finances, à Paris.

**Beaumel.** Maison Fillot, Caslot, Deu et Cie *(Au Bon Marché)* (Maison A. Boucicaut), à Paris.

**Capeyron.** Caisse d'épargne de Bordeaux, à Bordeaux.

**Caurier.** Collectivité des Compagnies des chemins de fer français, à Paris.

**Chasseriau** (René). Ministère du Travail et la Prévoyance sociale (direction de l'assurance et de la prévoyance sociale), à Paris.

**Courtin.** Collectivité des Compagnies des chemins de fer français, à Paris.

**Derivaud.** Caisse d'épargne de Bordeaux, à Bordeaux.

**Desclers.** Blanchisserie et teinturerie de Thaon-les-Vosges, à Thaon-les-Vosges.

**Dreux** (Mᵐᵉ). Société anonyme des aciéries de Longwy, à Mont-Saint-Martin.

**Géant.** Compagnies et Sociétés françaises d'assurances
contre l'incendie et Comité des intérêts généraux de l'assurance-incendie, à Paris.

**Grémiaux** (Charles). Société des raffineries et sucreries Say, à Paris.

**Guillot.** Chemins de fer de l'État, à Paris.

**Krabbe.** Collectivité des Compagnies des chemins
de fer français, à Paris.

**Legrand.** Société anonyme des hauts fourneaux et
fonderies de Pont-à-Mousson.

**Parmentier.** Compagnie d'assurances sur la vie *le
Phénix*, à Paris.

**Pottier** (A.). Compagnie d'assurances contre l'incendie et le vol, à Paris.

**Quiquet.** Institut des actuaires français, à Paris.

**Rœderer.** Collectivité des Compagnies des chemins de
fer français, à Paris.

**Sabran.** Caisse d'épargne et de prévoyance du Rhône,
à Lyon.

**Thillaye.** Caisse d'épargne et de prévoyance de Paris,
à Paris.

**Waru (de).** Collectivité des Compagnies des chemins
de fer français, à Paris.

### Diplômes de Médaille d'or.

**Bellemain.** Caisse d'épargne et de prévoyance du
Rhône, à Lyon.

**Besnard.** Caisse d'épargne et de prévoyance de
Nantes.

**Blanchard.** Blanchisserie et teinturerie de Thaon-les-
Vosges, à Thaon-les-Vosges.

**Bouland.** Caisse d'épargne et de prévoyance du
Rhône, à Lyon.

**Bouthillier.** Union mutualiste départementale de la
Charente-Inférieure, à Saintes.

**Cabrol.** Compagnie d'assurances contre l'incendie
*la Nationale*, à Paris.

**Caduff.** Compagnie d'assurances contre les accidents
*la Préservatrice*, à Paris.

**Chaumereuil.** Compagnie d'assurances sur la vie *la
Nationale*, à Paris.

**Cohen.** Ministère du Travail et de la Prévoyance
sociale (direction de l'assurance et de la prévoyance sociale), à Paris.

**Coqueval.** Collectivité des Compagnies des chemins
de fer français, à Paris.

**Cossé.** Maison Chappée et fils, Le Mans.

**Dagonet.** Maison Charles Tulen, à Paris.

**Delahaye** (E.). Blanchisserie et teinturerie de Thaon-
les-Vosges, à Thaon-les-Vosges.

**Delaitre.** Banque de France, à Paris.

**Delhomel.** Fonds Léon Say, à Paris.

**Deligny** (J.). Société anonyme des aciéries de Longwy, à Mont-Saint-Martin.

**Derivaud.** Caisse d'épargne de Bordeaux, à Bordeaux.

**Sypiorski** (docteur de). Société anonyme des aciéries
de Longwy, à Mont-Saint-Martin.

**Drouault.** Compagnies et Sociétés françaises d'assurances contre l'incendie et Comité des intérêts
généraux de l'assurance-incendie, à Paris.

**Dumas.** Caisse d'épargne et de prévoyance de Paris,
à Paris.

**Firmin** (Roche). Compagnie des docks et entrepôts de
Marseille, à Paris.

**Fleury** (E.). Institut des actuaires français, à Paris.

**Fontaine** (L.). Institut des actuaires français, à
Paris.

**Gateau.** Collectivité des Compagnies de chemins de
fer français, à Paris.

**Gauthier.** Caisse d'épargne et de prévoyance de Paris,
à Paris.

**Godar** (Ed.). Exposition collective des Compagnies
françaises d'assurances sur la vie, à Paris.

**Gratien.** Compagnie des chemins de fer de l'Ouest
algérien, à Paris.

**Hallez.** Caisse d'épargne et de prévoyance de Paris,
à Paris.

**Houdaille.** Caisse syndicale de retraite des forges, de
la construction mécanique et des industries
électriques, à Paris.

**Jac.** Collectivité des Compagnies des chemins de fer
français, à Paris.

**Lauta.** Caisse d'épargne et de prévoyance de Paris,
à Paris.

**Lecomte-Scépel.** Caisse d'épargne et de prévoyance
de Roubaix, à Roubaix.

**Legard.** Banque de France, à Paris.

**Leport.** Compagnie d'assurances contre l'incendie et
le vol *l'Union*, à Paris.

**Le Poullen.** Compagnies et Sociétés françaises d'assurances contre l'incendie et Comité des intérêts
généraux de l'assurance-incendie, à Paris.

**Lestelle.** Société des raffineries et sucreries Say, à
Paris.

**Lucazeen.** Union mutualiste départementale de la
Charente-Inférieure, à Saintes.

**Malloire.** Caisse d'épargne et de prévoyance de Paris,
à Paris.

**Meynier.** Collectivité des Compagnies des chemins de fer français, à Paris.

**Millet.** Collectivité des Compagnies des chemins de fer français, à Paris.

**Motte.** Exposition collective des Sociétés mutuelles et anonymes françaises d'assurances contre la grêle, à Paris.

**Nocton.** Caisse d'épargne et de prévoyance de Reims, à Reims.

**Paillard.** Compagnie d'assurances générales contre l'incendie, les accidents et le vol, à Paris.

**Paquon.** Société du *Louvre*, à Paris.

**Regnault de Beaucaron.** Compagnies et sociétés françaises d'assurances contre l'incendie et Comité des intérêts généraux de l'assurance-incendie, à Paris.

**Rieunier.** Compagnie d'assurances contre les accidents *la Préservatrice*, à Paris.

**Rochut.** Banque de France, à Paris.

**Sauzet.** Caisse d'épargne et de prévoyance du Rhône, à Lyon.

**Scherpéréel.** Caisse d'épargne et de prévoyance de Roubaix, à Roubaix.

**Tournès.** Chemins de fer de l'État, à Paris.

**Weber.** Ministère du Travail et de la Prévoyance sociale (direction de l'assurance et de la prévoyance sociale), à Paris.

**Wellhoff** (Bernard). Association française du cautionnement mutuel, à Paris.

### Diplômes de Médaille d'argent.

**Adam.** Ministère du Travail et de la Prévoyance sociale (direction de l'assurance et de la prévoyance sociale), à Paris.

**Alleur.** Société anonyme des aciéries de Longwy, à Mont-Saint-Martin.

**Bernard.** Maison Chappée et fils, Le Mans.

**Bertin.** Collectivité des Compagnies des chemins de fer français, à Paris.

**Bize.** Société du *Louvre*, à Paris.

**Bories.** Compagnie des chemins de fer de l'Ouest algérien, à Paris.

**Boudier.** Chemins de fer de l'État, à Paris.

**Bruneau** (M^me). Caisse d'épargne et de prévoyance de l'arrondissement de Coulommiers.

**Bruneau.** Caisse d'épargne et de prévoyance de l'arrondissement de Coulommiers.

**Brunet.** Société anonyme des aciéries de Longwy, à Mont-Saint-Martin.

**Capeyron.** Caisse d'épargne de Bordeaux, à Bordeaux.

**Chabredier.** Ministère du Travail et de la Prévoyance sociale (direction de l'assurance et de la prévoyance sociale), à Paris.

**Christmann.** Blanchisserie et teinturerie de Thaon-les-Vosges, à Thaon-les-Vosges.

**Cloud.** Exposition collective des Sociétés à forme tontinière, à Paris.

**Cohen** (J.). Institut des actuaires français, à Paris.

**Combin.** Caisse syndicale de retraite des forges, de la construction mécanique et des industries électriques, à Paris.

**Cressou.** Compagnie d'assurances contre l'incendie *la Nationale*, à Paris.

**Deligny** (G.). Société anonyme des aciéries de Longwy, à Mont-Saint-Martin.

**Deschamps.** Maison Saint frères, à Paris.

**Desestre.** Exposition collective des Sociétés de capitalisation, à Paris.

**Dupetit.** Banque de France, à Paris.

**Dyard.** Banque de France, à Paris.

**Esplette.** Société de secours mutuels et retraites *le Sou par jour*, à Lyon.

**Estignard.** Union mutualiste départementale de la Charente-Inférieure, à Saintes.

**Fort.** Maison Chappée et fils, Le Mans.

**Ghyssels.** Mutualité maternelle montreuilloise, à Montreuil-sous-Bois (Seine).

**Giraud.** Union mutualiste départementale de la Charente-Inférieure, à Saintes.

**Goury.** Institut des actuaires français, à Paris.

**Grassay.** Mutualité maternelle montreuilloise, à Montreuil-sous-Bois (Seine).

**Guérard.** Fonds Léon Say, à Paris.

**Haloucherie.** Soc. des raffineries et sucreries Say, Paris.

**Henriot.** Maison Saint frères, à Paris.

**Herman.** Compagnie d'assurances contre l'incendie et le vol *l'Union*, à Paris.

**Jougon.** Collectivité des Compagnies des chemins de fer français, à Paris.

**Krug.** Caisse d'épargne de Besançon, à Besançon.

**Lahur.** Société anonyme des aciéries de Longwy, à Mont-Saint-Martin.

**Legrand.** Compagnie d'assurances générales contre l'incendie, les accidents et le vol, à Paris.

**Lepetit.** Caisse départementale de retraites ouvrières et paysannes, à Rennes.

**Martin.** Exposition collective des Sociétés de capitalisation, à Paris.

**Meugnier.** Caisse d'épargne d'Orléans, à Orléans.

**Mignard.** Caisse d'épargne et de prévoyance du Rhône, à Lyon.

Mordret. Exposition collective des Sociétés à forme tontinière, à Paris.

Moulet. Collectivité des Compagnies des chemins de fer français, à Paris.

Munier (Mme). Société anonyme des aciéries de Longwy, à Mont-Saint-Martin.

Nyer. Caisse d'épargne et de prévoyance de Paris, Paris.

Paccard. Blanchisserie et teinturerie de Thaon-les-Vosges, à Thaon-les-Vosges.

Pia. Blanchisserie et teinturerie de Thaon-les-Vosges, à Thaon-les-Vosges.

Pladys. Caisse d'épargne de Lens, à Lens.

Rathery. Collectivité des Compagnies des chemins de fer français, à Paris.

Rollin. Société du *Louvre*, à Paris.

Salez (Mme). Banque de France, à Paris.

Schorraille. Compagnie d'assurances générales contre l'incendie, les accidents et le vol, à Paris

Sismouth (Mlle). Société anonyme, Filature d'Oissel, à Oissel.

Souris. Maison Chappée et fils, Le Mans.

Tardieu. Compagnie d'assurances contre les accidents *la Prévoyance*, à Paris.

Thureau. Collectivité des Compagnies des chemins de fer français, à Paris.

Triboulet. Compagnie d'assurances générales contre l'incendie, les accidents et le vol, à Paris.

Tschæn. Blanchisserie et teinturerie de Thaon-les-Vosges, à Thaon-les-Vosges.

Varheit (J.-P.). Association française du cautionnement mutuel, à Paris.

Verrier. Collectivité des Compagnies des chemins de fer français, à Paris.

### Diplômes de Médaille de bronze.

Baron (Mme M.). Maison Émile Passot, à Paris.

Bernier. Collectivité des Compagnies des chemins de fer français, à Paris.

Bonelle. Mutualité maternelle montreuilloise, à Montreuil-sous-Bois (Seine).

Bouton. Société de secours mutuels et retraites *le Sou par jour*, à Lyon.

Burel. Société anonyme, Filature d'Oissel, à Oissel.

Carette. Maison Saint frères, à Paris.

Chevet. Compagnie d'assurances contre l'incendie et sur la vie *le Monde*, à Paris.

Cottin. Compagnie d'assurances contre les accidents *la Prévoyance*, à Paris.

Duplessis. Exposition collective des Sociétés de capitalisation, à Paris.

Dussaud. Compagnie d'assurances contre les accidents *la Prévoyance*, à Paris.

Droulaus. Compagnie d'assurances contre l'incendie et sur la vie *le Monde*, à Paris.

Drouot. Banque de France, à Paris.

Dupont. Société de secours mutuels et retraites *le Sou par jour*, à Lyon.

Hendrichs (Albert). Compagnie d'assurances contre l'incendie et le vol *l'Union*, à Paris.

Lacroix. Exposition collective des Sociétés à forme tontinière, à Paris.

Lalou. Maison Saint frères, à Paris.

Lapessé. Exposition collective des Sociétés à forme tontinière, à Paris.

Lefebvre. Chemins de fer de l'État, à Paris.

Leroy (M.). Association française du cautionnement mutuel, à Paris.

Lestandi. Caisse départementale de retraites ouvrières et paysannes, à Bordeaux.

Masson. Fonds Léon Say, à Paris.

Michel. Caisse d'épargne et de prévoyance de l'arrondissement de Coulommiers.

Misseray. Compagnie d'assurances contre les accidents *la Prévoyance*, à Paris.

Morel. Blanchisserie et teinturerie de Thaon-les-Vosges, à Thaon-les-Vosges.

Pic. Caisse départementale des retraites ouvrières et paysannes, à Rennes.

Roussel. Compagnie d'assurances générales contre l'incendie, les accidents et le vol, à Paris.

Schromm (G.). Blanchisserie et teinturerie de Thaon-les-Vosges, à Thaon-les-Vosges.

Thierrard. Banque de France, à Paris.

Thornes (A.). Blanchisserie et teinturerie de Thaon-les-Vosges, à Thaon-les-Vosges.

Vignier. Maison Émile Passot, à Paris.

Vuillecard. Exposition collective des Sociétés de capitalisation, à Paris.

Winkler. Blanchisserie et teinturerie de Thaon-les-Vosges, à Thaon-les-Vosges.

### Diplômes de Mention.

Augis. Exposition collective des Sociétés à forme tontinière, à Paris.

Boura. Maison Saint frères, à Paris.

Chapon. Banque de France, à Paris.

Fiolin. Société de secours mutuels et retraites *le Sou par jour*, à Lyon.

Manglais. Maison Saint frères, à Paris.

**Classes 109 et 110 réunies.** — *Institutions pour le développement intellectuel et moral des ouvriers.* — *Initiative publique ou privée en vue du bien-être des citoyens.*

### COLLABORATEURS

#### Diplômes d'honneur.

**Bertillon.** Préfecture de police. Service de l'identité judiciaire, à Paris.

**Bonnin** (Louis). Œuvre des colonies de vacances, à Bordeaux.

**Bourgeois-Garadin** (Maurice). Musée social, à Paris.

**Boyon** (Pierre). Association philotechnique de Bois-Colombes.

**Caen** (Armand). Association amicale des anciens élèves de l'école Turgot, à Paris.

**Collin** (Émile). Patronage laïque de garçons du II<sup>e</sup> arrondissement, à Paris.

**Desroys du Roure.** Préfecture de la Seine. Direction des finances.

**Dias** (Charles). Société académique de comptabilité, à Paris.

**Ditisheim** (Bernard). Association féminine de la confection, à Paris.

**Ditisheim** (Bernard). Société d'enseignement moderne, à Paris.

**Dorizon** (Louis). Caisse de prévoyance des employés et agents de la Société générale, à Paris.

**Dupuy** (Charles). Société centrale des architectes, à Paris.

**Foussard** (Jules). Association amicale des anciens élèves de l'école Turgot, à Paris.

**Gillet** (Lucien). Préfecture de police, à Paris.

**Guébin.** Société d'enseignement moderne, à Paris.

**Hamard.** Préfecture de police. Service de l'identité judiciaire, à Paris.

**Homberg** (André). Caisse de prévoyance des employés et agents de la Société générale, à Paris.

**Hubor** (Michel). Ministère du Travail et de la Prévoyance sociale, à Paris.

**Joltrain.** Préfecture de police, à Paris.

**Lapierre** (René). Société nationale d'encouragement au bien, à Paris.

**Liégeard** (Stéphen). Société nationale d'encouragement au bien, à Paris.

**Minvielle** (Louis). Club athlétique de la Société générale, à Paris.

**Ouvrel.** Société d'enseignement moderne, à Paris.

**Paoli** (Jacques). Préfecture de police, à Paris.

**Pénard** (Dominique). Préfecture de la Seine. Direction du personnel, à Paris.

**Reibel** (Antoine). Association philotechnique de Bois-Colombes.

**Rotival** (Émile-Henri). Union des associations philotechniques, à Paris.

**Salard** (Antoine). Association philotechnique de Bois-Colombes.

**Touny.** Préfecture de police, à Paris.

#### Diplômes de Médaille d'or.

**Allais.** Association des employés et agents de la Société générale, à Paris.

**Baulé** (G.). Caisse de prévoyance des employés et agents de la Société générale, à Paris.

**Bedêne** (Arthur). Union française de la jeunesse, à Lille.

**Belle** (Charles). Société française de l'art à l'école, à Paris.

**Berhand.** Comité consultatif des associations d'enseignement populaire, à Paris.

**Besnard** (Edmond). Mission laïque française, à Paris.

**Bignon.** Société d'enseignement moderne, à Paris.

**Bigot.** Orphéon de Fourqueux.

**Bleuze.** Caisse de prévoyance des employés et agents de la Société générale, à Paris.

**Blot.** Société d'enseignement moderne, à Paris.

**Bonan** (Jules). Société académique de comptabilité, à Paris.

**Bourgeois** (Émile). Club athlétique de la Société générale, à Paris.

**Boutillier** (Armand). Association sténographique unitaire, à Paris.

**Brancher** (F.-C.). Association amicale des anciens élèves de l'Institut national agronomique, à Paris.

**Carpentier** (Louis). Union française de la jeunesse, à Lille.

**Carrichon.** Société nationale d'encouragement au bien, à Paris.

**Chapot.** Association amicale des anciens élèves de l'École nationale supérieure des mines, à Paris.

**Cohen.** Société académique de comptabilité, à Paris.

**Coursier** (docteur). Association féminine de la confection, à Paris.

**Delaporte** (René). Société académique de comptabilité, à Paris.

Desplanque. Société nationale d'encouragement au bien, à Paris.

Despriaux de Saint-Sauveur (Félix). Association des anciens élèves du lycée Louis-le-Grand, à Paris.

Duberne-Boislandry. Société de statistique de Paris.

Duprey. Préfecture de police, à Paris.

Euvrard. Société nationale d'encouragement au bien, à Paris.

Ferrand. Préfecture de police, à Paris.

Frémy. Société d'enseignement moderne, à Paris.

Freylon. OEuvre des colonies de vacances, à Bordeaux.

Garat. Préfecture de police, à Paris.

Guillon (Charles). Union chrétienne de jeunes gens, à Paris.

Guyot. Société nationale d'encouragement au bien, à Paris.

Guyot (Charles). OEuvre de bienfaisance de la céramique, à Paris.

Hugon. OEuvre des colonies de vacances, à Bordeaux.

Jourdain (Louis). Société d'enseignement moderne, à Paris.

Labayle. Association amicale des anciens élèves de l'Institut national agronomique, à Paris.

Landriot. Union des associations philotechniques, à Paris.

Lautz (Mme). OEuvre des colonies de vacances, à Bordeaux.

Lavallée (Julien). Association des anciens élèves du lycée Louis-le-Grand, à Paris.

Leclerc (Gustave). Société nationale d'encouragement au bien, à Paris.

Lenoir (Julien). Société de secours aux familles des marins naufragés, à Paris.

Letourneur. Comité consultatif des associations d'enseignement populaire, à Paris.

Letrillard. Caisse de prévoyance des employés et agents de la Société générale, à Paris.

Lombart (L.). Club athlétique de la Société générale, à Paris.

Moraccioli. Société nationale d'encouragement au bien, à Paris.

Mascart. Société académique de comptabilité. Section de Valenciennes.

Mauger. Association philotechnique de Neuilly.

Meaux Saint-Marc (colonel). Société nationale d'encouragement au bien, à Paris.

Merlin. Préfecture de la Seine, Direction des finances.

Mourre (Léon). Association des instituteurs, à Paris.

Neymarck (Pierre). Société de statistique de Paris.

Perrin (Mlle Marie-Louise). Association féminine de la confection, à Paris.

Petit (Paul). Caisse de prévoyance des employés et agents de la Société générale, à Paris.

Pétron. Association des employés et agents de la Société générale, à Paris.

Picquet (Maurice). Société républicaine des conférences populaires, à Paris.

Pissarjewky (Mlle de). Société de statistique de Paris.

Quintard (Edmond). Société académique de comptabilité, à Paris.

Robert (A.). Club athlétique de la Société générale, à Paris.

Rotival. Comité consultatif des associations d'enseignement populaire, à Paris.

Roton (de). Club athlétique de la Société générale, à Paris.

Roulleau. Société de statistique de Paris.

Roux (Jules). Association amicale des anciens élèves de l'école Turgot, à Paris.

Sabart. Union des associations philotechniques, à Paris.

Sabart (Léon-Henri). Association philotechnique de Saint-Ouen.

Salefranque. Société de statistique de Paris.

Sébire (Louis). Caisse de prévoyance des employés et agents de la Société générale, à Paris.

Simon (Léon). Société académique de comptabilité, à Paris.

Simons (J.). Association amicale des anciens élèves de l'Institut national agronomique, à Paris.

Speich (André). Club athlétique de la Société générale, à Paris.

Tourey-Piallat. Club athlétique de la Société générale, à Paris.

Travaillot. OEuvre Henri Coullet, à Paris.

Utruy (d'). Association des employés et agents de la Société générale, à Paris.

Villèle (de). Caisse de prévoyance des employés et agents de la Société générale, à Paris.

## Diplômes de Médaille d'argent.

Alleaume. Préfecture de police, à Paris.

Alverhne. Association des employés et agents de la Société générale, à Paris.

Baudry (Mlle). Écoles des hautes études sociales, à Paris.

Boucher (docteur Henri). Société protectrice des animaux (groupe lorrain), à Nancy.

Boulanger. Société républicaine des conférences populaires, à Paris.

**Bourget** (M^lle Marguerite). *La Ruchette*, à Viroflay.

**Bourget** (M^lle Renée). *La Ruchette*, à Viroflay.

**Brisson.** Caisse des écoles de Nogent-sur-Marne.

**Bunle** (Henri). Ministère du Travail et de la Prévoyance sociale, à Paris.

**Cahen** (Fernand). Société d'échange international des enfants et jeunes gens pour l'étude des langues vivantes, à Paris.

**Canonne** (M^lle Marthe). Union française de la jeunesse, à Lille.

**Carrier.** Association des employés et agents de la Société générale, à Paris.

**Cazenave.** Société philomatique de Bordeaux.

**Champavier.** Préfecture de police, à Paris.

**Chapot.** Association amicale des anciens élèves de l'école nationale supérieure des mines, à Paris.

**Castellar** (Maurice). *Les Cornéliens*, à Paris.

**Courcy** (P. de). Œuvre de bienfaisance de la céramique et de la verrerie, à Paris.

**Crévoil** (Eugène). Patronage laïque de garçons du II^e arrondissement, à Paris.

**Dauphin** (Léon-Maurice). Société académique de comptabilité, section de Valenciennes.

**David.** Préfecture de police. Service de l'identité judiciaire, à Paris.

**Delahaye.** Préfecture de police, à Paris.

**Delvaux** (François-Joseph). Société académique de comptabilité, section de Valenciennes.

**Deshayes** (Louis). Fédération des colonies de vacances du nord et de l'est de la France, à Denain.

**Dugé de Bernonville.** Ministère du Travail et de la Prévoyance sociale, à Paris.

**Fauquet** (Émile). *Le Magasin pittoresque*, à Paris.

**Fauquet** (Louis). *Le Magasin pittoresque*, à Paris.

**Féron.** Préfecture de police, à Paris.

**Foucart** (Georges). Société d'encouragement pour le commerce français d'exportation, à Paris.

**Frey** (M^me Joséphine). Association féminine de la confection, à Paris.

**Gournot** (M^lle). *La Ruchette*, à Viroflay.

**Gradel.** Fédération des colonies de vacances du nord et de l'est de la France, à Denain.

**Gradwoll** (Alphonse). Société d'enseignement moderne, à Paris.

**Grazide.** Œuvre des colonies de vacances, à Bordeaux.

**Grécourt.** Préfecture de police, à Paris.

**Griffon** (Adelson). Association sténographique unitaire, à Paris.

**Guillaume** (Henri). Association philotechnique de Saint-Ouen.

**Jardot.** Préfecture de police, à Paris.

**Lacaze.** Société philomatique de Bordeaux.

**Lachèvre** (capitaine). Société républicaine des conférences populaires, à Paris.

**Lahousse** (Paul). Union française de la jeunesse, à Lille.

**Lamort** (M^me). Association des instituteurs, à Paris.

**Lavergne.** Comité consultatif des associations d'enseignement populaire, à Paris.

**Lechevalier** (Louis). Prêt gratuit de couvertures de l'enfance et habillements du VI^e arrondissement de Paris.

**Lechevalier** (Paul). Prêt gratuit de couvertures de l'enfance et habillements du VI^e arrondissement de Paris.

**Lefèvre** (Charles-François). Société académique de comptabilité, section de Valenciennes.

**Legendre.** Œuvre de colonies de vacances, à Bordeaux.

**Legrand.** Préfecture de police, à Paris.

**Lempereur** (M^lle Marie). Union française de la jeunesse, à Lille.

**Lenoir** (Marcel). Ministère du Travail et de la Prévoyance sociale, à Paris.

**Leprince-Ringuet.** Union des associations des anciens élèves des lycées et collèges de France et d'Algérie.

**Lévy** (Lucien). Société d'échange international des enfants et jeunes gens pour l'étude des langues vivantes, à Paris.

**Loubières** (Félix). Société d'encouragement pour le commerce français d'exportation, à Paris.

**Lucas.** Comité consultatif des associations d'enseignement populaire, à Paris.

**Manicet.** Préfecture de police, à Paris.

**Masson.** Préfecture de la Seine. Direction du personnel, à Paris.

**Menchot.** Association amicale des anciens élèves de l'école Turgot, à Paris.

**Monod** (André). Société française de tempérance la *Croix bleue*.

**Moulinet.** Préfecture de police, à Paris.

**Mourier.** Préfecture de la Seine. Direction des finances.

**Ouvrel.** Comité consultatif des associations d'enseignement populaire, à Paris.

**Paulus** (M^me C.). Association féminine de la confection, à Paris.

**Philippe.** Association des employés et agents de la Société générale, à Paris.

**Philip** (Georges). Dispensaire antituberculeux des I<sup>er</sup> et II<sup>e</sup> arrondissements de Paris.

**Picard** (Antoine). Société d'enseignement moderne, à Paris.

**Ramarouy.** Société philomatique de Bordeaux.

**Rault.** Préfecture de police, à Paris.

**Rayé** (Alfred). Association philotechnique de Neuilly.

**Rey.** Préfecture de police, à Paris.

**Richart** (Alfred). Fédération des Sociétés musicales du Nord et du Pas-de-Calais, à Lens.

**Rime** (Edmond). Société française de l'art à l'école, à Paris.

**Rosenthal** (Docteur Georges). Dispensaire antituberculeux des I<sup>er</sup> et II<sup>e</sup> arrondissements de Paris.

**Royer** (André). Association philotechnique de Bois-Colombes.

**Salard.** Association philotechnique de Bois-Colombes.

**Salaün.** *Revue pratique des retraites ouvrières*, à Paris.

**Scheffer** (Théophile). Association amicale des anciens élèves de l'école Turgot, à Paris.

**Scheuffèle** (Émile). Société des anciens élèves de l'Association philotechnique, à Paris.

**Schmit** (Albert). Société d'enseignement moderne, à Paris.

**Taillefer** (André). Association française pour la protection de la propriété industrielle, à Paris.

**Tchenn.** Préfecture de la Seine. Direction des finances.

**Vanstaurts** (Julien). Union française de la jeunesse, à Lille.

**Varland** (Claude). Société française de tempérance la *Croix bleue*, à Paris.

**Ville-Chabrolle (de).** Ministère du Travail et de la Prévoyance sociale, à Paris.

**Weiller.** Club athlétique de la Société générale, à Paris.

**Winphem** (Maurice). Dispensaire antituberculeux des I<sup>er</sup> et II<sup>e</sup> arrondissements de Paris.

**Wœhrlé** (Mathieu). Patronage laïque de garçons du II<sup>e</sup> arrondissement, à Paris.

**Yver.** Société d'enseignement moderne, à Paris.

### Diplômes de Médaille de bronze.

**Allard** (Georges). Association amicale des anciens élèves de l'école de la rue du Calvaire, à Tourcoing.

**Barillet** (Maurice). Œuvre de bienfaisance de la céramique et de la verrerie, à Paris.

**Bauce** (Georges). Société de secours aux familles des marins naufragés, à Paris.

**Bédorez** (Paul). Société d'enseignement moderne, à Paris.

**Bellois.** Société d'enseignement moderne, à Paris.

**Berchon** (Charles). Société contre l'abus du tabac, à Paris.

**Berthommier** (Georges). Association amicale des anciens élèves de l'école Turgot, à Paris.

**Beteille** (Éloi). Association sténographique unitaire, à Paris.

**Boyon** (Louis). Association philotechnique de Bois-Colombes.

**Bréger** (Alcide). *La Famille française*, à Paris.

**Brincourt** (Maurice). Société centrale des architectes, à Paris.

**Brunel** (Marceille). Maison Joseph Roux, à Valence.

**Caron** (Ovide). *La Prévoyance des employés d'assurances maritimes*, à Paris.

**Carré** (Georges). Société d'enseignement moderne, à Paris.

**Chancerel** (Edmond). Université des Annales, à Paris.

**Chapt** (Eugène). Association philotechnique de Saint-Ouen.

**Chauvice** (Jules). Société française de l'art à l'école, à Paris.

**Chemin.** Préfecture de la Seine. Direction du personnel, à Paris.

**Colin** (D<sup>r</sup> Henri). Département de la Seine. Service des aliénés.

**Collier.** Préfecture de police. Service de l'identité judiciaire, à Paris.

**Cuisnet** (Émile). *La Prévoyance des employés d'assurances maritimes*, à Paris.

**Daudignon** (Bernard). Ministère du Travail et de la Prévoyance sociale, à Paris.

**Delaval** (M<sup>lle</sup> Denise). Société des anciens élèves de l'Association philotechnique, à Paris.

**Destors** (Léon). Société centrale des architectes, à Paris.

**Duburecq** (Gaston). Association amicale des anciens élèves de l'institut Turgot, à Roubaix.

**Dufour** (Camille). Association philotechnique de Saint-Ouen.

**Espagnac** (Thomas). Association amicale des anciens élèves de l'enseignement laïque et public et sa section *la Vigilante*, à Béziers.

**Espreux** (Auguste). Association amicale des anciens élèves de la rue du Calvaire, à Tourcoing.

**Falek** (Étienne). *Revue des Sociétés*, à Paris.

**Fanyau** (Paul). Fédération des Sociétés musicales du Nord et du Pas-de-Calais, à Lens.

**Ferrand.** Caisse des écoles de Nogent-sur-Marne.

**Gasser** (Henri). Union nationale du commerce extérieur, à Paris.

**Genaux.** Préfecture de police, à Paris.

**George** (Léopold). Société centrale des architectes, à Paris.

**Girard.** Préfecture de police, à Paris.

**Gobert** (Henri). Société amicale des élèves et anciens élèves de l'Association polytechnique, à Paris.

**Godde** (Georges). *Revue des Sociétés*, à Paris.

**Goineau** (Alexandre). *Revue des retraites ouvrières*, à Paris.

**Granjean** (Maurice). Fédération des associations d'anciens élèves des Sociétés d'enseignement populaire, à Paris.

**Guinard.** Patronage laïque de garçons du IIe arrondissement, à Paris.

**Gustave-Mayer** (Pol). *Les adolescents de France*, à Paris.

**Gyrard** (Louis). Fédération des associations d'anciens élèves des Sociétés d'enseignement populaire, à Paris.

**Hæud.** Maison Gabriel Édouard, à Aubenas.

**Haguenin** (Mme R.) Œuvre post-scolaire de Guise.

**Haguenin** (R.). Œuvre post-scolaire de Guise.

**Hahn** (Armand). Association philotechnique de Neuilly.

**Henri-Collin** (docteur). Département de la Seine. Service des aliénés, à Paris.

**Heurix.** Patronage laïque de garçons du IIe arrondissement, à Paris.

**Huguenin** (Charles). Union chrétienne de jeunes gens, à Paris.

**Jarrat.** Préfecture de police, à Paris.

**Kotz** (Henri). Société contre l'abus du tabac, à Paris.

**Lacul** (Georges). Association amicale des anciens élèves de l'institut Colbert, à Paris.

**Laffitte.** Société d'enseignement moderne, à Paris.

**Lavanoux.** Société d'enseignement moderne, à Paris.

**Lebrun.** Association amicale des artisans, ouvriers, employés et inventeurs de la Seine-Inférieure.

**Lecluse** (Albert). Association amicale des anciens élèves de l'école de la rue du Calvaire, à Tourcoing.

**Lemire** (Elie). Union chrétienne de jeunes filles, à Paris.

**Lespinasse.** Société d'enseignement moderne, à Paris.

**Lhomme** (Paul). Université des annales, à Paris.

**Lœillet** (Jean). Association philotechnique de Saint-Ouen.

**Loubert** (Charles). Société de secours aux familles des marins naufragés, à Paris.

**Maitte** (Albert). Association amicale des anciens élèves de l'école nationale supérieure des mines, à Paris.

**Marie** (Charles). Dispensaire antituberculeux des Ier et IIe arrondissements de Paris.

**Marion** (Mme). Association des instituteurs, à Paris.

**Marret** (Charles). Caisse des écoles et de la cantine scolaire d'Aubonne.

**Maulvault** (Pierre). Association amicale des anciens élèves de l'école Turgot, à Paris.

**Mercier** (Louis). Union amicale du commerce extérieur, à Paris.

**Michaud** (Mlle). Université des annales, à Paris.

**Miédan** (Antoine). Œuvre des petits savoyards parisiens, à La Montagne.

**Miot.** Association des instituteurs, à Paris.

**Muller** (Ferdinand). Dispensaire antituberculeux des Ier et IIe arrondissements de Paris.

**Nauviant.** Œuvre post-scolaire de Guise.

**Pasteau** (E.-G.). Fédération des associations d'anciens élèves des Sociétés d'enseignement populaire, à Paris.

**Pic** (Gabriel). Société d'enseignement technique de la dixième région militaire, à Rennes.

**Piednod.** Association amicale des artisans, ouvriers, employés et inventeurs de la Seine-Inférieure.

**Piraux.** Association des instituteurs, à Paris.

**Prestat** (Mlle Léonie). Société française de l'art à l'école, à Paris.

**Raymond.** Société d'enseignement technique de la dixième région militaire, à Rennes.

**Reibel** (Antoine). Association philotechnique de Bois-Colombes.

**Reynier** (Mme). Maison Édouard Gabriel, à Aubenas.

**Rich** (C.). Amélioration du logement ouvrier, à Paris.

**Sacrens** (Achille). Association amicale des anciens élèves de l'école de la rue du Calvaire, à Tourcoing.

**Samson** (Georges). Société française de l'art à l'école, à Paris.

**Schrœder** (Alphonse). Société nationale des élèves et anciens élèves de l'Association polytechnique, à Paris.

**Senet** (Gaston). Société de secours aux familles des marins naufragés, à Paris.

**Sezeau** (Henri). Société des anciens élèves de l'Association philotechnique, à Paris.

Streiff. Société républicaine des conférences populaires, à Paris.

Thibord (Mlle A.). Amélioration du logement ouvrier, à Paris.

Vanhœnacker (Victor). Association amicale des anciens élèves de l'institut Colbert, à Tourcoing.

Verette (Marcel). Société contre l'abus du tabac, à Paris.

Vincent. Maison Gabriel Edouard, à Aubenas.

Vincent (Mme). Maison Gabriel Edouard, à Aubenas.

Virot (Paul). *Les adolescents de France*, à Paris.

### Diplômes de Mention.

Agnigner (Ernest). Maison Morillon, Corvol et Cie, à Paris.

Arpin. Fédération des colonies de vacances du nord et de l'est de la France, à Denain.

Bal. Œuvre des petits savoyards parisiens, à La Montagne.

Basquin (Georges). *Les Cornéliens*, à Paris.

Bazin (Fernand). Société d'excursions scolaires, à Nanterre.

Belot (Ernest). Maison Morillon, Corvol et Cie, à Paris.

Bermond. Œuvre des petits savoyard parisiens, à Las Montagne.

Berthier (Mme Marie). Association philotechnique de Bois-Colombes.

Boissard (Léon). Société amicale des élèves et anciens élèves de l'Association polytechnique, à Paris.

Bonnardelle (Mme Gladie). Ligue française de l'anti-*sweating system* et de progrès social, à Paris.

Borrel. Œuvre des petits savoyards parisiens à la montagne, à Paris.

Brodin (Mme). Association des cours professionnels de dentelles, de broderies de la Savoie, à Chambéry.

Brossalette (Léon). Société d'excursions scolaires, à Nanterre.

Bruchon. Société d'enseignement à la caserne, à Lyon.

Buffet (Louis). Secrétariat du peuple, à Levallois-Perret.

Burkard. Fédération des colonies de vacances du nord et de l'est de la France, à Denain.

Carle (Mme). Association des cours professionnels de dentelles, de broderies de la Savoie, à Chambéry.

Carlier (Edgard). Société d'excursions scolaires, à Nanterre.

Chauvelot (Gabriel). *Les adolescents de France*, à Paris.

Cleisz. Fédération des colonies de vacances du nord et de l'est de la France, à Denain.

Coffin (Emile). Secrétariat du peuple, à Levallois-Perret.

Croy (Mme). Fédération des colonies de vacances du nord et de l'est de la France, à Denain.

Cuelenære (Paul). Fédération des Sociétés musicales du Nord et du Pas-de-Calais, à Lens.

Dansette (Georges). Association amicale des anciens élèves de l'institut Turgot, à Roubaix.

Delporte (Eugène). Association amicale des anciens élèves de l'institut Colbert, à Tourcoing.

Desbonnets (Jean). Association amicale des anciens élèves de l'institut Colbert, à Tourcoing.

Deville. Société d'enseignement à la caserne, à Lyon.

Devreux (Raoul). Association amicale des anciens élèves de l'institut Turgot, à Roubaix.

Dhœne (Léon). Association amicale des anciens élèves de l'institut Turgot, à Roubaix.

Diffordange (Christophe). *La prévoyance des employés d'assurances maritimes*, à Paris.

Duffaud (Mme). Association des cours professionnels de dentelles, de broderies de la Savoie, à Chambéry.

Duflexis. Fédération des colonies de vacances du nord et de l'est de la France, à Denain.

Duranton (Charles). Société d'enseignement à la caserne, à Lyon.

Faivre (E.). Fédération des colonies de vacances du nord et de l'est de la France, à Denain.

Gaudefroy (Eugène). Fédération des Sociétés musicales du Nord et du Pas-de-Calais, à Lens.

Gaudfray. Œuvre post-scolaire de Guise.

Gervais (Mme H.). Œuvre post-scolaire de Guise.

Giblet. Maison Morillon, Corvol et Cie, à Paris.

Girard (Jacques). Œuvre des petits savoyards parisiens à la montagne, à Paris.

Gonthiez (E.). Fédération des colonies de vacances du nord et de l'est de la France, à Denain.

Goyon (Paul). Prêt gratuit de couvertures de l'enfance et habillements du VIe arrondissement de Paris.

Gradel (E.). Fédération des colonies de vacances du nord et de l'est de la France, à Denain.

Guédin (Paul). Association amicale des anciens élèves de l'institut Turgot, à Roubaix.

Hanotte (Mme). Fédération des colonies de vacances du nord et de l'est de la France, à Denain.

**Hector de Rochefontaine (d').** Société d'enseignement à la caserne. à Lyon.

**Héricher** (Ed.). *Les Cornéliens*, à Paris.

**Housieaux** (Georges). Fédération des Sociétés musicales du Nord et du Pas-de-Calais. à Lens.

**Jorion** (Paul). Association amicale des anciens élèves de l'institut Turgot, à Roubaix.

**Kromayer.** Fédération des colonies de vacances du nord et de l'est de la France, à Denain.

**Lapray.** Association philotechnique de Bois-Colombes.

**Larègle** (Camille). Société amicale des élèves et anciens élèves de l'Association polytechnique, à Paris.

**Leduc** (M^me). Fédération des colonies de vacances du nord et de l'est de la France. à Denain.

**Lemery** (Louis). Société française de l'art à l'école. à Paris.

**Libert** (Léon). *Les Cornéliens*, à Paris.

**Macle** (Émile). *Les Cornéliens*, à Paris.

**Marty** (Georges). Association philotechnique de Saint-Ouen.

**Maslier** (Victor). Association amicale des anciens élèves de l'institut Colbert. à Tourcoing.

**Meunier** (Louis). Société d'excursions scolaires. à Nanterre.

**Michonneaux** (Paul). Fédération des Sociétés musicales du Nord et du Pas-de-Calais, à Lens.

**Micolier.** Société d'enseignement à la caserne. à Lyon.

**Montlun** (M^me de). Association des instituteurs. à Paris.

**Nevejans** (Gabriel). Association amicale des anciens élèves de l'institut Turgot. à Roubaix.

**Paccard.** Œuvre des petits savoyards parisiens à la montagne. à Paris.

**Pensa** (Henri). Société d'enseignement à la caserne. à Lyon.

**Richer.** *Les adolescents de France*, à Paris.

**Roubault** (Louis). Caisse des écoles et de la cantine scolaire d'Eaubonne.

**Rousseau** (Louis). Caisse des écoles et de la cantine scolaire d'Eaubonne.

**Roux** (docteur Louis). Société d'excursions scolaires, à Nanterre.

**Ryner** (Han). Ligue française de l'anti-*sweating system* et de progrès social. à Paris.

**Schwartz** (Charles). Association amicale des anciens élèves de l'institut Turgot. à Roubaix.

**Vandevalle** (Albert). Association amicale des anciens élèves de l'institut Colbert. à Tourcoing.

**Weill.** Fédération des colonies de vacances du nord et de l'est de la France. à Denain.

# GROUPE XVII

## Hygiène, Bienfaisance.

### CLASSE 111. — *Hygiène*.

#### COLLABORATEURS

#### Diplômes d'honneur.

**Aubert.** Préfecture de Police (bureau d'hygiène), à Paris.

**Babeau** (D^r). M. le docteur Chaumier. à Tours.

**Blanc** (D^r). Ville d'Aix-les-Bains.

**Camus** (D^r). Ministère de l'Intérieur (direction de l'hygiène). à Paris.

**Cany** (D^r). D^r Victor Gardette. à Paris.

**Collin** (Émile). Dispensaire antituberculeux des mutualités et des sociétés de prévoyance du département de la Seine. à Paris.

**Colmet Daage.** Service technique des eaux et de l'assainissement de la Ville de Paris.

**Duchesne** (D^r Georges). Société des eaux minérales de Châtel-Guyon-Gubler. à Paris.

**Henry** (Émile). Société anonyme des hauts fourneaux et fonderies de Pont-à-Mousson. à Pont-à-Mousson.

**Juillerat.** Préfecture de la Seine (bureau d'hygiène). à Paris.

**Kling.** Laboratoire municipal de chimie de la Préfecture de Police. à Paris.

**Le Héron.** Établissements Porcher. à Paris.

**Magny** (Paul). Direction des affaires départementales (département de la Seine). à Paris.

**Mirman.** Ministère de l'Intérieur (direction de l'hygiène. à Paris.

**Moitessier.** Société générale des eaux minérales de Vittel (Vosges).

**Morineau.** Maison Ch. Blanc. à Paris.

**Neret** (M.). Maison Abel Houdry. à Paris.

**Ogier** (le professeur). Laboratoire de toxicologie de la Préfecture de Police. à Paris.

**Pellerin.** Maison Paul Lequeux. à Paris.

**Rattet.** Maison Lepage-Viger. à Orléans.

**Robin** (professeur Albert). Office antituberculeux Siegfried et Albert Robin. à Paris.

**Roux** (Paul). Ministère de l'Intérieur (direction de l'hygiène), à Paris.

Samtyve. Préfecture de Police (bureau d'hygiène), à Paris.

Tassin. Établissement thermal Gère et Cie, à Lamalou-les-Bains.

Thurillet. Maison Chappée et fils, au Mans.

Vassalo (Walter). Maison Alfred Plisson, à Paris.

### Diplômes de Médaille d'or.

Auboin (E.). Établissements Porcher, à Paris.

Bamus. Ville d'Aix-les-Bains (Savoie).

Barratte. Service technique des eaux et de l'assainissement de la ville de Paris.

Barrault. Compagnie fermière de l'établissement thermal du Mont-Dore, à Paris.

Bernheim (Dr Samuel). Œuvre de la tuberculose humaine, à Paris.

Besnier. Maison Albert Corbeil, à Paris.

Brodard. Maison Abel Houdry, à Paris.

Chabagny. Service technique des eaux et de l'assainissement de la ville de Paris.

Charles (Louis). Maison Gaston Ernest, à Paris.

Clavel. Compagnie française des eaux minérales naturelles et économiques, à Paris.

Cottarel. Maison Puech, Chabal et Cie, à Paris.

Danglot (Mlle). Maison Alfred Plisson, à Paris.

Dariès. Service des eaux et de l'assainissement de la ville de Paris.

Dechaine (Narin). Œuvre de la tuberculose humaine, à Paris.

Dejust. Service des eaux et de l'assainissement de la ville de Paris.

Delval. Société de régie cointéressée des tabacs au Maroc, à Tanger (Maroc).

Deminitroux. Banque du radium, à Paris.

Dienert. Préfecture de la Seine (bureau d'hygiène), à Paris.

Dimitri. Ministère de l'Intérieur (direction de l'hygiène), à Paris.

Dubois. L'Antituberculeuse de l'enseignement primaire de la Seine, à Paris.

Dufaure. Maison André Fasquelle, à Paris.

Durier (Géo). Maison Ch. Blanc, à Paris.

Durut (Henri). Établissements Huyge dit Ponthieu, à Lille.

Engel. Société de régie cointéressée des tabacs au Maroc, à Tanger (Maroc).

Frottier (Dr). Ligue havraise contre la tuberculose, au Havre.

Ganay (Mme la marquise de). Office antituberculeux Siegfried et Albert Robin, à Paris.

Gardel. Service des eaux et de l'assainissement de la ville de Paris.

Géraudel (Dr). Maison Louis-Pierre Renson, à Paris.

Giffaut (Alb.). Maison Georges Giffaut, à Paris.

Grandjean. Service des eaux et de l'assainissement de la ville de Paris.

Guenard. Association Valentin Hauy pour le bien des aveugles, à Paris.

Guérin. Instituts Pasteur de Paris et de Lille.

Gueux. Société l'Aster, à Paris.

Hénault. Service technique des eaux et de l'assainissement de la ville de Paris.

Hilaire. M. le docteur Chaumier, à Tours.

Honnorat. Préfecture de Police (bureau d'hygiène), à Paris.

Huet (Géo). M. le docteur J. Grunberg, à Paris.

Kohn-Abrest. Laboratoire de toxicologie de la Préfecture de Police, à Paris.

La Côte. Service des eaux et de l'assainissement de la ville de Paris.

Lafosse (docteur). Ville d'Angers (bureau d'hygiène).

Lambert. Préfecture de la Seine (bureau d'hygiène), à Paris.

Legroux (docteur). Instituts Pasteur de Paris et de Lille.

Lévy (Mlle Emmanuel). Office antituberculeux Siegfried et Albert Robin, à Paris.

Lévy (Henri). Société anonyme des établissements Geneste-Herscher et Cie, à Paris.

Loewy. Service technique des eaux et de l'assainissement de la Ville de Paris.

Luyt (René). Mme Rigaud, à Paris.

Mangin (docteur Gérard). Office antituberculeux Siegfried et Albert Robin, à Paris.

Marillier. Ville d'Aix-les-Bains (Savoie).

Masson. Ministère de l'Intérieur (direction de l'hygiène).

Moréal de Brévans. Laboratoire municipal de chimie de la Préfecture de Police, à Paris.

Naudin. Maison Paul Lequeux, à Paris.

Neu (Henri). Maison Paul Kestner, à Lille.

Noir (Julien). Œuvre des colonies scolaires de vacances, à Paris.

Petit (docteur G.). Département du Pas-de-Calais (services d'hygiène).

Pin. Ville d'Aix-les-Bains (Savoie).

Pinoy (docteur). Instituts Pasteur de Paris et de Lille.

Radez (Georges). Œuvre de la tuberculose humaine, à Paris.

**Samuel** (M<sup>me</sup>). Œuvre israélite des séjours à la campagne, à Paris.

**Sauglé-Ferrière.** Laboratoire municipal de chimie de la Préfecture de Police, à Paris.

**Saugnieux.** Maison Alexis Mantelet, à Paris.

**Sauvin** (docteur). Association Valentin Haüy pour le bien des aveugles, à Paris.

**Smolyzinski** (docteur). Ligue du nord contre la tuberculose, à Lille.

**Souris.** Maison Chappée et fils, au Mans.

**Tassin** (M<sup>me</sup>). Établissement thermal Cère et C<sup>ie</sup>, à Lamalou-les-Bains.

**Théron** (Paul). Établissement thermal Cère et C<sup>ie</sup>, à Lamalou-les-Bains.

**Thiroux** (F.). Compagnie française des eaux minérales naturelles et économiques, à Paris.

**Vermeylen.** Compagnie fermière de l'établissement thermal de Mont-Dore, à Paris.

**Vertu** (Cam.). Société *France-Maroc*, à Tanger.

**Vibert.** Service des eaux et de l'assainissement de la Ville de Paris.

**Vignaud.** Établissement thermal Cère et C<sup>ie</sup>, à Lamalou-les-Bains.

## Diplômes de Médaille d'argent.

**Aubrebis.** Comité d'initiative de Dunkerque. Malo-les-Bains, à Dunkerque (Nord).

**Bahse.** Compagnie Claricite, à Paris.

**Bieimer.** Association Valentin Haüy pour le bien des aveugles, à Paris.

**Bigorgne.** Service technique des eaux et de l'assainissement de la Ville de Paris.

**Castaine.** Établissement thermal Cère et C<sup>ie</sup>, à Lamalou-les-Bains.

**Choubant.** Ligue havraise contre la tuberculose, au Havre.

**Corbeil** (Raym.). Maison Albert Corbeil, à Paris.

**Cossé.** Maison Chappée et fils, au Mans.

**Couronne.** Service technique des eaux et de l'assainissement de la ville de Paris.

**Dagniac.** Établissement thermal de Royat, à Royat (Puy-de-Dôme).

**Darnis.** Compagnie fermière de l'établissement thermal de Mont-Dore, à Paris.

**Deflandre.** Établissement départemental des eaux et boues thermo-minérales sulfureuses de Saint-Amand (Nord).

**Demerson** (Alf.). Compagnie fermière de l'établissement thermal de Vichy (Allier).

**Diebold.** Service technique des eaux et de l'assainissement de la ville de Paris.

**Dorét.** Service de préservation contre la tuberculose, à Paris.

**Douris.** Laboratoire de toxicologie de la Préfecture de Police, à Paris.

**Duflos.** Département du Pas-de-Calais (services d'hygiène).

**Durut** (Henri). Établissement Huyge dit Ponthieu, à Lille.

**Ferret.** Établissement thermal Cère et C<sup>ie</sup>, à Lamalou-les-Bains.

**Gaillet.** Service technique des eaux et de l'assainissement de la ville de Paris.

**Granger** (Ern.). Société *l'Aster*, à Paris.

**Hérin** (Géo.). Maison Paul Kestner, à Lille.

**La Haye** (M<sup>me</sup> R.). Établissements Porcher, à Paris.

**Legal** (Théo.). Maison Alfred Bellegœuille, à Paris.

**Léonard** (A.). Société de régie cointéressée des tabacs au Maroc, à Tanger (Maroc).

**Lépine** (René). Maison Victor Gardette, à Paris.

**Lequeux** (Raoul). Maison Paul Lequeux, à Paris.

**Livrel** (André). Société *France-Maroc*, à Tanger (Maroc).

**Lognon.** Service de santé du Ministère de la Guerre, à Paris.

**Maillard.** Service technique des eaux et de l'assainissement de la ville de Paris.

**Maillard** (Aug.). Maison Harbel Houdry, à Paris.

**Mathieu.** Service technique des eaux et de l'assainissement de la ville de Paris.

**Maury.** Établissement thermal Cère et C<sup>ie</sup>, à Lamalou-les-Bains.

**Menesson.** Société française des appareils de plomberie, à Paris.

**Meyrueix** (M<sup>lle</sup>). Maison Albert Corbeil, à Paris.

**Michel.** Ville d'Aix-les-Bains (Savoie).

**Moussy.** Société française de Solina, à Migennes (Yonne).

**Nicolas.** Service technique des eaux et de l'assainissement de la ville de Paris.

**Perrot** (Pol.). Maison Gaston Ernest, à Paris.

**Pierredet** (R.). Maison Puech, Chabal et C<sup>ie</sup>, à Paris.

**Piquet.** Association Valentin Haüy pour le bien des aveugles, à Paris.

**Pottie** (M<sup>me</sup>). L'antituberculeuse de l'enseignement primaire de la Seine, à Paris.

**Prignon.** Œuvre des colonies scolaires de vacances, à Paris.

**Provent.** Service de santé du Ministère de la Guerre, à Paris

**Pyl** (A.), Comité d'initiative de Dunkerque-Malo-les-Bains, à Dunkerque (Nord).

**Ritcher.** Compagnie Claricle, à Paris.

**Rivière** (docteur), Ville de Roubaix (bureau d'hygiène).

**Roland** (Mme Marie), Établissement thermal Cère et Cie, à Lamalou-les-Bains.

**Roth.** Maison Paul Perrin, à Paris.

**Ruez** (Paul fils), Maison P. Ruez, à Paris.

**Russell** (Georges). Association Valentin Haüy pour le bien des aveugles, à Paris.

**Sabot** (docteur). L'Antituberculeuse de l'enseignement primaire de la Seine, à Paris.

**Saillard** (Geo.), Maison Gustave Saillard, à Biarritz (Basses-Pyrénées).

**Seyssens** (Mlle), Association Valentin Haüy pour le bien des aveugles, à Paris.

**Sougnières.** Service technique des eaux et de l'assainissement de la ville de Paris.

**Souvestre** (docteur), Ville d'Angers (bureau d'hygiène).

**Turpault.** M. le docteur Chaumier, à Tours.

## Diplômes de Médaille de bronze.

**Balcaen.** Maison Alfred Bellegueille, à Paris.

**Boilly.** Préventorium Émile Roux.

**Bonte** (Alphonse). Instituts Pasteur de Paris et de Lille.

**Danichert.** Laboratoire de toxicologie de la Préfecture de Police, à Paris.

**Flury-Munier** (Mlle J.), Maison Alexis Mandelet, à Paris.

**Guilloteau.** Maison Lepage-Viger, à Orléans.

**Lebreton.** Ville d'Angers (bureau d'hygiène).

**Lebreton.** Ville de Roubaix (bureau d'hygiène).

**Legoy** (Mme Berthe). Œuvre des colonies scolaires de vacances, à Paris.

**Leplat.** Ville de Roubaix (bureau d'hygiène).

**Lioret** (Mme Albertine). Instituts Pasteur de Paris et de Lille.

**Lioret** (Louis). Instituts Pasteur de Paris et de Lille.

**Maindron.** Service technique des eaux et de l'assainissement de la ville de Paris.

**Prevost.** Œuvre des colonies scolaires de vacances, à Paris.

**Quentin.** Département du Pas-de-Calais (services d'hygiène).

**Turlant.** Compagnie fermière de l'établissement thermal de Vichy (Allier).

**Van Moschrœn.** Établissement Hoyge dit Ponthieu, à Lille.

## COOPÉRATEURS

### Diplômes de Médaille de bronze.

**Baudrier.** Maison Chappée et fils, au Mans (Sarthe).

**Bourgeois** (Alph.). Maison Ch. Blanc, à Paris.

**Bouteillier** (A.). Établissement départemental des eaux et boues thermo-minérales sulfureuses de Saint-Amand (Nord).

**Carriat.** Compagnie fermière de l'établissement thermal de Mont-Dore, à Paris.

**Dumas** (Mlle Marguerite). Établissement thermal de Royat, à Royat (Puy-de-Dôme).

**Francheteau.** Maison Abel Houdry, à Paris.

**Gaspard.** Société de régie cointéressée des tabacs au Maroc, à Tanger (Maroc).

**Grillat** (Fr.). Société anonyme des établissements Geneste-Herscher et Cie, à Paris.

**Heitzmann.** Maison Chappée et fils, au Mans (Sarthe).

**Jentais.** Société d'exploitation des eaux et thermes d'Enghien-les-Bains.

**Lardeur** (Sergent). Service de santé du Ministère de la Guerre, à Paris.

**Mallet.** Compagnie fermière de l'établissement thermal de Vichy (Allier).

**Masson.** Compagnie fermière de l'établissement thermal de Vichy (Allier).

**Médunal** (Mlle J.). Maison Gustave Saillard, à Biarritz.

**Orienne** (Henri). Maison Alfred Plisson, à Paris.

**Paret.** Mme Rigaud, à Paris.

**Rabette.** Compagnie fermière de l'établissement thermal de Mont-Dore, à Paris.

**Rousseau.** Société de régie cointéressée des tabacs au Maroc, à Tanger (Maroc).

**Ruez** (E.). Maison P. Ruez, à Paris.

**Schomas.** Établissement Porcher, à Paris.

**Schopp.** Compagnie française des eaux minérales naturelles et économiques, à Paris.

**Vandermoten.** Maison Abel Houdry, à Paris.

### Diplômes de Mention.

**Dekonink.** Service de santé du Ministère de la Guerre, à Paris.

**Duprez.** Maison Paul Kestner, à Lille (Nord).

**Lefèvre.** Service de santé du Ministère de la Guerre, à Paris.

**Meval.** Service de santé du Ministère de la Guerre, à Paris.

**Reverchon.** Société l'Aster, à Paris.

**Thérot.** Société d'exploitation des eaux et thermes d'Enghien-les-Bains.

**Vigot.** Service de santé du Ministère de la Guerre, à Paris.

## CLASSE 112. — *Bienfaisance.*

### COLLABORATEURS

### Diplômes d'honneur.

**Barbizet** (Paul). Administration générale de l'Assistance publique, à Paris.

**Collin** (Émile). Dispensaire antituberculeux de la mutualité (fondation Émile-Loubet), à Paris.

**Courcelles** (le comte de). Asile de la Providence, à Paris.

**Deswaf** (Achille). Bureau de bienfaisance de Lille. Lille.

**Fosseyeux.** Administration générale de l'Assistance publique, à Paris.

**Frèrejouan du Saint** (Georges). Société générale des prisons, à Paris.

**Garçon** (Émile). Société générale des prisons, à Paris.

**Lassus.** Comité de défense des enfants traduits en justice, à Paris.

**Menant** (A.) Direction des affaires municipales de la Ville de Paris.

**Prudhomme** (Henri). Société générale des prisons, à Paris.

**Roux** (Dr). Préservation de l'enfance contre la tuberculose et Œuvre Grancher, à Paris.

**Rousset** (le chanoine). Asile Saint-Léonard, à Couzon au Mont-d'Or (Rhône).

**Sevin** (Maxime). Ville de Tourcoing.

### Diplômes de Médaille d'or.

**André** (Mme). Œuvre des libérées de Saint-Lazare, à Paris.

**Baillieret** (Paul). Société de patronage des jeunes adultes, à Paris.

**Baudeuf** (Mlle). Union post-scolaire, à Tourcoing.

**Beauropaire** (Charles de). Comité de défense des enfants traduits en justice, à Rouen.

**Beltesse.** Union post-scolaire de Tourcoing.

**Bouchery.** Œuvre de l'orphelinat de l'enseignement primaire, à Paris.

**Brach** (Mme). Œuvre des libérées de Saint-Lazare, à Paris.

**Brisac.** Société amicale de secours des anciens élèves de l'École polytechnique, à Paris.

**Broudu** (Dr). Œuvre nouvelle des crèches parisiennes, à Paris.

**Brunot** (Narcisse). Société de patronage des libérés protestants, à Paris.

**Carpentier** (Paul). Bureau international des patronages, à Lille.

**Cazalet** (Mme). Crèche de la Bastide, à Bordeaux.

**Chambaud** (Mme). Union d'assistance du XVIe arrondissement, à Paris.

**Charpentier** (Clément). Société générale des prisons, à Paris.

**Chaufour.** Ligue contre la mortalité infantile, à Paris.

**Couvain.** Institut départemental des sourds-muets et des aveugles, à Ronchin (Nord).

**Cuche** (Paul). Union des sociétés de patronage de France, à Paris.

**Curé.** Maison Renaudin, à Sceaux.

**Dalmon.** Œuvre des enfants abandonnés de la Gironde, à Bordeaux.

**David.** Œuvre de l'orphelinat de l'enseignement primaire, à Paris.

**Delille** (docteur Armand). Préservation de l'enfance contre la tuberculose (œuvre Grancher), à Paris.

**Demagne** (René). Société générale des prisons, à Paris.

**Desbouvrie** (Cyrille). Assistance par le travail, à Tourcoing.

**Deschamps** (Joseph). Sauvegarde des nourrissons de Tourcoing.

**Dieterlen** (Mme). Œuvre libératrice pour le relèvement et le reclassement des jeunes filles, à Paris.

**Doccacio** (Jean). Union des sociétés de patronage de France, à Paris.

**Dupin** (Joseph). Ville de Tourcoing.

**Dupuis.** Bureau de bienfaisance de Nantes, à Nantes.

**Durand** (Olivier). Société de protection des engagés volontaires élevés sous la tutelle administrative, à Paris.

**Duval** (Pierre). Ligue fraternelle des enfants de France, à Paris.

**Erault** (commandant). Office central de la charité bordelaise, à Bordeaux.

**Estelé** (Jules). Asiles nationaux de convalescents de Vacassy, à Saint-Maurice (Seine).

**Fabre** (docteur). Œuvre libératrice pour le relèvement et le reclassement des jeunes filles, à Paris.

**Fleuriot.** Œuvre de l'orphelinat de l'enseignement primaire, à Paris.

**Frèrejouan du Saint.** Société générale des prisons, à Paris.

**Gaiffe** (Mme). Œuvre des libérées de Saint-Lazare, à Paris.

**Garnier.** Orphelinat des employés de Banque et de Bourse, à Paris.

**Gaudin** (Mme et Mlle). Asile Antoine-Koenigswater (orphelinat national agricole), au Buisson-Fallu, près Saint-André-de-l'Eure.

**Gauny.** Asile public d'aliénés de Maréville, à Maréville.

**Gillet** (Claude). Comité de défense des enfants traduits en justice, au Havre.

**Gradis** (Raoul). Union d'assistance du XVIe arrondissement, à Paris.

**Guenard.** Association Valentin Haüy pour le bien des aveugles, à Paris.

**Haack** (le colonel). Société de patronage de prisonniers libérés, à Bordeaux.

**Hayet.** Administration générale de l'Assistance publique, à Paris.

**Hermann** (Jules). Ville de Tourcoing.

**Hie** (Henri). Comité de défense des enfants traduits en justice, à Rouen.

**Jourdain-Defontaine.** Sauvegarde des nourrissons de Tourcoing.

**Kahn.** Comité de bienfaisance israélite de Paris.

**Kahn** (Paul). Société générale des prisons, à Paris.

**Lagache** (docteur Henri). Union post-scolaire, à Tourcoing.

**Larnaude** (Fernand). Société générale des prisons, à Paris.

**Leconte** (Henri). Sauvegarde des nourrissons de Tourcoing.

**Leduc** (Mme). Union post-scolaire, à Tourcoing.

**Lefèvre** (Mme). Société d'assistance par le travail des VIIIe et XVIIe, à Paris.

**Legras** (docteur). Patronage familial, à Paris.

**Leman** (Augustin). Assistance par le travail, à Tourcoing.

**Lepage.** Société d'assistance par le travail, à Paris.

**Lesguillez** (Mlle). Ville de Tourcoing.

**Leturc** (Paul). Œuvre de l'hospitalité de nuit, à Paris.

**Loridant** (Henri). Assistance par le travail, à Tourcoing.

**Marichelle.** Institution nationale des sourds-muets, à Paris.

**Marin** (Léon). Patronage familial, à Paris.

**Martin** (Mlle). Administration générale de l'Assistance publique, à Paris.

**Massenet** (Henry). Société de charité maternelle de Paris, à Paris.

**Mathe** (Henri). Administration générale de l'Assistance publique, à Paris.

**Maurice** (Mme). Association des dames charitables de Tourcoing, à Tourcoing.

**Mercier** (Pierre). Union des sociétés de patronage de France, à Paris.

**Meyer** (Arthur). Œuvre de l'allaitement maternel, à Paris.

**Michon** (Maurice). Union des septentrionaux, à Paris.

**Milliard** (l'Abbé). Société de patronage des jeunes adultes, à Paris.

**Millor** (Étienne). Ligue fraternelle des enfants de France, à Paris.

**Moisson** (Gaston). Œuvre nouvelle des crèches parisiennes, à Paris.

**Morel** (M. et Mme). Œuvre bordelaise d'hospitalité de nuit, à Bordeaux.

**Ollivier.** Œuvre bordelaise d'hospitalité de nuit, à Bordeaux.

**Ollivier.** Bureau de bienfaisance de Bordeaux, à Bordeaux.

**Paul.** Œuvre bordelaise d'hospitalité de nuit, à Bordeaux.

**Paul-Boncour** (docteur). Patronage familial, à Paris.

**Philippe** (Jean). Sauvegarde des nourrissons de Tourcoing.

**Picard** (Alfred). Mont de Piété de Paris, à Paris.

**Promis** (Paul). Société de charité maternelle, à Bordeaux.

**Prot** (Maxime). Union post-scolaire, à Tourcoing.

**Prudhomme** (Henri). Société de patronage des libérés et des enfants moralement abandonnés du département du Nord, à Lille.

**Raneuf** (Mlle). Patronage des détenues, des libérées et des pupilles de l'Administration pénitentiaire, à Paris.

**Ravinet.** Orphelinat de la bijouterie, à Paris.

**Ringor.** Union post-scolaire, à Tourcoing.

**Roche** (Mlle). Œuvre philanthropique W. K. Vanderbilt, à Paris.

**Rocher** (Georges). Ministère de la Justice (direction de l'Administration pénitentiaire), à Paris.

**Roux** (Jean-André). Société générale des prisons, à Paris.

**Ruyssen.** Hospices civils de Dunkerque, à Dunkerque.

**Samuel** (Léon). Société de réintégration des Alsaciens-Lorrains, à Paris.

**Sauvard** (Henri). Union des sociétés de patronage de France, à Paris.

**Sauvin** (docteur). Association Valentin Haüy pour le bien des aveugles, à Paris.

**Serusede** (Paul). Assistance par le travail, à Tourcoing.

**Simon.** Asile public d'aliénés de Maréville, à Maréville.

**Sovrin** (docteur). Association Valentin Haüy pour le bien des aveugles, à Paris.

**Syrot** (P.). Direction des affaires municipales de la Ville de Paris.

**Tabuteau.** Bureau de bienfaisance de Bordeaux, à Bordeaux.

**Trial** (Alphonse). Œuvre bordelaise des bains-douches à bon marché, à Bordeaux.

**Vancostenobel.** Hospices de Lille, à Lille.

**Vivier** (M<sup>me</sup> la marquise du). Société de charité maternelle, à Bordeaux.

**Vochelle** (M<sup>lle</sup>). Association des dames charitables de Tourcoing, à Tourcoing.

**Weill** (Albin). Société de réintégration des Alsaciens-Lorrains, à Paris.

**Willerval** (Pierre). Ville de Tourcoing.

**Wulpau-Jouffret.** Comité de défense des enfants traduits en justice, à Marseille.

**Zimmermann.** Société protectrice de l'enfance de la Gironde, à Bordeaux.

### Diplômes de Médaille d'argent.

**Achard** (Marius). Union des sociétés de patronage de France, à Paris.

**Alpy** (Emmanuel). Union des sociétés de patronage de France, à Paris.

**Argent** (Jules d'). Société de l'école et du dispensaire dentaire de Paris, à Paris.

**Audiger** (M<sup>lle</sup> Jeanne). Société de patronage des libérés protestants, à Paris.

**Bailleul** (Dominique). Société de patronage des libérés et des enfants moralement abandonnés du département du Nord, à Lille.

**Barbenson** (M<sup>me</sup>). Association des dames charitables de Tourcoing, à Tourcoing.

**Beaumont.** Œuvre des enfants abandonnés de la Gironde, à Bordeaux.

**Benque** (Paul). Union post-scolaire, à Tourcoing.

**Beranger** (L.). Crèche Sainte-Émilie, à Clamart.

**Berlet** (Adolphe). Société générale des prisons, à Paris.

**Béthune** (Clément). Œuvre de la première enfance de la ville de Wasquehal.

**Bienner.** Association Valentin Haüy pour le bien des aveugles, à Paris.

**Blanchet** (Valéry). Société générale des prisons, à Paris.

**Blanckaert** (Émile). Œuvre lilloise des jardins ouvriers, à Lille.

**Bland'hin.** Œuvre de la maison de retraite des artistes lyriques, à Paris.

**Bondet.** Comité de défense des enfants traduits en justice, à Marseille.

**Bonnamy** (Georges). Société de protection des engagés volontaires élevés sous la tutelle administrative, à Paris.

**Bonver.** Union d'assistance du XVI<sup>e</sup> arrondissement, à Paris.

**Bouchon** (M<sup>lle</sup>). Crèche de la Bastide, à Bordeaux.

**Breton** (docteur). Société lilloise de protection des enfants du premier âge, à Lille.

**Bretonneau.** Œuvre philanthropique W. K. Vanderbilt, à Paris.

**Broux.** Société de l'école et du dispensaire dentaire de Paris, à Paris.

**Brugeas** (M<sup>me</sup> E.). Union française pour le sauvetage de l'enfance, à Paris.

**Brugeat** (M<sup>me</sup> R.). Union française pour le sauvetage de l'enfance, à Paris.

**Cahour.** Enfants des chemins de fer français, à Paris.

**Catiat.** Orphelinat des employés de banque et de bourse, à Paris.

**Copin.** Préservation de l'enfance contre la tuberculose (œuvre Grancher), à Paris.

**Debuchy** (Paul). Assistance par le travail, à Tourcoing.

**Dehorter** (M<sup>me</sup>). Patronage des détenues, des libérées et des pupilles de l'Administration pénitentiaire, à Paris.

**Demailly** (Louis). Association pour secourir les pauvres honteux, à Lille.

**Descour.** Office central de la charité bordelaise, à Bordeaux.

**Desouches.** Union d'assistance par le travail du VI<sup>e</sup> arrondissement, à Paris.

**Doridan** (M<sup>me</sup>). Union maternelle du XIV<sup>e</sup> arrondissement de Paris, à Paris.

**Dreydel** (Edmond). Œuvre des libérées de Saint-Lazare, à Paris.

**Duchêne** (M<sup>me</sup>). Association des dames françaises (section de Bruxelles), à Bruxelles.

**Dumolard.** Union des sociétés de patronage de France, à Paris.

**Dupont** (Jules). Société de patronage des libérés et des enfants moralement abandonnés du département du Nord, à Lille.

**Faure** (M<sup>me</sup> Étienne). Docteur Cadenaule, à Bordeaux.

Fontaine. Asile public d'aliénés de Maréville, à Maréville.

Gale (Paul). Association des dames françaises (section de Bruxelles), à Bruxelles.

Garrigues (Mme). Association des Dames françaises (section de Bruxelles), à Bruxelles.

Gauthier. Crèche de la Bastide, à Bordeaux.

Genevoix (docteur Octave). Œuvre philanthropique, W. K. Vanderbilt, à Paris.

Givanni (E. M. de). Bureau sanitaire parisien, à Paris.

Hayen (Alfred). Association pour secourir les pauvres honteux, à Lille.

Houdoy (Jules). Bureau international des patronages, à Lille.

Jacob (Alexandre). Comité de bienfaisance israélite de Paris, à Paris.

Lacombe (Mme veuve). Crèche Sainte-Émilie, à Clamart.

Larion (docteur). Crèche Sainte-Émilie, à Clamart.

Lemaire. Hospices de Lille, à Lille.

Lemoine. Orphelinat des employés de Banque et de Bourse, à Paris.

Leyssens (Mlle). Association Valentin Haüy pour le bien des aveugles, à Paris.

Lyon-Caen (Léon). Société générale des prisons, à Paris.

Maréchal. Société amicale et d'études des administrateurs et commissaires des bureaux de bienfaisance de Paris.

Marie (Mme). Maison Renaudin, à Sceaux.

Meyère. Orphelinat de la bijouterie, à Paris.

Montalant (Ferdinand de). Maison nationale de santé, à Saint-Maurice (Seine).

Moraval (Mlle). Maison Renaudin, à Sceaux.

Nedonsel (A.). Bureau de bienfaisance de Roubaix, à Roubaix.

Parsal. Œuvre de la maison de retraite des artistes lyriques, à Paris.

Paucot (docteur). Société lilloise de protection des enfants du premier âge, à Lille.

Peltier (Mme). Assistance par le travail, à Tourcoing.

Philippote. Crèche de la Bastide, à Bordeaux.

Piat (Jean). Union post scolaire, à Tourcoing.

Piquet. Association Valentin Haüy pour le bien des aveugles, à Paris.

Prié (Jean). Enfants des chemins de fer français, à Paris.

Rambaud (Mme). Association des dames françaises (section de Bruxelles), à Bruxelles.

Raynal (Mme Ed.). Œuvre nouvelle des crèches parisiennes, à Paris.

Renaud. Préfecture de la Gironde, à Bordeaux.

Rousselin (Léopold). Ville de Tourcoing.

Rousset (Eugène). Comité de défense des enfants traduits en justice, à Marseille.

Roux (commandant Jules). Société générale des prisons, à Paris.

Rouy. Union d'assistance du VIe arrondissement, à Paris.

Russel (Georges). Association Valentin Haüy pour le bien des aveugles, à Paris.

Saint-Aubert (Mme). Sauvegarde des nourrissons de Tourcoing.

Smieger (Mlle Adèle). Sauvegarde des nourrissons de Tourcoing.

Speder (Mme). Association des dames charitables de Tourcoing, à Tourcoing.

Tissot. Union des sociétés de patronage de France, à Paris.

Truffot (Eugène). Mont de piété de Paris, à Paris.

Turbelin (H.). Association pour secourir les pauvres honteux, à Lille.

Valette (Mme Augustine). Crèche Sainte-Émilie, à Clamart.

Vallon. Orphelinat de la bijouterie, à Paris.

Vanbassen (Mme). Union post-scolaire de Tourcoing.

Wagner. Société amicale et d'études des administrateurs et des commissaires des bureaux de bienfaisance de Paris, à Paris.

Welhin (Dr). Crèche Sainte-Émilie, à Clamart.

## Diplômes de Médaille de bronze.

Barheux (Albert). Assistance par le travail, à Tourcoing.

Barroyer (Dr). Œuvre de la première enfance de la ville de Wasquehal.

Bertrand. Œuvre des enfants abandonnés de la Gironde, à Bordeaux.

Beurtherer (Mme). Sauvegarde des nourrissons de Tourcoing.

Boudet (Émile). Association française de bienfaisance, à Liège.

Boutry. Union d'assistance du XVIe arrondissement, à Paris.

Chauveau (Lucien). Société générale des prisons, à Paris.

Clarembaux (Mlle Olympe). Assistance par le travail, à Tourcoing.

Courcelle (Paul). Ville de Tourcoing.

**Cousset** (M<sup>me</sup> vouve). Union d'assistance du VI<sup>e</sup> arrondissement, à Paris.

**Depoorter** (Pierre). Ville de Tourcoing.

**Descoudry.** Orphelinat des employés de Banque et de Bourse, à Paris.

**Drouet** (M<sup>lle</sup>). Administration générale de l'Assistance publique, à Paris.

**Dujardin** (Albert). Ville de Tourcoing.

**Erhau** (M<sup>me</sup> Jeanne). Ligue fraternelle des enfants de France, à Paris.

**Framerie** (Louis). Société de protection des engagés volontaires élevés sous la tutelle administrative, à Paris.

**Gaudin** (Alphonse). Asile Antoine Konigswater (orphelinat national agricole) au Buisson-Fallu, près Saint-André-de-l'Eure.

**Geromini.** Comité de défense des enfants traduits en justice, à Marseille.

**Goubec.** Œuvre lilloise des consultations de nourrissons, à Lille.

**Grouzer** (Paul). Union post-scolaire, à Tourcoing.

**Lang** (René). Société de réintégration des Alsaciens-Lorrains, à Paris.

**Lauvert.** Office central de la charité bordelaise, à Bordeaux.

**Leroy.** *L'Adoption*, à Paris.

**Lienard** (D<sup>r</sup>). Œuvre de la première enfance de la ville de Wasquehal.

**Massot** (J.). Union familiale, à Paris.

**Mauriac** (Alphonse). Œuvre bordelaise des bains-douches à bon marché, à Bordeaux.

**Mercier** (Georges). Société générale des prisons, à Paris.

**Murjas.** Administration générale de l'Assistance publique, à Paris.

**Peyret** (M<sup>lle</sup>). Œuvre du Souvenir pour la protection de la jeune fille en danger moral et physique, à Paris.

**Picard** (Paul). Mont de Piété de Paris, à Paris.

**Prox** (Maurice). Association française de bienfaisance, à Liège.

**Renou.** Œuvre des enfants abandonnés de la Gironde, à Bordeaux.

**Valette** (M<sup>me</sup> Vve). Crèche Sainte-Émilie, à Clamart.

**Villemonble** (M<sup>me</sup> la supérieure de l'établissement de). Œuvre du Souvenir pour la protection de la jeune fille en danger moral et physique, à Paris.

**Valantin.** Société départementale de patronage pour les libérés, de sauvetage de l'enfance et de l'adolescence, et d'assistance par le travail, à Épinal.

## Diplômes de Mention.

**Brenière.** Société départementale de patronage pour les libérés, de sauvetage de l'enfance et de l'adolescence, et d'assistance par le travail, à Épinal.

**Desombiaux** (M<sup>me</sup>). Œuvre de la première enfance de la ville de Wasquehal.

**Drouhard.** Société amicale et d'études des administrateurs et commissaires des bureaux de bienfaisance de Paris, à Paris.

**Klein** (Felden-Georges). Société de charité maternelle de Paris, à Paris.

# GROUPE XIX

## Commerce. Colonisation.

### CLASSE 116. — *Commerce.*

#### COLLABORATEURS

#### Diplômes d'honneur.

**Comte** (Adrien). Chambre de commerce de Boulogne-sur-Mer.

**Cox** (Raymond). Chambre de commerce de Lyon.

**Depinoix** (C.). Comité national des conseillers du commerce extérieur de la France, à Paris.

**Fighiera** (Roger). Ministère du Commerce et de l'Industrie (direction des affaires commerciales et industrielles), à Paris.

**Gras** (L.-J.). Chambre de commerce de Saint-Étienne.

**Huot** (J.-L.). Chambre de commerce de Marseille.

**Jacquey** (Louis). Chambre de commerce du Havre.

**Javelle** (Magand). Chambre de commerce de Saint-Étienne.

**Labrousse** (Georges). Comptoir national d'escompte de Paris.

**Lamaizière** (L.). Chambre de commerce de Saint-Étienne.

**Laroze** (Pierre). Crédit foncier de France, à Paris.

**Paganon** (J.). Comité national des conseillers du commerce extérieur de la France, à Paris.

**Pelasse** (Valentin). Chambre de commerce de Lyon.

**Weil** (Albert). Comité national des conseillers du commerce extérieur de la France, à Paris.

### Diplômes de Médaille d'or.

**Ancey** (Emmanuel). Chambre de Commerce de Marseille.

**Ardouin.** Société Générale pour favoriser le développement du commerce et de l'industrie, à Paris.

**Armagnac** (Jacques). Société générale de crédit industriel et commercial, à Paris.

**Barret.** Société française de banque et dépôts, à Paris.

**Boucheron.** Crédit mobilier français, à Paris.

**Cauche** (Gustave). Chambre de commerce d'Orléans.

**Chevassut** (A.). Société Générale pour favoriser le développement du commerce et de l'industrie, à Paris.

**Davaux** (Eugène). Société Générale pour favoriser le développement du commerce et de l'industrie, à Paris.

**Dechaille** (Stéphane). Chambre de commerce du Havre.

**Dufeutrel** (Edmond). Chambre de Commerce de Boulogne-sur-Mer.

**Fischer** (Henri). Chambre de commerce de Rouen.

**Fleury** (Ernest). Ministère du Commerce et de l'Industrie (direction des affaires commerciales et industrielles), à Paris.

**Gaudin** (Henri). Banque de l'Indo-Chine, à Paris.

**Guionvar** (Paul). Comité national des conseillers du commerce extérieur de la France, à Paris.

**Hamaide** (Louis). Chambre française de commerce et d'industrie de Bruxelles.

**Harty** (Louis). Chambre française de commerce et d'industrie de Bruxelles.

**Joly** (Servais). Société marseillaise de crédit industriel et commercial et de dépôts, à Paris.

**La Ripelle** (Simon de). Société Générale pour favoriser le développement du commerce et de l'industrie, à Paris.

**Leconte** (Marcel). Comptoir national d'escompte de Paris.

**Lucas** (Jules). Crédit foncier de France, à Paris.

**Mascré** (Étienne). Comité national des conseillers du commerce extérieur de la France, à Paris.

**Moiroux** (Auguste). Société lyonnaise de dépôts, de comptes-courants et de crédit industriel, à Lyon.

**Moser** (André). Chambre de commerce de Saint-Étienne.

**Neel** (Alfred). Chambre de commerce de Calais.

**Palissen** (Joseph). Chambre de commerce du Havre.

**Pradeau** (Sully-Étienne). Compagnie des chemins de fer du Midi, à Paris.

**Ravin** (Théophile). Chambre de commerce de Calais.

**Sailly** (Gaston). Chambre française de commerce et d'industrie de Bruxelles.

**Terrel.** Société française de banque et dépôts, à Paris.

**Troissin** (Albert). Société marseillaise de crédit industriel et commercial et de dépôts, à Paris.

**Utruy** (baron d'). Société Générale pour favoriser le développement du commerce et de l'industrie, à Paris.

**Verstraete.** Société Générale pour favoriser le développement du commerce et de l'industrie, à Paris.

### Diplômes de Médaille d'argent.

**Altermann.** Chambre de commerce franco-brésilienne, à Paris.

**Balleygnier.** Société française de banque et dépôts, à Paris.

**Blondin.** Crédit mobilier français, à Paris.

**Capgras** (Georges). Crédit foncier de France, à Paris.

**Carles.** Chambre française de commerce et d'industrie de Bruxelles.

**Cipolet** (Mlle Blanche). Chambre de commerce de Paris.

**Compayre** (Pierre). Crédit foncier de France, à Paris.

**Couchoud.** Chambre de Commerce de Saint-Étienne.

**Fournier** (Eugène). Chambre de commerce de Boulogne-sur-Mer.

**Garand.** Chambre des négoces, commerce et du commerce extérieur, à Paris.

**Hadrot.** Chambre française de commerce et d'industrie, de Bruxelles.

**Lavergne** (Pierre). Chambre de commerce française de Barcelone.

**Le Bail** (Joseph). Chambre de commerce de Paris.

**Legge** (comte de). Banque française pour le Brésil, à Paris.

**Legresle.** Chambre de commerce de Nice.

**Maillet** (Albert). Association des secrétaires généraux des chambres de commerce de France, à Paris.

**Mottay.** Chambre française de commerce et d'industrie, de Bruxelles.

**Muffang** (Paul). Union des chambres de commerce françaises, à Paris.

**Pitton** (Gustave). Union des chambres de commerce françaises, à Paris.

**Prangey** (L.). Banque française pour le Brésil, à Paris.
**Robert.** Chambre de commerce de Saint-Étienne.
**Sainturier** (Léopold). Chambre de commerce de Perpignan.
**Stalin** (Eugène). Comptoir national d'escompte de Paris.

### Diplômes de Médaille de bronze.

**Angelini** (Jules). Comptoir national d'escompte de Paris.
**Baudoin** (Georges). Maison Aristide Quillet, à Paris.
**Bayard.** Chambre de commerce de Saint-Étienne.
**Bourgeais** (Ernest). Chambre de commerce de Rouen.
**Gaudefroy.** Société française de Banque et Dépôts, à Paris.
**Georgi.** Crédit mobilier français, à Paris.
**Laine** (Mlle Camille). Crédit foncier de France, à Paris.
**Larue** (Henri). Chambre de commerce de Paris.
**Montaron.** Crédit mobilier français, à Paris.
**Perchet** (Eugène). Crédit foncier de France, à Paris.
**Pfleger** (Willi). Maison Aristide Quillet, à Paris.

### COOPÉRATEURS

### Diplômes de Médaille de bronze.

**Allain.** Crédit mobilier français, à Paris.
**Galmard** (Arthur). Chambre de commerce du Havre.
**Viel** (Georges). Chambre de commerce du Havre.

CLASSE 117. — *Procédés de colonisation.*

### COLLABORATEURS

### Diplômes de Grand Prix.

**Alapetite.** Résident général de la République française, à Tunis.
**Crozier** (François). Comité national des expositions coloniales en France, aux colonies, à l'étranger, à Paris.

### Diplômes d'honneur.

**Ameil** (Alfred). Association des anciens élèves de l'école des hautes études commerciales, à Paris.
**Bancal** (Louis). Comité national des expositions coloniales en France, aux colonies, à l'étranger, à Paris.

**Baratte.** Société nationale de retraite et de secours des sauveteurs médaillés par le Gouvernement en France et aux colonies, à Paris.
**Berteau** (A.). Office colonial, à Paris.
**Bigot** (G.). Société minière *la Mogador*, à Paris.
**Binet.** Société nationale de retraite et de secours des sauveteurs médaillés par le Gouvernement en France et aux colonies, à Paris.
**Blondel** (G.). Société de géographie commerciale, Paris.
**Boutteville.** Inspection générale des travaux publics des colonies, à Paris.
**Bouvet** (J.). Compagnie française des mines d'or du Maroni, à Paris.
**Bravard** (J.). Administration pénitentiaire de la Guyane.
**Brayer** (H.). Maison Ch. Demogeot, à Paris.
**Bruel.** Service géographique du Ministère des Colonies françaises, à Paris.
**Conscience** (A.). Société nationale d'encouragement au bien, à Paris.
**Cravoisier** (E.). Société de géographie commerciale, à Paris.
**Duchêne.** Directeur du service géographique du Ministère des Colonies, à Paris.
**Dufourcq-Langelouse.** Société académique de comptabilité, à Paris.
**Fonsales.** Maison Denis frères, à Bordeaux.
**Frager** (Marcel). Société anonyme des établissements Frager de Madagascar, à Paris.
**Garnache** (capitaine). Gouvernement général de l'Afrique occidentale française.
**Grall** (docteur). Inspecteur général du service de santé au Ministère des Colonies, à Paris.
**Grisard** (J.). Office colonial, à Paris.
**Gros** (colonel). Compagnie forestière de l'Afrique française, à Paris.
**Labrousse** (G.). Comptoir national d'escompte de Paris.
**Lagarrigue** (J. de). Maison Bougenot et consorts, à Paris.
**Lambert** (J.). Société anonyme des établissements Delignon, à Paris.
**Layus**(R.). Annuaire du commerce Didot-Bottin, Paris.
**Le Coispellier** (N.). Comité de commerce et de l'industrie de l'Indo-Chine, à Paris.
**Lescure.** Direction générale de l'agriculture, du commerce et de la colonisation, à Tunis.
**Loiseau** (L.-J.-V.). La colonisation française, à Paris.
**Luquin** (Edm.). Comité national des expositions coloniales en France, aux colonies, à l'étranger, à Paris.

Martineau. Office colonial, à Paris.

Mercier (L.). Maison David, Gradis et fils, à Paris.

Mestries (J.). Annuaire du commerce Didot-Bottin, à Paris.

Mettétal (F.). Comité du commerce et de l'industrie de l'Indo-Chine, à Paris.

Paulin. Gouvernement général de l'Afrique occidentale française.

Prudhomme. Directeur du Jardin colonial.

Reymondin (G.). Société académique de comptabilité, à Paris.

Rouard. Association des anciens élèves de l'École des hautes études commerciales, à Paris.

Rousseau (P.). Société française des ingénieurs coloniaux, à Paris.

Ruffier des Aimes (R.). Comité national des Expositions coloniales, en France, aux colonies, à l'étranger, à Paris.

Société de géographie de Paris. Résidence générale de France, au Maroc.

Suhner. Gouvernement général de l'Afrique occidentale française.

Thésé (M.). Comité national des Expositions coloniales, en France, aux colonies, à l'étranger, à Paris.

Tortel (J.). Société anonyme des établissements L. Delignon, à Paris.

Tréchot (L.). Compagnie française du Haut-Congo, à Paris.

Vuillet. Gouvernement général de l'Afrique occidentale française.

### Diplômes de Médaille d'or.

Andrieu. Gouvernement général de l'Afrique occidentale française.

Badaire. Gouvernement général de l'Afrique occidentale française.

Barralier. Service géographique du Ministère des Colonies, à Paris.

Beauregard. Service géographique du Ministère des Colonies, à Paris.

Benejam. Société anonyme de la distillerie de la Liqueur de mandarines de Bougie, à Alger.

Bernard (capitaine). Résidence générale de France, au Maroc.

Bernard (commandant). Gouvernement général de l'Afrique occidentale française.

Bouillot. Gouvernement général de l'Afrique occidentale française.

Breugnot (M.). Société de géographie commerciale, à Paris.

Bruneteaux (J.). Office du Gouvernement général de l'Afrique occidentale, à Paris.

Busson. Maison L. Colin et C⁰, à Bordeaux.

Caix (Robert de). Résidence générale de France au Maroc.

Carron (H.). Maison L. Boisset, à Médéah.

Cayon. Maison M. Galtier, à Paris.

Collard (E.). La Colonisation française, à Paris.

Cortier. Service géographique du Ministère des Colonies, à Paris.

Couronne (P.). Annuaire du commerce Didot-Bottin, à Paris.

Donlay (Mⁱˡᵉ de). Mᵐᵉ la baronne La Francia d'Eichtal, à Paris.

Deregnancourt. Société nationale de retraite et de secours des sauveteurs médaillés par le Gouvernement en France et aux colonies, à Paris.

Evrard (G.). Maison L. Monnier, à Lille.

Farge (J.). La Colonie française, à Paris.

Fleury. Mission Chevalier, à Paris.

La France colonisatrice. Gouvernement général de l'Afrique occidentale française.

Froelich (J.). Maison David, Gradis et fils, à Paris.

Froidevaux (Henri). Résidence générale de France, au Maroc.

Gaillard. Gouvernement général de l'Afrique occidentale française.

Gaudin (H.). Banque de l'Indo-Chine, à Paris.

Giraud (J.). Maison P. et R. Berr frères (Paul Berr), à Oran.

Guellier. Maison Ch. Lefèbvre, à Paris.

Guest. Société de géographie commerciale, à Paris.

Guillon (L.). Maison Vaquin et Schweitzer, au Havre.

Guillot (E.). Société de géographie commerciale, à Paris.

Halot (G.). Société anonyme des établissements L. Delignon, à Paris.

Hauët (A.). Maison C. Gutzviller, au Havre.

Hériot. Résidence générale de France au Maroc.

Hesse (Gaston). Comptoir Hesse et Cⁱᵉ, à Paris.

Kiesser. Gouvernement général de l'Afrique occidentale française.

Lafond (L.). Société minière « La Mogador », à Paris.

Lecomte (M.). Comptoir national d'escompte de Paris.

Lerougemont. Gouvernement général de l'Afrique équatoriale française.

Lesne. Association des anciens élèves de l'École des hautes études commerciales, à Paris.

Levy (C.). Maison Marius et Levy, à Paris.

**Maguet.** Gouvernement général de l'Afrique occidentale française.

**Mamadou** (Laprad-Scck). Maison Aimé Bouvier, à
Paris (village sénégalais)

**Marchand** (J.). Comité d'hivernage algérien, à Alger.

**Marzin.** Gouvernement général de l'Afrique occidentale française.

**Mathieu** (E.). Maison Vilmorin-Andrieux et Cⁱᵉ, à
Paris.

**Maupaix.** Maison André Mandeix, au Havre.

**Mellier** (capitaine). Résidence générale de France au
Maroc.

**Meunier.** Service géographique du Ministère des Colonies, à Paris.

**Michaux.** Maison L. Galtier, à Paris.

**Moitessier.** Banque de l'Afrique occidentale, à Paris.

**Montier** (A.). Maison L. Montier, à Paris.

**Montier** (P.). Maison L. Montier, à Paris.

**Montupet** (E.). Maison P. Schwægerl et Cⁱᵉ, à Paris.

**Mougin** (capitaine). Résidence générale de France,
au Maroc.

**Mrani** (caïd). Résidence générale de France, au
Maroc.

**Le Pacha de Fez.** Résidence générale de France, au
Maroc.

**Paquet.** Résidence générale de France, au Maroc.

**Paquet** (J.). Société de géographie commerciale, à
Paris.

**Pariel** (capitaine). Résidence générale de France, au
Maroc.

**Paulin** (H.). Inspection générale des travaux publics
au Ministère des Colonies, à Paris.

**Piat** (L.). Maison Vilmorin-Andrieux et Cⁱᵉ, à Paris.

**Piron** (M.). Ateliers et chantiers de Bretagne, à
Nantes.

**Poiraton** (L.). Société agricole forestière et industrielle pour l'Afrique, à Paris.

**Ravisé.** Gouvernement général de l'Afrique Occidentale Française.

**Sander** (Dʳ G.). Maison Marius et Lévy, à Paris.

**Schilling.** Direction générale de l'agriculture, du
commerce et de la colonisation, à Tunis.

**Signes** (V.). Maison Melia frères, à Paris.

**Tasset** (Mᵐᵉ). Maison Benoiston et Cⁱᵉ, à Paris.

**Thenon** (H.). Compagnie d'assurances contre l'incendie et sur la vie *l'Urbaine*, à Paris.

**Touvignon** (M.). Société académique de comptabilité,
à Paris.

**Touze** (L.). Ateliers et chantiers de Bretagne, à
Nantes.

**Treillard** (Pierre-Denis). Direction générale de l'agriculture, du commerce et de la colonisation, à
Tunis.

**Tribot** (J.). Compagnie minière du Bong-Miu, à
Paris.

**Voinot** (capitaine). Résidence générale de France, au
Maroc.

## Diplômes de Médaille d'argent.

**Anfreville** (docteur d'). Résidence générale de France,
au Maroc.

**Arnold** (G.). Maison Ch. Lefebvre, à Paris.

**Azan** (capitaine). Résidence générale de France, au
Maroc.

**Bachir ben Ramdam.** Maison M.-G. Dreveton, à
Nemours (Algérie).

**Berlan** (J.-M.). Maison Hesse et Cⁱᵉ (comptoirs), à
Paris.

**Bibliothèque de Karaouine.** Résidence générale de
France, au Maroc.

**Bost.** Direction générale de l'agriculture, du commerce et de la colonisation, à Tunis.

**Bougrat** (H.). Maison L. Montier, à Paris.

**Boulay** (E.). Maison A. Sturm, à Paris.

**Bouqueniaux.** Société agricole forestière et industrielle pour l'Afrique, à Paris.

**Bouquin** (H.). Compagnie française du Haut-Congo,
à Paris.

**Briand** (Joseph). Société nationale de retraite et de
secours des sauveteurs médaillés par le Gouvernement en France et aux colonies, à Paris.

**Caïd Djilali ben Ettahmi.** Résidence générale de
France, au Maroc.

**Caïd Driss ben Ettahar.** Résidence générale de France,
au Maroc.

**Caïd Mansour ben Bachir des Oulad Delim.** Résidence
générale de France, au Maroc.

**Caïd Sidi Ali ben el Hadj des Mzamza.** Résidence générale de France, au Maroc.

**Carnovin** (A.). Société nationale d'encouragement au
bien, à Paris.

**Cartier** (F.). M. le docteur Edmond Vidal, à Alger.

**Conscience** (Mᵐᵉ). Société nationale d'encouragement
au bien, à Paris.

**Dandin** (J.). Maison de Redon de Colombier, à Paris.

**Degoutin.** Compagnie minière du Bong-Miu, à Paris.

**Delacroix** (H.). Comité du commerce et de l'industrie
de l'Indo-Chine, à Paris.

**Duchateaux.** Société amicale de secours mutuels de
la céramique et de la verrerie, à Paris.

**Durwell** (E.). Maison Vilmorin-Andrieux et Cie, à Paris.

**Dussert** (Paul). Société anonyme des établissements Frager de Madagascar, à Paris.

La directrice de l'école musulmane René Millet, à Tunis. Mme la baronne La Francia d'Eichtal, à Paris.

**Ettinger** (Mlle A.). Maison Marius et Lévy, à Paris.

**Fourey.** Société académique de comptabilité, à Paris.

**Fournier** (G.). Maison Vilmorin-Andrieux et Cie, à Paris.

**Francisoud** (D.). Société anonyme des établissements L. Delignon, à Paris.

**Friedmann** (E.). Compagnie forestière Sangha-Oubangui, à Paris.

**Fritz.** Gouvernement général de l'Afrique occidentale française.

**Gaillart.** Gouvernement général de l'Afrique équatoriale française.

**Geiser.** Résidence générale de France, au Maroc.

**Geoffroy-Saint-Hilaire.** Résidence générale de France, au Maroc.

**Germon** (D.). La Colonisation française, à Paris.

**Girod.** Compagnie minière du Bong-Miu, à Paris.

**Guay** (D.). Société nationale d'encouragement au bien, à Paris.

**Guyot** (C.). Société amicale de secours mutuels de la céramique et de la verrerie, à Paris.

**Hemery** (Mme). Mme la baronne La Francia d'Eichtal, à Paris.

**Jeanne** (J.). Compagnie d'assurances contre l'incendie et sur la vie l'Urbaine, à Paris.

**Jourdan** (L.). Annuaire du commerce Didot-Bottin, à Paris.

**Julien** (Dominique). Maison P.-L. Digonnet et Cie, à Marseille.

**Lacroix** (de). Chambre de commerce extérieur et colonial de la France, à Paris.

**Laloé** (Mlle). Mme la baronne La Francia d'Eichtal, à Paris.

**Lambert** (P.). Maison P.-L. Digonnet et Cie, à Paris.

**Landry** (E.). Société des affréteurs réunis, à Paris.

**Lebaut.** Résidence générale de France, au Maroc.

**Lejeune.** Maison A. Benoiston et Cie, à Marseille.

**Lenfant.** Maison A. Benoiston et Cie, à Marseille.

**Levêque** (A.). Banque de l'Afrique Occidentale, à Paris.

**Mac Leod.** consul d'Angleterre, à Fez. Résidence générale de France, au Maroc.

**Madal** (Mme). Mme la baronne La Francia d'Eichtal, à Paris.

**Main** (F.). Société foncière marocaine, à Paris.

**Marco** (E.). Maison Mélia frères, à Alger.

**Mariol.** Service géographique du Ministère des Colonies, à Paris.

**Mely** (P.). Société amicale de secours mutuels de la céramique et de la verrerie, à Paris.

**Merlo** (J.). Société des mines de zinc d'Ain-Auko, à Paris.

**Mounier.** Société nationale de retraite et de secours des sauveteurs médaillés par le Gouvernement en France et aux Colonies, à Paris.

**Municipalité du Mellah de Fez.** Résidence générale de France, au Maroc.

**Omar el Hadjaoui.** Résidence générale de France, au Maroc.

**Pattegay** (Mlle Jeanne). Comité national des expositions coloniales en France, aux colonies, à l'étranger, à Paris.

**Piat** (Mlle). Mme la baronne La Francia d'Eichtal, à Paris.

**Poiraton** (C.). Société agricole forestière et industrielle pour l'Afrique, à Paris.

**Poumier** (J.). Banque de l'Afrique occidentale, à Paris.

**Poussif** (G.). Maison Paul Poussif, à Paris.

**Quintard.** Association des anciens élèves de l'École des hautes études commerciales, à Paris.

**Rivière** (M.). Maison Maurice Simon, à Paris.

**Rouzaud** (A.). Maison A. Névy, à Oran.

**Savaron.** Mme la baronne La Francia d'Eichtal, à Paris.

**Si Driss el Mokri.** Résidence générale de France au Maroc.

**Si Tayeb.** Résidence générale de France au Maroc.

**Stalin** (E.). Comptoir national d'escompte de Paris, à Paris.

**Soudant.** Résidence générale de France au Maroc.

**Tessier** (L.). Maison Vaquin et Schweitzer, au Havre.

**Thiemonge** (J.). Comité du commerce et de l'industrie de l'Indo-Chine, à Paris.

**Thobie.** Résidence générale de France au Maroc.

**Tournier** (G.). Société des affréteurs réunis, à Paris.

**Toutain** (Ed.). La Colonisation française, à Paris.

**Vannier** (Th.). Société académique de comptabilité, à Paris.

**Voyeux.** Maison A. Benoiston et Cie, à Paris.

**Vuillez.** Société agricole forestière et industrielle pour l'Afrique, à Paris.

**Yukanthor** (princesse de). Mme la baronne La Francia d'Eichtal, à Paris.

## Diplômes de Médaille de bronze.

**Angelini** (J.). Comptoir national d'escompte de Paris, à Paris.

**Arbois de Jubainville** (capitaine d'). Résidence générale de France, au Maroc.

**Arbiza** (J. de). Maison Maurice Simon, à Paris.

**Barau.** Comité national des expositions coloniales en France, aux colonies, à l'étranger, à Paris.

**Bardet.** Gouvernement général de l'Afrique occidentale française.

**Belaiche** (M.). Comité d'hivernage algérien, à Alger.

**Bertrand** (F.). Maison Paul Poussif, à Paris.

**Biberon** (M.). Maison Victor Rouvier, à Marseille.

**Bourget.** Direction générale de l'agriculture, du commerce et de la colonisation, à Tunis.

**Brunet** (M.). Maison A. Sturm, à Paris.

**Caïd ben Mellouk des Aït bou Yahia.** Résidence générale de France, au Maroc.

**Caïd Driss Ould Moussa des Kottbune.** Résidence générale de France, au Maroc.

**Caïd El Haoucine des Khezazma.** Résidence générale de France, au Maroc.

**Caïd Embarek ben Addi.** Résidence générale de France, au Maroc.

**Caïd Gotto des Khezazma.** Résidence générale de France, au Maroc.

**Caïd Haddou des Aït Abbou.** Résidence générale de France, au Maroc.

**Caïd Hadji des Ouled el Hadj.** Résidence générale de France, au Maroc.

**Caïd Hamadi Aït Belkacem.** Résidence générale de France, au Maroc.

**Caïd Hamadi Bel Hadj des Mzemja.** Résidence générale de France, au Maroc.

**Caïd Khoubbane des Meskala.** Résidence générale de France, au Maroc.

**Caïd Mohammed ould Aïcha.** Résidence générale de France, au Maroc.

**Caïd Riati des Hajama.** Résidence générale de France, au Maroc.

**Caïd Tounsi ben Babloul des Oulad Bou-Ziri.** Résidence générale de France, au Maroc.

**Caillot** (C.). Maison Guilleminot-Bœspflug et Cie, à Paris.

**Cheik Boubeker des Aït Abbou.** Résidence générale de France, au Maroc.

**Chevalier.** Résidence générale de France, au Maroc.

**Dætwyler** (E.). Maison Maurice Simon, à Paris.

**Dreyfus** (G.). Société des affréteurs réunis, à Paris.

**El Hadj Lhassen Afquir des Idaou-Guelloul.** Résidence générale de France, au Maroc.

**Grébert.** Résidence générale de France, au Maroc.

**Hanne** (M.). Comptoirs Hesse et Cie, à Paris.

**Joly** (J.). Compagnie minière du Bong-Miu, à Paris.

**Joune.** Résidence générale de France, au Maroc.

**Khalifa Embarek el Merouani des Ida ou Zemzen.** Résidence générale de France au Maroc.

**Kern** (F.). Compagnie minière du Bong Miu, à Paris.

**Large** (H.). Société nationale d'encouragement au bien, à Paris.

**L'Arvor** (J.-M.). Maison André Mandeix, au Havre.

**Lauzet.** Résidence générale de France, au Maroc.

**Lorraine** (Mlle M.). Société de géographie commerciale, à Paris.

**Maallem Certi.** Résidence générale de France, au Maroc.

**Maitre** (L.). Maison V. Rouvier, à Marseille.

**Malroux.** Service géographique du Ministère des Colonies, à Paris.

**Maupin** (Mlle C.). Compagnie forestière de Sangha Oubangui, à Paris.

**Monin** (L.). Maison David, Gradis et fils, à Paris.

**Morer.** Direction générale de l'agriculture, du commerce et de la colonisation, à Tunis.

**Noilhan.** Maison A. Benoiston et Cie, à Paris.

**Ong-Yun.** Association des planteurs de caoutchouc de l'Indo-Chine, à Saïgon.

**Phy-Nhaan.** Association des planteurs de caoutchouc de l'Indo-Chine, à Saïgon.

**Provins** (G.). Maison A. Vilmorin-Andrieux et Cie, à Paris.

**Ribe** (F.). Maison V. Rouvier, à Marseille.

**Roche** (L.). Maison Maurice Simon, à Paris.

**Sagamah.** Association des planteurs de caoutchouc de l'Indo-Chine, à Saïgon.

**Sarabusi.** Direction générale de l'agriculture, du commerce et de la colonisation, à Tunis.

**Scheider** (G.). Maison A. Vilmorin-Andrieux et Cie, à Paris.

**Teboul.** Maison les fils de J. Chebat, à Alger.

**Venier** (F.). Banque de l'Afrique occidentale, à Paris.

**Waldbelig** (G.). Compagnie d'assurances contre l'incendie et sur la vie l'Urbaine, à Paris.

**Xatrach.** Association des planteurs de caoutchouc de l'Indo-Chine, à Saïgon.

**Zévaco.** Direction générale de l'agriculture, du commerce et de la colonisation, à Tunis.

### Diplômes de Mention.

**Balandras** (G...). Société des affréteurs réunis, à Paris.

**Bernard** (Mme veuve). L'Armée coloniale, à Paris.

**Botte**. Résidence générale de France, au Maroc.

**Boumendil**. Résidence générale de France, au Maroc.

**Foraison**. Direction générale de l'agriculture, du commerce et de la colonisation, à Tunis.

**Garraud**. Résidence générale de France, au Maroc.

**Trauga**. Résidence générale de France, au Maroc.

## COOPÉRATEURS

### Diplômes de Médaille de bronze.

**Amadou** (Diop). Maison Aimé Bouvier, à Paris.

**Ambrosini** (J.). Maison Melia frères, à Alger.

**Barrois** (Mlle). Maison A. Benoiston et Cie, à Paris.

**Benoit** (Mme). Maison A. Benoiston et Cie, à Paris.

**Colas**. Maison A. Benoiston et Cie, à Paris.

**Dao-Goumba**. Maison Aimé Bouvier, à Paris.

**Desbois** (J.-B.). Ateliers et chantiers de Bretagne, à Nantes.

**Forest**. École pratique coloniale du Havre.

**Gérard** (Mme). Maison A. Benoiston et Cie, à Paris.

**Lacroix** (A.). Maison P. et R. Berr frères, à Oran.

**Lecamus** (G.). La colonisation française, à Paris.

**Lejeune**. Maison Bougenot et consorts, à Paris.

**Lemanissier** (G.). École pratique coloniale du Havre.

**Léonard** (J.). Société des marbres et onyx de l'Algérie et du Maroc, à Paris.

**Maitre** (L.). Maison Paul Schwaegerl, à Paris.

**Matabara** (Niang). Maison Aimé Bouvier, à Paris.

**Matar** (Dienne). Maison Aimé Bouvier, à Paris.

**Mohamed** (Bekri). Maison G. Dreveton, à Nemours.

**Ouvrard** (J.). Maison A. Sturm, à Paris.

**Patelaud** (A.). Ateliers et chantiers de Bretagne, à Nantes.

**Pichot** (L.). Maison Paul Schwaegerl, à Paris.

**Polonceau** (G.). Maison J. Hetzel, à Paris.

**Pons** (R.). Maison Melia frères, à Alger.

**Rambau** (M.). Maison L. Cilyn et Cie, à Bordeaux.

### Diplômes de Mention.

**Amadou** (Gueye). Maison Aimé Bouvier, à Paris.

**Ambrosini** (Mme C.). Maison Melia frères, à Alger.

**Bauda** (Niang). Maison Aimé Bouvier, à Paris.

**Chapron** (L.). Maison Ch. Demogeot, à Paris.

**Dongo-Lam**. Maison Aimé Bouvier, à Paris.

**Gane Bengue**. Maison Aimé Bouvier, à Paris.

**Lejeune**. Maison A. Benoiston et Cie, à Paris.

**Madiodia** (Gueye). Maison Aimé Bouvier, à Paris.

**Mathiot** (J.). Maison M.-G. Dreveton, à Nemours.

**Moumar** (Diaye). Maison Aimé Bouvier, à Paris.

**Oumar** (Dionne). Maison Aimé Bouvier, à Paris.

**Perès** (Mlle A.). Maison A. Benoiston et Cie, à Paris.

**Remond** (P.). Maison Ch. Demogeot, à Paris.

**Yoro** (Sall). Maison Aimé Bouvier, à Paris.

## CLASSE 118. — *Matériel colonial.*

## COLLABORATEURS

### Diplômes d'honneur.

**Benezeth**. Maison Jean et Georges Hersent, à Paris.

**Brée**. Société française des téléphones (système Berliner), à Paris.

**Fromantin**. Maison Th. Petit, à Paris.

**Gallut**. Maison Jean et Georges Hersent, à Paris.

**Hausermann**. Maison Jean et Georges Hersent, à Paris.

**Jean**. Maison Jean et Georges Hersent, à Paris.

**Meusireur**. Établissements Gaupy, à Issy-les-Moulineaux.

**Odent**. Maison Jean et Georges Hersent, à Paris.

**Poullain** (Em.). Maison Léon Porte, à Paris.

**Sommerlinck** (Pierre). Maison Edmond Pachy, à Paris.

### Diplômes de Médaille d'or.

**André**. Maison Jean et Georges Hersent, à Paris.

**Bordas**. Maison Edmond Pachy, à Paris.

**Brouillet**. Maison Jean et Georges Hersent, à Paris.

**Chabaud**. Maison Th. Vitors, à Paris.

**Conza**. Maison Antoine Conza, à Paris.

**Dechaux**. Maison Jean et Georges Hersent, à Paris.

**Deguet**. Maison Th. Vitors, à Paris.

**Delahaye** (L.). Société des moteurs Gnôme, à Paris.

**Dugue**. Société anonyme des établissements Vinant, à Paris.

**Dumoulin**. Société française des téléphones (système Berliner), à Paris.

**Gollier** (Louis). Maison Em. Gillet, à Paris.

**Gossot** (Em.). Société anonyme, Compagnie industrielle des procédés Raoul Pictet, à Paris.

**Knapen** (Ach.). Compagnie française d'assèchement rationnel et d'assainissement (système Knapen), à Paris.

**Kouante** (L.). Maison Léon Porte, à Paris.
**Lardy.** Maison Jean et Georges Hersent, à Paris.
**Lejeune.** Maison Jean et Georges Hersent, à Paris.
**Perret** (René). Maison Em. Gillet, à Paris.
**Piron** (M.). Ateliers et chantiers de Bretagne, à Nantes.
**Sergant** (A.). Société des moteurs Gnôme, à Paris.
**Serrault, Ravier** (L.). Maison Louis Ravier, à Paris.
**Sivel** (L.). Société des moteurs Gnôme, à Paris.
**Stegmiller** (J.). Société des moteurs Gnôme, à Paris.
**Thevenin** (J.) Société française de matériel agricole et industriel, à Vierzon.
**Touze** (L.). Ateliers et chantiers de Bretagne, à Nantes.
**Travers** (Em.). Établissement D. Weill, à Paris.
**Vibert.** Maison Th. Vitors, à Paris.

### Diplômes de Médaille d'argent.

**Apart.** Maison Em. Gillet, à Paris.
**Brizon.** Maison de Barthélemy, Pierre et Robert de Pourtalès, à Paris.
**Cellerin** (J.). Maison A. Bigard fils, à Paris.
**Chervet.** Maison Th. Vitors, à Paris.
**Delorme.** Maison Em. Gillet, à Paris.
**Girard.** Maison Em. Gillet, à Paris.
**Gourdan** (G.). Maison Th. Vitors, à Paris.
**Guinard** (Alb.). Maison Guinard et Cⁱᵉ, à Paris.
**Gy** (Félix). Maison Louis Desmarguet fils, à Paris.
**Jaumin.** Maison Th. Vitors, à Paris.
**Lecomte** (A.). Société française de matériel agricole et industriel, à Vierzon.
**Lefranc** (E.). Société des moteurs Gnôme, à Paris.
**Potier** (G.). Société française de matériel agricole et industriel, à Vierzon.
**Renaud** (Mᵐᵉ P.). Maison Louis Desmarguet fils, à Paris.
**Sautier** (Em.). Maison Antoine Conza, à Paris.
**Sence** (A.). Maison Louis Desmarguet fils, à Paris.
**Vitry** (Simonet). Maison A. Goupy, à Issy-les-Moulineaux.
**Veil** (A.). Compagnie française d'assèchement rationnel et d'assainissement (système Knapen), à Paris.

### Diplômes de Médaille de bronze.

**Amiraud** (Jean). Maison de Barthélemy, Pierre et Robert de Pourtalès, à Paris.
**Caron.** Maison Th. Vitors, à Paris.

**Gæssier.** Société française des téléphones (système Berliner), à Paris.
**Roffast** (L.). Maison A. Bigard fils, à Paris.
**Saget.** Maison Em. Gillet, à Paris.

### COOPÉRATEURS

### Diplômes de Médaille de bronze.

**Desbois** (Jean). Ateliers et chantiers de Bretagne, à Nantes.
**Lottardi.** Maison Jean et Georges Hersent, à Paris.
**Moutardier.** Maison Léon Porte, à Paris.
**Robioglio.** Maison Jean et Georges Hersent, à Paris.
**Bernard** (Marcel). Maison A. Goupy, à Issy-les-Moulineaux.
**Duchene** (Jos.). Société anonyme, Compagnie industrielle des procédés Raoul Pictet, à Paris.
**Gaudichard** (Ad.). Société française de matériel agricole et industriel, à Vierzon.
**Grandjean** (L.). Maison Jean et Georges Hersent, à Paris.
**Guibouret** (S.). Compagnie industrielle des procédés Raoul Pictet, à Paris.
**Montferrato.** Compagnie française d'assèchement rationnel et d'assainissement (système Knapen), à Paris.
**Morand** (L.). Société française de matériel agricole et industriel, à Vierzon.
**Peteland** (A.). Ateliers et chantiers de Bretagne, à Nantes.
**Phliponneau** (Angel). Maison A. Goupy, à Issy-les-Moulineaux.
**Tourout.** Maison Edmond Pachy, à Paris.
**Vaupreau.** Compagnie française d'assèchement rationnel et d'assainissement (système Knapen), à Paris.
**Vrede** (D.). Société française de matériel agricole et industriel, à Vierzon.

CLASSE 119. — *Produits spéciaux destinés à l'exportation dans les Colonies.*

### Diplôme de Médaille d'argent.

**Baum** (Fernand). Maison Bessand, Bigorne et Cⁱᵉ, magasins de la Belle Jardinière, à Paris.

# GROUPE XX

## Armées de terre et de mer.

CLASSE 120. — *Armement et matériel de l'artillerie.*

### COLLABORATEURS

#### Diplôme d'honneur.

Kirmann (Georges). Compagnie des forges et aciéries de la marine et d'Homécourt, à Saint-Chamond (Loire).

#### Diplômes de Médaille d'or.

Chabon (Joseph). Compagnie des forges et aciéries de la marine et d'Homécourt, à Saint-Chamond. (Loire).

Louinet (Joannès). Compagnie des forges et aciéries de la marine et d'Homécourt, à Saint-Chamond. (Loire).

Marthoud (Mathieu). Compagnie des forges et aciéries de la marine et d'Homécourt, à Saint-Chamond (Loire).

Pommier. Compagnie des forges et aciéries de la marine et d'Homécourt, à Saint-Chamond (Loire).

Vanney (Henri). Compagnie des forges et aciéries de la marine et d'Homécourt, à Saint-Chamond (Loire).

#### Diplôme de Médaille d'argent.

Rival. Compagnie des forges et aciéries de la marine et d'Homécourt, à Saint-Chamond (Loire).

### COOPÉRATEURS

#### Diplômes de Médaille de bronze.

Badart (Joannès). Compagnie des forges et aciéries de la marine et d'Homécourt, à Saint-Chamond (Loire).

Delepinne. Compagnie des forges et aciéries de la marine et d'Homécourt, à Saint-Chamond (Loire).

Laffard (Albert). Compagnie des forges et aciéries de la marine et d'Homécourt, à Saint-Chamond (Loire).

Richard (Claude). Compagnie des forges et aciéries de la marine et d'Homécourt, à Saint-Chamond (Loire).

CLASSES 121 ET 122 RÉUNIES. — *Génie militaire et services y ressortissant. — Génie maritime. — Travaux hydrauliques. — Torpilles.*

### COLLABORATEUR

#### Diplôme d'honneur.

Raclot (Charles). Harlé et Cie, à Paris.

### COOPÉRATEUR

#### Diplôme de Médaille de bronze.

Boulet (Anatole). Harlé et Cie, à Paris.

CLASSES 123-124-125 RÉUNIES. — *Écoles. — Cartographie. — Hydrographie, instruments divers. — Services administratifs. — Hygiène et matériel sanitaire.*

### COLLABORATEUR

#### Diplôme d'honneur.

Visbecq (de médecin major de 1re classe). Service de santé du Ministère de la Guerre, à Paris.

### COOPÉRATEUR

#### Diplôme de Médaille de bronze.

Lardeur. Service de santé du Ministère de la Guerre, à Paris.

# GROUPE XXI

## Sports.

CLASSES 126-127-128. — *Exercices des enfants et des adultes.* — *Théorie et pratique.* — *Jeux et sports pour les enfants et les adultes.* — *Équipements pour jeux et sports.*

### COLLABORATEURS

#### Diplômes d'honneur.

**Avoiron** (H.). Union des sociétés de gymnastique de France, à Bordeaux.

**Boissard** (Félix). P. Bucheron, à Moulins.

**Champ** (Paul). Union des sociétés françaises de sports athlétiques, à Paris.

**Clary** (le comte). Comité national des sports, à Paris.

**Chasseloup** (le marquis Lambert de). Comité national des sports, à Paris.

**Dubreuilh** (Mme). Armand Vollant, à Paris.

**Duvigneau de Lanneau.** Comité national des sports, à Paris.

**Glandaz.** Comité national des sports, à Paris.

**Green** (Mme). Green et Cie, à Paris.

**Janson** (Jules). Félix Ciret et Cie, à Paris.

**Lannes** (Henri). Union des sociétés de gymnastique de France, à Bordeaux.

**Lemercier.** Union des sociétés françaises de sports athlétiques, à Paris.

**Manchet** (Georges). Union des sociétés de gymnastique de France, à Bordeaux.

**Mouton** (Gustave). Félix Ciret et Cie, à Paris.

**Pépin** (Séraphin). Union des sociétés de préparation militaire de France, à Paris.

**Pujol.** Fédération française de boxe, à Paris.

**Reichel** (Frantz). Fédération française de boxe, à Paris.

**Tiard** (Mme Marthe). Félix Ciret et Cie, à Paris.

**Van Roose.** Fédération française de boxe, à Paris.

**Vollant** (Marcel). Armand Vollant, à Paris.

#### Diplômes de Médaille d'or.

**Bénabent** (J.-M.). *La Bastidienne* (Société de gymnastique), à Bordeaux.

**Chambet** (Jean). P. Bucheron, à Moulins.

**Couvreur** (Paul). Société d'enseignement moderne, à Paris.

**Dorizon** (René). Club athlétique de la Société Générale, à Paris.

**Fourier** (André). Union des sociétés d'équitation militaire de France, à Paris.

**François.** J. Coulembier aîné et ses fils, à Paris.

**Gilbert** (Dr). Club athlétique de la Société Générale, à Paris.

**Gillet** (Paul). Gillet Lafond, à Nancy.

**Goussau** (Daniel). Association des journalistes sportifs, à Paris.

**Grison** (Armand). Société d'enseignement moderne, à Paris.

**Guelpa.** Fédération française de boxe, à Paris.

**Isambert** (Charles). Union des sociétés françaises de sports athlétiques, à Paris.

**Lachouque** (Henri). Union des sociétés d'équitation militaire de France, à Paris.

**Lamarguy** (Mlle Laurence). Félix Ciret et Cie, à Paris.

**Lavergne** (François). J. Coulembier aîné et ses fils, à Paris.

**Mouquin.** Fédération française de boxe, à Paris.

**Pratviel** (Henri). *La Bastidienne* (société de gymnastique), à Bordeaux.

**Reichel** (Frantz). Union des sociétés françaises de sports athlétiques, à Paris.

**Rodrigues** (Ély). Escadron français, à Paris.

**Rouchouse** (Mme Marie). Cartoucherie stéphanoise, à Saint-Étienne.

**Rousselot** (Gérard). Union vélocipédique de France, à Paris.

**Second.** Escadron français, à Paris.

**Suart** (Léon). École de préparation militaire de Paris, à Paris.

**Theuil** (Marcel). P. Bucheron, à Moulins.

**Thomas** (Mlle Marie). Cartoucherie stéphanoise, à Saint-Étienne.

#### Diplômes de Médaille d'argent.

**Bach.** Fédération française de boxe, à Paris.

**Besnard** (Émile). Paul Gastinne-Renette, à Paris.

**Bijon** (Charles). P. Bucheron, à Moulins.

**Bit.** Club athlétique de la Société Générale, à Paris.

**Bourdariat.** Fédération française de boxe, à Paris.

**Brot** (Mme Thérèse). Cartoucherie stéphanoise, à Saint-Étienne.

**Capdevielle.** Fédération française de boxe, à Paris.

Conord. Union des sociétés françaises de sports athlétiques, à Paris.

Desmet (Gustave). Société d'enseignement moderne, à Paris.

Devicque. Escadron français, à Paris.

Gires (docteur Paul). École de préparation militaire de Paris, à Paris.

Gossin (Eug.). Les Amis de Paris, à Paris.

Héry (Lucien). Union des sociétés d'équitation militaire de France, à Paris.

Joly (Auguste). Fernand Gracieux, à Paris.

Joly (Jules). Cartoucherie stéphanoise, à Saint-Étienne.

Lestrade. Société d'enseignement moderne, à Paris.

Lévy (Édouard). Les défenseurs de Paris. Société de préparation militaire, à Paris.

Lichy (L.-A.). Les amis de Paris.

Leon (Georges). Les défenseurs de Paris. Société de préparation militaire, à Paris.

Magnus (Louis). Club des patineurs, à Paris.

Nathan. Escadron français, à Paris.

Pietri (Eug.). Aéronautique-Club de France, à Paris.

Rondel. Escadron français, à Paris.

Schwob (Fernand). Union des sociétés d'équitation militaire de France, à Paris.

Taffineau. Club athlétique de la Société Générale, à Paris.

Travichon (Jacques). Société d'encouragement à l'éducation physique dans l'armée et dans la marine, à Paris.

Van Steenbrugghe. Union vélocipédique de France, à Paris.

Vistorky (Camille). École de préparation militaire de Paris, à Paris.

Weiler. Club athlétique de la Société Générale, à Paris.

Willig. Union des sociétés françaises de sports athlétiques, à Paris.

### Diplômes de Médaille de bronze.

Albouy (Albert). Patronage laïque du quartier de la Gare, à Paris.

Baude. Union vélocipédique de France, à Paris.

Bonneau (Mme). Union vélocipédique de France, à Paris.

Bonneville (Mme Rose). Cartoucherie stéphanoise, à Saint-Étienne.

Bornet (André). Gaston Bloch, à Paris.

Boulanger. Fédération française de boxe, à Paris.

Charlemont. Fédération française de boxe, à Paris.

Clais (Élie). Georges Coustou, à Roubaix.

Clément (Georges). Union des sociétés d'équitation militaire de France, à Paris.

Cochin (Mme Pauline). Gaston Bloch, à Paris.

Combe (Théophile). École de préparation militaire de Paris, à Paris.

Conord (Eugène). Tritons de Paris et de la Seine, à Neuilly-sur-Seine.

Cousin. Escadron français, à Paris.

Coster (Charles de). Aéronautique-Club de France, à Paris.

Dubois (Mme Véronique). Cartoucherie stéphanoise, à Saint-Étienne.

Dupont (Fernand). Tritons de Paris et de la Seine, à Neuilly-sur-Seine.

Émard (Mlle Marcelle). Les Amis de Paris, à Paris.

Giraudeau (Jacques). A.-A. Giraudeau, à Paris.

Gires (Paul). École de préparation militaire de Paris, à Paris.

Gousseau (Daniel). Comité national des sports, à Paris.

Grossetête (Charles). J. Coulembier aîné et ses fils, à Paris.

Hardouin (Aimé). Union des sociétés d'équitation militaire de France, à Paris.

Hüe (Mlle Jeanne). Union vélocipédique de France, à Paris.

Jevain. Union des sociétés françaises de sports athlétiques, à Paris.

Lardy (Sylvain). Georges Coustou, à Roubaix.

Lioust. Union vélocipédique de France, à Paris.

Mariette (Edmond). Union vélocipédique de France, à Paris.

Pasty. Société d'enseignement moderne, à Paris.

Perrin (André). Société d'enseignement moderne, à Paris.

Perrin (Jacques). Société d'enseignement moderne à Paris.

Piedone. Raphaël Nonet-Raison, à Saint-Lô (Manche).

Poncery (André). Cartoucherie stéphanoise, à Saint-Étienne.

Privost. Union des sociétés françaises de sports athlétiques, à Paris.

Quinler (André). Les défenseurs de Paris. Société de préparation militaire, à Paris.

Saulu (Adrien). Aéronautique-Club de France, à Paris.

Soulas (Henri). J. Coulembier aîné et ses fils, à Paris.

**Sourget** (Joseph). Société d'encouragement à l'éducation physique dans l'armée et dans la marine. à Paris.

**Vasse** (G.). Comité national des sports. à Paris.

**Verdoncke** (Émile). Georges Coustou, à Roubaix.

### Diplômes de Mention.

**Bouscary** (Mlle Jeanne). *Les Armes* (revue), à Paris.

**Chérubin.** Association fédérale des sociétés de tir du Nord et du Pas-de-Calais. à Lille.

**Chicot** (Eugène). Edmond Etling et Cie. à Paris.

**Coutelier** (Alfred). Les carabiniers de Billy-Montigny (Pas-de-Calais).

**Lagneau.** Association fédérale des sociétés de tir du Nord et du Pas-de-Calais, à Lille.

**Payen** (Aug.). Les carabiniers de Billy-Montigny (Pas-de-Calais).

**Salé.** Association fédérale des sociétés de tir du Nord et du Pas-de-Calais. à Lille.

**Vanspeybrouck** (Jean). Félix Derudder et Cie, à Wasquehal.

**Wernert** (Mlle P.). A.-A. Giraudeau, à Paris.

## COOPÉRATEURS

### Diplômes de Médaille de bronze.

**Blanchard** (Sulpice). Patronage laïque du quartier de la Gare, à Paris.

**Boucher** (Georges). Ed. Michel-Salomon. à Paris.

**Coulon** (Stéphan). Félix Ciret et Cie. à Paris.

**Delval** (Mme Coralie). Georges Coustou, à Roubaix.

**Dupuids.** Association des journalistes sportifs. à Paris.

**Geissenhoffer** (Émile). Fédération nationale d'escrime. à Paris.

**Jacqueson** (Mlle Anne). Association des journalistes sportifs. à Paris.

**Jeanjean** (André). Raphaël Nonet-Raisin, à Saint-Lô (Manche).

**Levasseur.** Félix Ciret et Cie. à Paris.

**Mansion** (Émile). Ed. Michel-Salomon, à Paris.

**Ognibène** (Charles). Patronage laïque du quartier de la Gare, à Paris.

**Petit** (Joseph). Gaston Bloch. à Paris.

**Picau** (Mme Marie-Louise). Raphaël Nonet-Raisin. à Saint-Lô (Manche).

**Poirrier** (Mme). Armand Volland, à Paris.

**Poissinnier** (Mme Clotilde). Georges Coustou. à Roubaix.

**Sorel** (Mme Marie). Raphaël Nonet-Raisin. à Saint-Lô (Manche).

**Sprung** (Charles). Gaston Bloch. à Paris.

**Veau** (Léonard). Edmond Etling et Cie. à Paris.

**Vivien** (Zéphir). Félix Ciret et Cie, à Paris

### Diplômes de Mention.

**Biard** (Mlle Blanche). Raphaël Nonet-Raisin. à Saint-Lô (Manche).

**Devanchelle** (Gaston). Edmond Etling et Cie. à Paris.

**Fraikin** (Servais). Célestin Modé. à Paris.

**Gautier** (Joseph). Célestin Modé. à Paris.

**Lenoir** (Mme Octavie). Raphaël Nonet-Raisin. à Saint-Lô (Manche).

*Liste arrêtée au 10 décembre 1913*

IMPRIMERIE CHAIX, RUE BERGÈRE, 20, PARIS. — 1913-3-18° — Ancre Lorilleux.